Progress in Mathematics
Volume 83

E. Ghys P. de la Harpe
Editors

Sur les Groupes Hyperboliques d'après Mikhael Gromov

With 88 Illustrations

1990

Birkhäuser
Boston · Basel · Berlin

Etienne Ghys
Laboratoire de Mathématiques
Ecole Normale Supérieure de Lyon
69364 Lyon Cedex 07
France

Pierre de la Harpe
Section de Mathématiques
Université de Genève
1211 Geneva 24
Switzerland

Library of Congress Cataloging-in-Publication Data
Sur les groupes hyperboliques d'après Mikhael Gromov / E. Ghys, P. de la Harpe editors.
p. cm. — (Progress in mathematics ; vol. 83)
English and French.
Includes bibliographical references.
ISBN 0-8176-3508-4
1. Hyperbolic groups. 2. Riemannian manifolds. 3. Combinatorial group theory. I. Ghys, E. (Etienne) II. La Harpe, Pierre de. III. Series : Progress in mathematics (Boston, Mass.) ; vol. 83.
QA171. S785 1990
512'.2—dc20 89-18592

Printed on acid-free paper.

ISBN 0-8176-3508-4
ISBN 3-7643-3508-4

Camera-ready copy supplied by editors.
Printed and bound by Edwards Brothers, Inc., Ann Arbor, Michigan.
Printed in the U.S.A.

9 8 7 6 5 4 3 2 1

PRÉFACE

— Ça faut avouer, dit Trouscaillon qui, dans cette simple ellipse, utilisait hyperboliquement le cercle vicieux de la parabole.
— Bon, dit le Sanctimontronais, j'y vais.

(R. Queneau, Zazie dans le métro, Chapitre X.)

L'étude des groupes infinis a toujours été en relation étroite avec des considérations *géométriques*: étude des déplacements de l'espace euclidien $\mathbb{R}^3$ (Jordan, 1868), programme d'Erlangen (Klein, 1872), travaux de Lie et Poincaré. L'approche combinatoire des groupes, fondée sur la notion de présentation, remonte à Dyck (1882) mais doit son développement en premier lieu à Dehn (dès 1910) (voir [ChM]). Les résultats décisifs de Dehn sur les groupes fondamentaux des surfaces sont marqués par un ingrédient géométrique crucial qui est la *courbure négative*. C'est ce même ingrédient qui est à la base du travail fondamental de Gromov sur les groupes hyperboliques, comme on le voit esquissé dans [Gr2, Gr4] et repris dans [Gr5]. Nous sommes convaincus que l'importance de ce travail dans le développement de la théorie des groupes est comparable à ceux déjà cités de Klein et Dehn.

Au semestre d'été 1988, le Troisième Cycle Romand de Mathématiques a organisé à Berne un "Séminaire Suisse" sur les groupes hyperboliques. En voici les notes. Pour leur bon usage, trois remarques préliminaires nous semblent à propos. D'abord, ces notes ne constituent aucunement un traité (qui reste à faire) sur les fondements du sujet. Ensuite, parmi toutes les idées contribuant à la richesse de l'entreprise de M. Gromov, nombreuses sont celles qui ne sont simplement pas discutées ici; d'autres lacunes ne sont que mentionnées à la fin du panorama. Enfin, pour les points que nous abordons, notre exposition diffère fréquemment de celle de Gromov, souvent en limitant la portée des énoncés.

Les grandes idées peuvent s'exprimer de bien des manières … M. Gromov a choisi de se concentrer sur l'essentiel et de donner peu d'importance aux détails. Le lecteur est en permanence sollicité! Il y a des affirmations sans démonstration (par exemple celle de la généricité des groupes hyperboliques, voir 0.2.A de [Gr5]) et des définitions pas entièrement formulées (la topologie et la métrique sur le bord, voir 1.8.B de [Gr5]). Il y a aussi des lemmes tech-

niques dont les preuves, bien qu'élémentaires, requièrent à notre avis plus d'astuce qu'il convient d'en attendre du lecteur (par exemple le lemme 7.1.C et sa suite, y compris 8.2.A). Il y a encore des résultats profonds qui nous semblent relever autant de la conjecture et du projet de recherche que de la notion usuelle de théorème-avec-preuve (par exemple les sections 5.5 et 5.6 de [Gr5] sur les quotients infinis des groupes hyperboliques). On voudra bien prendre ces critiques comme l'expression de notre frustration occasionnelle à la lecture de [Gr5]; elles ne devraient cacher ni notre immense admiration pour les idées de M. Gromov ni le plaisir que nous a procuré son texte.

Comme on l'aura compris, ces notes sont principalement issues de [Gr5]. Cependant, bien d'autres mathématiciens ont contribué à la "théorie hyperbolique". Outre Mostow, Rips, il faut aussi mentionner Cannon, Epstein, Holt, Paterson, Thurston et leur théorie des groupes automatiques que nous n'aborderons malheureusement pas. Notons aussi que l'idée de rédiger des notes inspirées de [Gr5] n'est pas originale, comme en témoignent plusieurs tentatives essentiellement simultanées et indépendantes, dues à B. Bowditch [Bow], M. Coornaert, T. Delzant et A. Papadopoulos [CDP], H. Short et al. [Sho], et sans doute d'autres.

Les différents chapitres de ces notes, issus le plus souvent d'exposés oraux, sont rédigés par divers auteurs. Les éditeurs ont essayé, dans la mesure du possible, d'harmoniser les notations mais aussi de laisser son individualité à chaque chapitre. On notera en particulier une forte relation entre les chapitres 3 (M. Troyanov) et 10 (W. Ballmann). Ces chapitres auraient tout aussi bien pu être placés à la suite l'un de l'autre comme le montre le "Leitfaden" suivant:

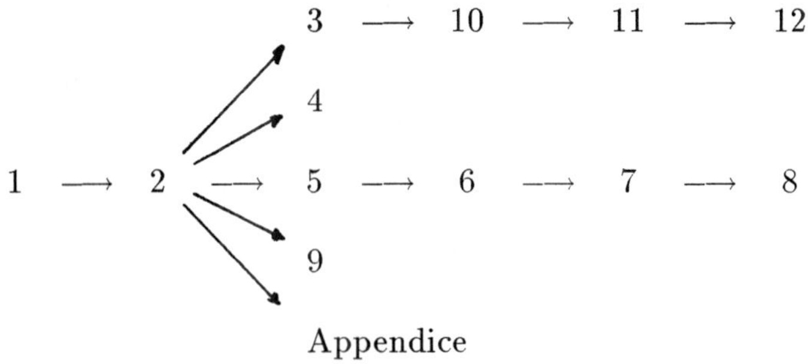

De nombreux participants à divers "séminaires hyperboliques" ont contribué à notre compréhension du sujet, même si leurs noms n'apparaissent pas explicitement parmi les signataires des chapitres qui

suivent. En particulier Norbert A'Campo, Marc Burger, David Epstein, Thierry Giordano, Jens Heber, Frédéric Paulin et Christophe Pittet nous ont apporté leur aide efficace. De plus, les encouragements et éclaircissements d'André Haefliger nous ont été très précieux, bien plus que ne pourrait laisser le supposer le petit nombre des chapitres qu'il a bien voulu (co-)signer.

Mais nous remercions surtout Mikhael Gromov pour sa présence amicale, pendant plusieurs jours passés à discuter avec nous de nombreux points de son article. Cette aide orale et immédiate a été irremplaçable pour nous permettre d'aborder l'étude de ces belles mathématiques.

Enfin, nous remercions vivement le Fonds Marc Birkigt, grâce à la générosité duquel ce travail a pu être achevé.

TABLE DES MATIÈRES

Chapitre 1.	Panorama (Etienne Ghys et Pierre de la Harpe) ...	1
Chapitre 2.	Espaces métriques hyperboliques (E.G. et P.H.) ...	27
Chapitre 3.	Espaces à courbure négative et groupes hyperboliques (Marc Troyanov) ...	47
Chapitre 4.	Premières propriétés des groupes hyperboliques (Eliane Salem) ...	67
Chapitre 5.	Quasi-isométries et quasi-géodésiques (E.G. et P.H.) ...	79
Chapitre 6.	Le bord d'un arbre (E.G. et P.H.) ...	103
Chapitre 7.	Le bord d'un espace hyperbolique (E.G. et P.H.) ...	117
Chapitre 8.	L'action d'un groupe hyperbolique sur son bord (E.G. et P.H.) ...	135
Chapitre 9.	La propriété de Markov pour les groupes hyperboliques (E.G. et P.H.) ...	165
Chapitre 10.	Singular spaces of non-positive curvature (Werner Ballmann) ...	189
Chapitre 11.	Orbi-espaces (André Haefliger) ...	203
Chapitre 12.	Groupes de torsion (E.G. et A.H.) ...	215
Appendice.	Small cancellation groups (Ralph Strebel) ...	227
Bibiliographie	...	275
Index	...	281

Adresses des auteurs

Werner Ballmann	Mathematisches Institut Universität Zürich Rämistrasse 74 8001 Zürich.
Etienne Ghys	Laboratoire de Mathématiques Ecole Normale Supérieure de Lyon 46, Allée d'Italie 69364 Lyon cedex 07.
André Haefliger	Section de Mathématiques Université de Genève C.P. 240 1211 Genève 24.
Pierre de la Harpe	Section de Mathématiques Université de Genève C.P. 240 1211 Genève 24.
Eliane Salem	I.M.P.A. Estrada Dona Castorina 110 Jardim Botanico 22460 Rio de Janeiro.
Ralph Strebel	Forschungsinstitut für Mathematik E.T.H. Zentrum 8092 Zürich.
Marc Troyanov	Ecole Polytechnique Centre de Mathématiques 91128 Palaiseau France.

CHAPITRE 1. PANORAMA

Etienne Ghys et Pierre de la Harpe

Le début de ce chapitre est une plaidoirie pour une approche géométrique des *groupes de type fini*, c'est-à-dire des groupes possédant un système fini de générateurs. La notion de groupe hyperbolique est définie au §4, où nous présentons les résultats essentiels de notre exposition. Le dernier paragraphe évoque quelques points importants de l'article de Gromov [Gr5] qui ne sont pas repris dans les présentes notes.

§1. LE BUT

On attribue à M. Gromov l'affirmation suivant laquelle un théorème valable pour tous les groupes ne peut être que trivial ou sans importance. Il est vrai que les résultats les plus spectaculaires obtenus à ce jour par la théorie combinatoire des groupes infinis ne traitent le plus souvent que de *classes de groupes bien particulières.* Citons par exemple les théories bien développées des groupes abéliens, nilpotents, polycycliques, résolubles, moyennables, ... Même si l'intérêt de ces catégories de groupes ne fait aucun doute, il est cependant clair qu'elles sont beaucoup trop restrictives. Qui oserait prétendre que les groupes intéressants sont en majorité résolubles, par exemple?

Outre ces "minorités" bien comprises et dont la structure est finalement assez simple, on dispose d'un certain nombre d'*exemples* de groupes dont l'étude s'est avérée nécessaire et fructueuse: les groupes libres, les groupes fondamentaux des surfaces, les groupes de tresses, ... Bien que ces groupes particuliers soient d'une grande importance, il faut surtout les considérer comme des points de repère donnant une première idée du comportement "typique" d'un groupe infini de type fini.

La théorie des *groupes hyperboliques* propose un compromis extrêmement satisfaisant face à cette opposition généralité-intérêt qui marque la combinatoire des groupes. Dans cette théorie, on définit une catégorie très vaste de groupes de présentation finie pour lesquels

on peut néanmoins démontrer des résultats de structure d'une précision étonnante. Nous donnons plus bas une définition et quelques propriétés importantes de ces groupes. Très grossièrement, ils se comportent "comme si" ils étaient groupes fondamentaux de variétés compactes à *courbure négative* et, même s'ils ne le sont pas tout à fait, ils en ont tout au moins de nombreuses propriétés cruciales.

Il ne s'agit certes pas de la première tentative dans cette direction. L'exemple le plus élaboré est sans doute donné par la théorie des *groupes à petite simplification.* Nous avons consacré un appendice de ces notes à cette théorie, qui entre en grande partie dans celle des groupes hyperboliques. La théorie des groupes à petite simplification reste cependant tout à fait importante pour deux raisons au moins. La première est qu'elle constitue une des motivations principales de la théorie des groupes hyperboliques et qu'elle reste une source appréciable d'exemples intéressants. La seconde est que, à strictement parler, cette théorie n'est pas complètement contenue dans celle de M. Gromov; par exemple les groupes $C'(1/5)$ (voir la définition 2 de l'appendice de R. Strebel) échappent encore aux "techniques hyperboliques". Toutefois, on se rend compte très rapidement du caractère trop particulier des groupes à petite simplification. Par exemple, le groupe fondamental d'une variété compacte à courbure négative de dimension supérieure ou égale à 3 n'est *jamais* à petite simplification, car les groupes à petite simplification sont de dimension cohomologique rationnelle au plus 2. C'est un inconvénient de la théorie qui n'existe plus dans la théorie "hyperbolique".

Il faut cependant reconnaître que la théorie des groupes hyperboliques, bien que couvrant un vaste domaine, ne rend pas compte de tous les groupes qui nous intéressent! Un grave défaut de la théorie est que les sous-groupes discrets uniformes des groupes de Lie réels semi-simples de rangs réels au moins deux ne sont jamais hyperboliques; et ces exemples de groupes ont un intérêt indiscutable. Peut-être faut-il considérer l'étude des groupes hyperboliques comme une étape, avant celle d'une classe encore plus étendue que M. Gromov baptise déjà "semi-hyperbolique" bien qu'aucune définition n'en ait été donnée à ce jour. Les exemples typiques de *groupes semi-hyperboliques* sont déjà clairs: en plus des exemples de sous-groupes discrets mentionnés ci-dessus, il conviendrait que le groupe fondamental d'une variété compacte à *courbure négative ou nulle* soit semi-hyperbolique.

Les chapitres qui suivent sont consacrés à l'exposition d'une partie de la théorie des groupes hyperboliques de M. Gromov. Nous pensons que cette théorie est (et restera) fondamentale dans la combinatoire des groupes, car elle propose enfin une vision globale de la structure de beaucoup de groupes de présentation finie. L'un des aspects les plus intéressants de la théorie est sans aucun doute la méthode générale d'approche, dont on peut espérer qu'elle sera aussi à la base de la future théorie semi-hyperbolique.

§2. LA MÉTHODE

La méthode est (bien entendu) géométrique. L'idée principale est qu'un groupe de type fini est muni, outre sa structure algébrique, d'une structure géométrique et plus précisément d'une distance. L'étude d'un groupe se fera à travers celle de l'espace métrique sous-jacent.

Soient Γ un groupe de type fini et S un système fini de générateurs. Pour simplifier, nous supposons *toujours* que S ne contient pas l'élément neutre e de Γ et que S est symétrique, c'est-à-dire que, pour tout élément γ du groupe qui est dans S, l'inverse γ^{-1} est aussi dans S.

Si γ est un élément du groupe Γ, on note $\ell_S(\gamma)$ et on appelle *longueur* de γ relativement à S le nombre minimal de générateurs de S nécessaires à l'écriture de l'élément γ. Si γ_1 et γ_2 sont deux éléments de Γ, on note $d_S(\gamma_1, \gamma_2)$ et on appelle *distance* entre γ_1 et γ_2 relative à S l'entier $\ell_S(\gamma_1^{-1}\gamma_2)$. Le lecteur vérifiera sans aucune difficulté le fait suivant:

1.- Proposition. *La fonction d_S est une distance sur Γ qui est invariante par les translations à gauche de Γ.*

On peut faire deux critiques à cette distance. D'abord, elle dépend du choix d'un système de générateurs; ensuite, elle ne prend que des valeurs entières, et l'espace métrique qu'elle définit est donc discret.

Bien que le second point ne soit pas un problème sérieux, il peut freiner l'intuition; il est d'ailleurs facile d'y remédier grâce à

2.- Figure du graphe de Cayley défini par $\Gamma = \mathbb{Z}$ et $S = \{-1, 1\}$.

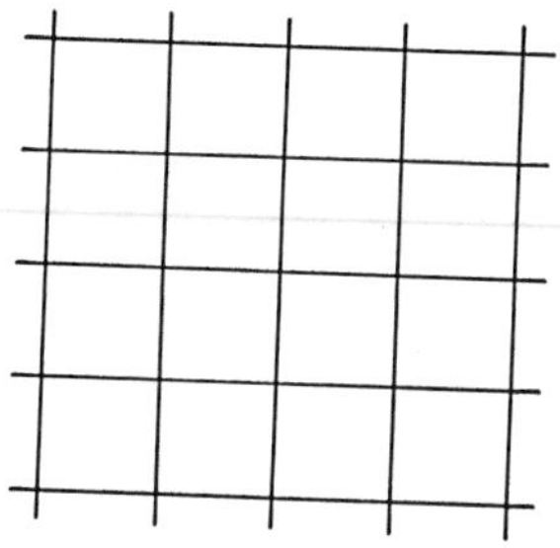

3.- Figure du graphe de Cayley défini par $\Gamma = \mathbb{Z}^2$ et $S = \{\pm(1,0), \pm(0,1)\}$.

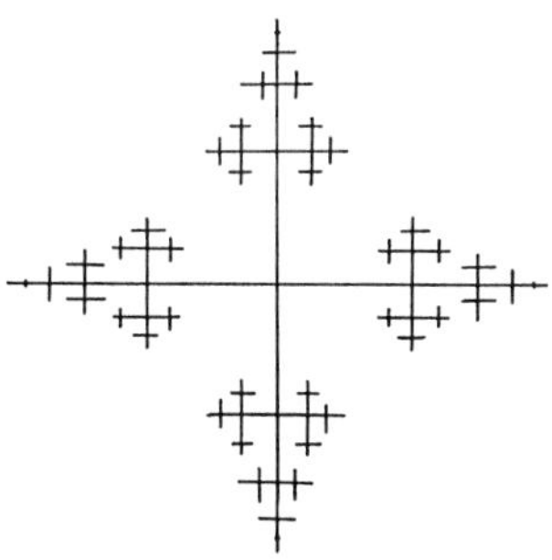

4.- Figure du graphe de Cayley défini par le groupe libre sur deux générateurs a, b et par $S = \{a^{\pm 1}, b^{\pm 1}\}$.

la construction classique du *graphe de Cayley*. Il s'agit d'un graphe non orienté (c'est-à-dire de la réalisation géométrique d'un complexe simplicial de dimension 1) sans boucle ni arête multiple, noté $\mathcal{G}(\Gamma, S)$, dont les sommets sont les éléments de Γ et où une arête relie γ_1 à γ_2 si $d_S(\gamma_1, \gamma_2) = 1$, c'est-à-dire si $\gamma_1^{-1}\gamma_2 \in S$. Il est clair que les translations à gauche de Γ sur lui-même permettent de définir une action de Γ sur $\mathcal{G}(\Gamma, S)$ par automorphismes simpliciaux. On peut munir les arêtes du graphe de métriques riemanniennes qui les rendent toutes isométriques à un intervalle fermé de longueur 1 et qui

sont globalement invariantes par l'action de Γ. On définit alors une distance sur $\mathcal{G}(\Gamma, S)$ en considérant la borne inférieure des longueurs des chemins qui joignent deux points donnés. De cette façon, $\mathcal{G}(\Gamma, S)$ devient un *espace métrique connexe par arcs* et le plongement naturel de (Γ, d_S) dans $\mathcal{G}(\Gamma, S)$ est une isométrie. Bien que son introduction soit "superflue", ce graphe de Cayley permet cependant de visualiser Γ. Les numéros 2 à 4 ci-dessus montrent trois exemples simples; d'autres suivront.

5.- Exemple du groupe de Heisenberg. Il s'agit du groupe Γ engendré par trois générateurs a, b, c soumis aux relations

$$ca = ac \qquad cb = bc \qquad bab^{-1}a^{-1} = c$$

C'est l'exemple le plus simple de groupe nilpotent non abélien. Tout élément de Γ est de la forme $a^m b^n c^p$ avec $(m, n, p) \in \mathbb{Z}^3$. L'application

$$\varphi : a^m b^n c^p \longmapsto \begin{pmatrix} 1 & n & p \\ 0 & 1 & m \\ 0 & 0 & 1 \end{pmatrix}$$

est un homomorphisme de Γ dans $SL_3(\mathbb{Z})$. Il en résulte que tout élément de Γ s'écrit de manière unique sous la forme $a^m b^n c^p$ et que φ est un isomorphisme sur son image. Le centre de Γ est le groupe cyclique infini engendré par c, et le quotient de Γ par son centre est un groupe abélien libre de rang 2 engendré par les classes de a et b. On peut représenter Γ par les points du réseau $\mathbb{Z}^3$ dans $\mathbb{R}^3$. Les formules

$$(a^m b^n c^p)a = a^{m+1} b^n c^{p+n}$$
$$(a^m b^n c^p)b = a^m b^{n+1} c^p$$
$$(a^m b^n c^p)c = a^m b^n c^{p+1}$$

indiquent comment relier les points de $\mathbb{Z}^3$ pour obtenir le graphe de Cayley $\mathcal{G}(\Gamma, S)$. Chaque coupe $n = cste$ est une copie du graphe de Cayley de $\mathbb{Z}^2$ représenté à la figure 3, mais le point (m, n, p) doit être relié dans les coupes voisines aux points $(m, n+1, p+m)$ et $(m, n-1, p-m)$, comme indiqué sur la figure de la page suivante.

Avant d'envisager d'autres exemples, il nous faut répondre à la seconde critique faite après la proposition 1: la distance dépend du choix d'un système de générateurs.

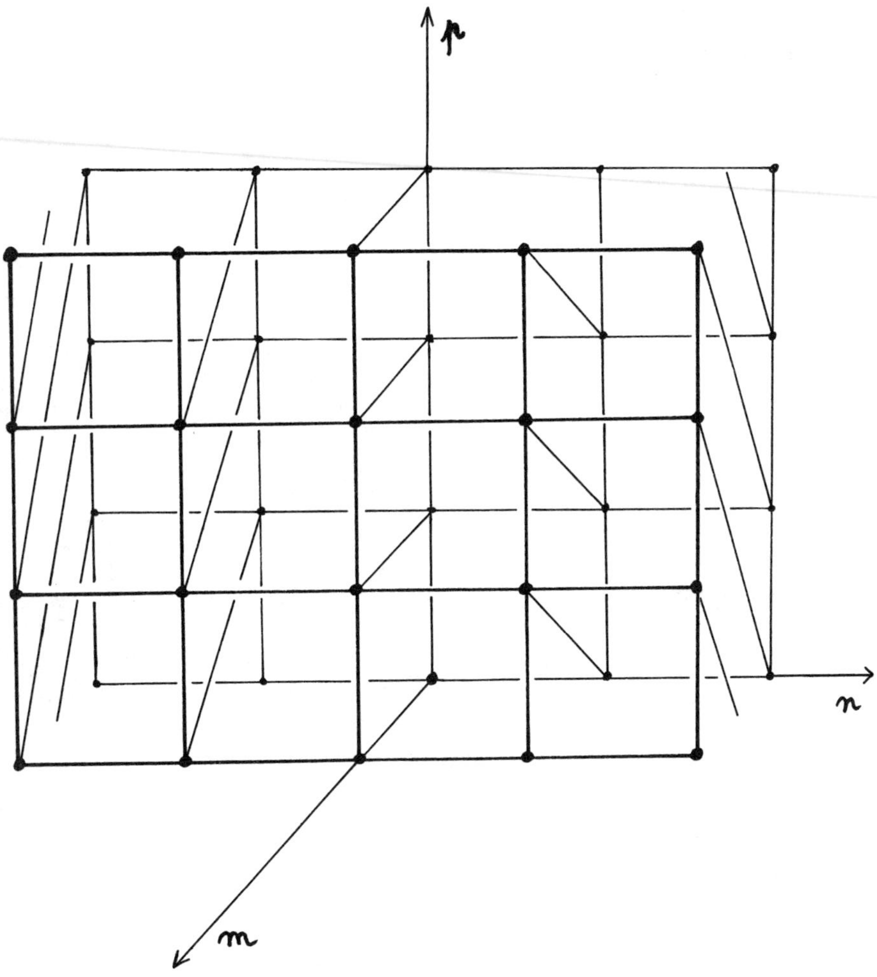

Figure pour l'exemple 5

6.- Exemple. Dans le groupe $\mathbb{Z}$, choisissons le système de

générateurs $\{\pm 2, \pm 3\}$. Le graphe de Cayley associé a l'allure suivante:

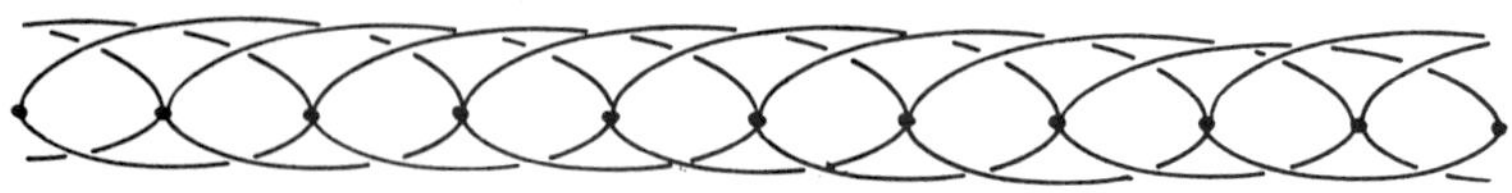

Ce graphe est bien sûr différent de celui de la figure 2, mais il lui ressemble beaucoup "vu de loin". Pour mettre au point cette notion de ressemblance, on introduit la définition suivante.

7.- Définition. Soient (X, d) et (X', d') deux espaces métriques. On dit que X et X' sont *quasi-isométriques* s'il existe des applications $f : X \to X'$ et $g : X' \to X$ ainsi que des constantes $\lambda > 0$, $C \geq 0$ telles que

$$\begin{aligned}
&d'(f(x), f(y)) \leq \lambda d(x,y) + C && \text{pour tous } x, y \in X \\
&d(g(x'), g(y')) \leq \lambda d'(x', y') + C && \text{pour tous } x', y' \in X' \\
&d(g(f(x)), x) \leq C && \text{pour tout } x \in X \\
&d'(f(g(x')), x') \leq C && \text{pour tout } x' \in X' .
\end{aligned}$$

Les deux premières inégalités signifient que f et g sont "lipschitziennes de rapport λ à grande distance". Quant aux deux dernières inégalités, elles signifient que f et g sont "presqu'inverses" l'une de l'autre.

8.- Exercice. Vérifier que la quasi-isométrie est une relation d'équivalence entre espaces métriques.

9.- Exemples. Equipons $\mathbb{R}$ de sa métrique usuelle et $\mathbb{Z}$ de la métrique induite par le plongement de $\mathbb{Z}$ dans $\mathbb{R}$. Ce plongement d'une part et l'application partie entière d'autre part permettent de montrer que $\mathbb{Z}$ et $\mathbb{R}$ sont quasi-isométriques (bien que non homéomorphes). Plus généralement, si Γ est un groupe engendré par un ensemble fini S, le groupe Γ équipé de la distance d_S est quasi-isométrique au graphe de Cayley $\mathcal{G}(\Gamma, S)$ équipé de la métrique que nous avons décrite.

Si S et S' sont deux systèmes finis de générateurs d'un groupe Γ, les deux espaces métriques associés (Γ, d_S) et $(\Gamma, d_{S'})$ sont quasi-isométriques. En effet, si λ_1 est le maximum de la longueur $\ell_{S'}$ sur S et λ_2 le maximum de ℓ_S sur S', on a évidemment

$$d_{S'} \leq \lambda_1 d_S \quad \text{et} \quad d_S \leq \lambda_2 d_{S'} .$$

En résumé, on peut associer à chaque groupe Γ de type fini un *espace métrique bien défini à quasi-isométrie près*: il s'agit de ce groupe équipé de d_S pour n'importe quel système fini S de générateurs (tel que $e \notin S$ et $S^{-1} = S$). Tout invariant de quasi-isométrie de (Γ, d_S) détermine donc un invariant du groupe Γ. C'est une caractéristique de la démarche que nous allons suivre: deux groupes ne seront pas distinguables par la théorie s'ils sont quasi-isométriques.

§3. QUASI-ISOMÉTRIES ET ISOMORPHISMES

Nous allons d'abord éprouver par des exemples la relation de quasi-isométrie entre groupes, et voir par là qu'elle est remarquablement adaptée à notre propos, n'étant ni trop lâche ni trop stricte. L'idée générale est que, bien qu'elle identifie certains groupes non isomorphes entre eux, cette relation de quasi-isométrie conserve cependant la trace de la structure algébrique. Les premiers exemples ci-dessous précisent la différence entre isomorphisme et quasi-isométrie. Rappelons que les groupes considérés ici sont *toujours de type fini.*

10.- Exemple. Tous les groupes finis sont quasi-isométriques entre eux. Ceci résulte du fait que deux espaces métriques bornés (i.e. de diamètres finis) sont quasi-isométriques.

11.- Proposition. *Si* Γ_1 *est un sous-groupe d'indice fini dans un groupe* Γ, *alors* Γ_1 *et* Γ *sont quasi-isométriques.*

On pourrait démontrer directement cette proposition, en choisissant dans Γ_1 et Γ des systèmes de générateurs convenables. Nous préférons toutefois en reporter la preuve au chapitre 3, où elle apparaît comme conséquence d'un résultat plus général concernant les actions de groupes (proposition 3.19).

12.- Corollaire. *Deux groupes commensurables, c'est-à-dire contenant des sous-groupes d'indices finis isomorphes, sont quasi-isométriques.*

13.- Exemples. Le groupe libre (non abélien) à k générateurs ($k \geq 2$) est isomorphe à un sous-groupe d'indice fini du groupe libre à deux générateurs. Deux groupes libres non abéliens de rangs distincts sont donc quasi-isométriques, bien que non isomorphes.

De la même façon, on sait que le groupe $PSL_2(\mathbb{Z})$ est isomorphe au produit libre de $\mathbb{Z}/2\mathbb{Z}$ et $\mathbb{Z}/3\mathbb{Z}$ et contient un sous-groupe libre d'indice 6. Le groupe $PSL_2(\mathbb{Z})$ est donc quasi-isométrique au groupe libre à deux générateurs. La figure suivante montre d'une part le graphe de Cayley du produit libre de $\mathbb{Z}/3\mathbb{Z}$ et $\mathbb{Z}/2\mathbb{Z}$, avec générateurs respectifs a et b, et d'autre part (en gras) le graphe de Cayley du sous-groupe libre engendré par $aba^{-1}b$, $a^{-1}bab$.

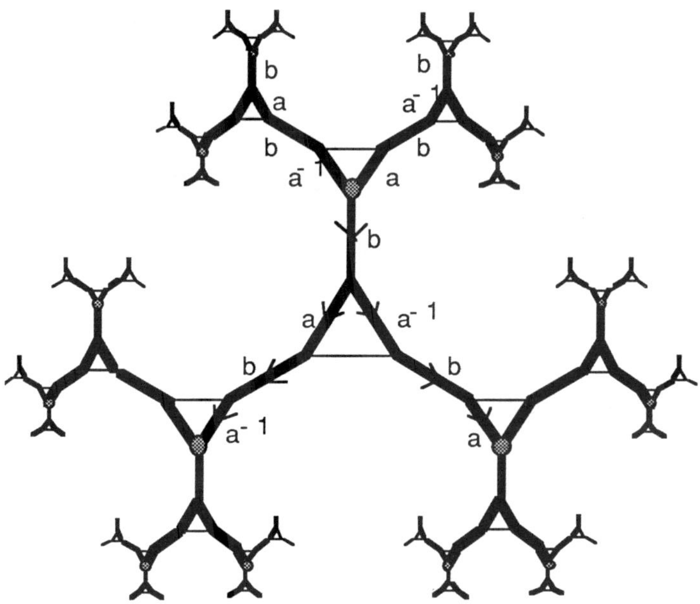

La quasi-isométrie ne se réduit cependant pas à la commensurabilité. Voici une façon de le montrer.

14.- Proposition. *Soit M une variété riemannienne compacte. Le groupe fondamental de M est quasi-isométrique au revêtement universel de M.*

Pour la preuve, voir le corollaire 21 du chapitre 3.

15.- Corollaire. *Il existe des groupes quasi-isométriques non commensurables.*

Preuve. Soient M_1 et M_2 deux variétés riemanniennes compactes de dimension 3 à courbure -1 dont le rapport des volumes est irrationnel (voir [Thu] pour des exemples). Les groupes fondamentaux de M_1 et M_2 sont quasi-isométriques entre eux, car ils sont quasi-isométriques à l'espace hyperbolique de dimension 3 par la proposition 14. Si ces groupes étaient commensurables, M_1 et M_2 auraient des revêtements finis ayant des groupes fondamentaux isomorphes. Ces revêtements finis seraient isométriques d'après le théorème de rigidité de Mostow, ce qui contredirait l'irrationalité du rapport des volumes de M_1 et M_2. □

Les numéros qui suivent montrent que deux groupes quasi-isométriques ont bien souvent, même s'ils ne sont pas isomorphes, des propriétés algébriques très semblables.

16.- Exercice. Soit Γ un groupe de type fini; on choisit un système fini S de générateurs de Γ, et on écrit $|x - y|$ au lieu de $d_S(x, y)$ pour tous $x, y \in \Gamma$. On munit $\mathbb{Z}$ de la distance usuelle. Si Γ et $\mathbb{Z}$ sont quasi-isométriques, montrer que Γ possède un sous-groupe cyclique d'indice fini.

Indications. *Premier pas.* Montrer qu'il existe une application surjective $f : \Gamma \to \mathbb{Z}$ et deux constantes $\lambda > 0$, $C \geq 0$ telles que

$$\frac{1}{\lambda}|x - y| - C \leq |f(x) - f(y)| \leq \lambda|x - y| + C \qquad (1)$$

pour tous $x, y \in \Gamma$. Pour tout $n \in \mathbb{Z}$, on choisit alors $x_n \in f^{-1}(n)$.

Montrer qu'il existe $D \geq 0$ tel que

$$\frac{1}{\lambda^2}|x_p - x_q| - D \leq |f(\gamma x_p) - f(\gamma x_q)| \leq \lambda^2 |x_p - x_q| + D \qquad (2)$$

pour tous $p, q \in \mathbb{Z}$ et $\gamma \in \Gamma$. En particulier, il existe $E \geq 0$ tel que

$$|f(\gamma x_{n+1}) - f(\gamma x_n)| \leq E \qquad (3)$$

pour tous $\gamma \in \Gamma$ et $n \in \mathbb{Z}$.

Deuxième pas. Soit $\gamma \in \Gamma$. Vérifier qu'il résulte de (2) et (3) qu'il existe $\varepsilon_\gamma \in \{1, -1\}$ tel que

$$\lim_{k \to \infty} f(\gamma x_k) = \varepsilon_\gamma \infty \quad \text{et} \quad \lim_{k \to \infty} f(\gamma x_{-k}) = -\varepsilon_\gamma \infty \,. \qquad (4)$$

Quitte à remplacer Γ par un sous-groupe d'indice 2, montrer qu'on peut supposer $\varepsilon_\gamma = 1$ pour tout $\gamma \in \Gamma$.

Troisième pas. Montrer qu'il existe une constante $G \geq 0$ telle que

$$f(\gamma x_k) \geq f(\gamma x_0) - G \quad \text{et} \quad f(\gamma x_{-k}) \leq f(\gamma x_0) + G \qquad (5)$$

pour tous $\gamma \in \Gamma$ et $k \geq 0$.

(Supposer qu'il existe une constante $H \geq 0$, un élément $\gamma \in \Gamma$ et un entier $k \geq 0$ tels que $f(\gamma x_k) < f(\gamma x_0) - H$. Utiliser (2) pour majorer H en fonction de k. Par (3) et (4), il existe $j \geq k$ tel que $|f(\gamma x_j) - f(\gamma x_0)| \leq E$, et (2) fournit une majoration de j. En déduire une majoration de H.)

Quatrième pas. On suppose désormais $f(e) = 0$ et $x_0 = e$. (Remplacer au besoin f par $x \mapsto f(x) - f(e)$.) Montrer qu'il existe une constante $K > 0$ ayant la propriété suivante: pour tout $\gamma \in \Gamma$ tel que $f(\gamma) \geq K$ et $f(\gamma^{-1}) \leq -K$, on a $f(\gamma^{n+1}) > f(\gamma^n)$ et $f(\gamma^{-n-1}) < f(\gamma^{-n})$ pour tout $n \geq 0$.

(Soit d'abord $x \in \Gamma$ et $k \geq 0$ tels que $f(x) = k$. Pour tout $n \geq 0$, on peut majorer $|f(x^{n+1}) - f(x^n x_k)|$ et minorer $f(x^n x_k) - f(x^n)$ en utilisant (1) et (5). En déduire que

$$f(x^{n+1}) \geq f(x^n) - [G - (\lambda^2 + 1)C] \,. \qquad (6)$$

Vérifier qu'on a d'autre part

$$|f(x^{n+1}) - f(x^n)| \geq \frac{1}{\lambda}|x - e| - C \geq \frac{1}{\lambda^2}(k - C) - C \ . \qquad (7)$$

Pour k assez grand, déduire de (6) et (7) qu'on a $f(x^{n+1}) > f(x^n)$. Soit ensuite $y \in \Gamma$ et $k \geq 0$ tels que $f(y) = -k$. Vérifier de même que, si k est assez grand, alors $f(y^{-n-1}) < f(y^{-n})$ pour tout $n \geq 0$.)

Cinquième pas. On choisit $\gamma \in \Gamma$ tel que $f(\gamma) \geq K$ et $f(\gamma^{-1}) \leq -K$, de telle sorte que le sous-groupe Γ_0 de Γ engendré par γ est cyclique infini. Déduire de (1) qu'il existe une constante $R \geq 0$ avec la propriété suivante: pour tout $x \in \Gamma$, il existe $n \in \mathbb{Z}$ tel que $|\gamma^{-n}x - e| \leq R$. En déduire que $[\Gamma : \Gamma_0] < \infty$.

17.- Théorème. *Pour tout entier $n \geq 1$, un groupe quasi-isométrique à $\mathbb{Z}^n$ contient un sous-groupe d'indice fini isomorphe à $\mathbb{Z}^n$.*

Il nous paraît intéressant de dégager une preuve élémentaire du théorème 17. Faute de l'avoir fait, nous nous bornons à faire allusion à un argument plus onéreux après l'énoncé du théorème 19; mais il nous faut tout d'abord aborder la notion de croissance d'un groupe.

Soit Γ un groupe engendré par un ensemble fini S. On pose pour tout entier N

$$\beta(N) = \text{Card}\,\{\gamma \in \Gamma : \ell_S(\gamma) \leq N\} \ .$$

Cette fonction $\beta : \mathbb{N} \to \mathbb{N}$ est la *fonction de croissance* de Γ relative à S. Etant donné un entier $d \geq 0$, on dit que Γ est à *croissance polynomiale de degré d* s'il existe deux constantes $C_1, C_2 > 0$ telles que $C_1 N^d \leq \beta(N) \leq C_2 N^d$ pour tout $N \in \mathbb{N}$; il est facile de vérifier que cette propriété est invariante par quasi-isométrie. Il en résulte par exemple que $\mathbb{Z}^m$ et $\mathbb{Z}^n$ ne sont pas quasi-isométriques si $m \neq n$.

18.- Exemple. Le groupe de Heisenberg est à croissance polynomiale de degré 4. Esquissons ce calcul, en reprenant les notations de l'exemple 5.

On montre d'abord par récurrence sur l'entier N que, si $\ell_S(a^m b^n c^p) \leq N$, alors $|m| \leq N$, $|n| \leq N$ et $|p| \leq N^2$. Il en

résulte que $\beta(N) \leq (2N+1)^4$. Ensuite, en utilisant la relation $bab^{-1}a^{-1} = c$, qui implique $b^q a^q b^{-q} a^{-q} = c^{q^2}$, on voit que $\ell_S(c^p)$ est de l'ordre de $\sqrt{p}$; par suite, pour tout $(m,n,p) \in \mathbb{Z}^3$ tel que $|m| \leq N$, $|n| \leq N$ et $|p| \leq N^2$, la longueur $\ell_S(a^m b^n c^p)$, majorée par $\ell_S(a^m) + \ell_S(b^n) + \ell_S(c^p)$, est aussi majorée par le produit de N et d'une constante convenable. Il en résulte que $\beta(N) \geq kN^4$ pour une constante k convenable.

Le groupe de Heisenberg n'est donc pas quasi-isométrique à $\mathbb{Z}^n$ si $n \leq 3$ ou si $n \geq 5$. On peut montrer qu'il n'est pas non plus quasi-isométrique à $\mathbb{Z}^4$. Plus précisément, on sait associer à tout groupe nilpotent de type fini Γ un groupe de Lie nilpotent gradué simplement connexe $Gr(\Gamma)$ et une "métrique de Carnot-Carathéodory" d_{cc} sur $Gr(\Gamma)$, et on montre (voir [Pa1], [Pa2]) que la paire $(Gr(\Gamma), d_{cc})$ ne dépend que de la classe de quasi-isométrie de Γ. Il est facile de vérifier que $Gr(\Gamma)$ est $\mathbb{R}^n$ si $\Gamma = \mathbb{Z}^n$, et le groupe des matrices réelles de la forme

$$\begin{pmatrix} 1 & y & z \\ 0 & 1 & x \\ 0 & 0 & 1 \end{pmatrix}$$

si Γ est le groupe de Heisenberg de l'exemple 5. En particulier, le groupe de Heisenberg n'est pas quasi-isométrique à un groupe abélien de type fini.

Un théorème important de Gromov [Gr3] caractérise les groupes à croissance polynomiale.

19.- Théorème. *Un groupe est à croissance polynomiale si et seulement s'il contient un sous-groupe nilpotent d'indice fini.*

En particulier, un groupe quasi-isométrique à $\mathbb{Z}^n$ contient un sous-groupe nilpotent d'indice fini. Pour démontrer le théorème 17, il reste donc à "repérer géométriquement" les groupes abéliens parmi les groupes nilpotents. Ceci peut être fait grâce à des inégalités isopérimétriques, mais nous ne développerons pas ici ce point de la théorie.

Les théorèmes 17 et 19 montrent donc que la commutativité et la nilpotence, propriétés algébriques s'il en est, sont aussi des propriétés géométriques.

Problème ouvert. Un groupe quasi-isométrique à un groupe résoluble contient-il un sous-groupe résoluble d'indice fini? Un problème analogue, peut-être plus facile, se formule aisément pour les groupes polycycliques. Un autre pour les groupes sans torsion.

M. Gromov donne dans [Gr2] et [Gr4] d'autres exemples de propriétés algébriques qui cachent un aspect géométrique.

20.- Théorème. *Soient Γ_1 et Γ_2 deux groupes sans torsion quasi-isométriques. Si Γ_1 est un produit libre non trivial de deux groupes, il en est de même de Γ_2.*

La démonstration fait appel au fameux résultat de Stallings selon lequel un groupe sans torsion est un produit libre non trivial si et seulement s'il a une infinité de bouts. Il est par ailleurs clair que le nombre de bouts est un invariant de quasi-isométrie (voir la proposition 7.17).

Voici un résultat analogue que nous démontrons au chapitre 7.

21.- Théorème. *Un groupe quasi-isométrique à un groupe libre contient un sous-groupe libre d'indice fini.*

Quitte à anticiper sur le §4, mentionnons aussi un résultat qui apparaît dans [Gr4] et [Ca2]. Dans la première référence, Gromov cite à ce propos Mostow, Margulis et Tukia; dans la seconde, Cannon cite un travail commun avec Cooper. Voir aussi la fin du chapitre 11 de [Pa2].

22.- Théorème. *Soient n un entier, $n \geq 2$, et Γ un groupe sans torsion. Si Γ est quasi-isométrique à un réseau uniforme dans le groupe de Lie $O(n,1)$, alors Γ est isomorphe à un tel réseau uniforme. (Réseau uniforme = sous-groupe discret à quotient compact.)*

On pourrait continuer ici une énumération de "propriétés géométriques" des groupes de type fini. En fait nous ne connaissons pas de propriété capitale des groupes de type fini dont on ait montré qu'elle ne soit pas géométrique, c'est-à-dire qu'elle ne soit pas invariante par quasi-isométrie. Voici encore deux exemples, sous forme d'exercices.

23.- Exercice. Montrer qu'un groupe quasi-isométrique à un groupe de présentation finie est lui-même de présentation finie.

Indication. Soient Γ un groupe engendré par un ensemble fini S, et $\mathcal{G}(\Gamma, S)$ le graphe de Cayley correspondant. Pour tout nombre réel $R > 0$, notons $\mathcal{L}(R)$ l'ensemble des lacets de $\mathcal{G}(\Gamma, S)$ du type $\varphi\psi\varphi^{-1}$, où φ est un chemin joignant le point base à un point x du graphe et où ψ est un lacet en x de longueur inférieure à R. Montrer d'abord que Γ est de présentation finie si et seulement si $\mathcal{L}(R)$ engendre le groupe fondamental de $\mathcal{G}(\Gamma, S)$ pour R assez grand.

24.- Exercice. Montrer qu'un groupe quasi-isométrique à un groupe moyennable est lui-même moyennable.

Indication. Soient Γ et S comme plus haut. Le *bord* d'une partie finie X de Γ est l'ensemble $\partial_S X$ des points $x \in X$ tels qu'il existe $y \in \Gamma - X$ avec $d_S(x, y) = 1$. La *constante isopérimétrique* de Γ est définie par

$$h_S(\Gamma) = \operatorname{Inf}\left\{ \frac{\operatorname{card}(\partial_S X)}{\operatorname{card}(X)} \ : \ X \subset \Gamma \ \text{ et } X \text{ fini} \right\}$$

et on dit que Γ est *moyennable* si $h_S(\Gamma) = 0$. Vérifier que l'annulation de la constante isopérimétrique est indépendante du choix de S, donc que la moyennabilité est un invariant de quasi-isométrie.

En complément à l'exercice, montrer avec la définition ci-dessus qu'un groupe à croissance polynomiale est moyennable et qu'un groupe libre ne l'est pas. Notons enfin qu'il y a de nombreuses autres définitions équivalentes de la moyennabilité; voir par exemple [Eym] pour une initiation générale, ainsi que les pages 446 à 448 de [Co] pour l'équivalence (due à Følner) dans le cas des groupes discrets entre la définition ci-dessus et la définition à l'aide de "moyennes invariantes".

§4. PRÉSENTATION DES RÉSULTATS

Après nous être convaincus qu'il peut être utile de considérer un groupe de type fini comme un espace métrique, nous allons définir les groupes hyperboliques. Nous commençons par quelques définitions préliminaires concernant un espace métrique (X, d). Pour la distance

entre deux points de X, nous écrivons couramment $|x-y|$ au lieu de $d(x,y)$.

25.- Définitions. Soient x_0, x_1 deux points de X et $a = |x_0 - x_1|$ leur distance. Un *segment géodésique* dans X d'origine x_0 et d'extrémité x_1 est une isométrie $g : [0,a] \to X$ telle que $g(0) = x_0$ et $g(a) = x_1$. On dit parfois que g est un segment géodésique *paramétré* et que l'image de g est un segment géodésique *géométrique* (ou même, abusivement, un segment géodésique).

On dit que X est un *espace géodésique* si, pour toute paire de points $x_0, x_1 \in X$, il existe un segment géodésique $[0, |x_0 - x_1|] \to X$ d'extrémités x_0 et x_1. (On ne demande pas qu'il y ait unicité d'un tel segment.)

Un *triangle géodésique* de sommets x, y, z dans X est la réunion de trois segments géodésiques joignant ces sommets deux à deux. On admet les cas dégénérés, tels par exemple qu'un triangle où les points y et z coïncident mais où les segments de x à y et de x à z sont distincts.

26.- Exemples et notation. Soit Γ un groupe engendré par un ensemble fini S. Le graphe de Cayley $\mathcal{G}(\Gamma, S)$ défini au §2 est un exemple d'espace géodésique. Si Γ n'est pas engendré librement par S, alors $\mathcal{G}(\Gamma, S)$ possède un circuit, et contient donc des paires de points entre lesquels il existe plusieurs segments géodésiques.

Une variété riemannienne complète est un espace géodésique (théorème de Hopf-Rinow). L'exemple des points antipodaux sur les sphères usuelles montre qu'il peut y avoir plusieurs segments géodésiques ayant mêmes extrémités. Il y a bien sûr des cas remarquables où chaque paire de points détermine un unique segment géodésique géométrique (variétés simplement connexes à courbure $\kappa \leq 0$).

Bien que deux points x_0, x_1 d'un espace géodésique X ne déterminent pas un unique segment en général, il est néanmoins parfois commode de noter $[x_0, x_1]$ l'un des segments géodésiques d'extrémités x_0 et x_1.

27.- Définition. On se donne un nombre $\delta \geq 0$. Un espace métrique géodésique X satisfait la *condition de Rips de constante* δ si, pour tout triangle géodésique Δ de X, la distance d'un point quelconque d'un côté de Δ à la réunion des deux autres côtés est majorée par δ; en formules:

$$\text{pour tout } \Delta = [x,y] \cup [y,z] \cup [z,x]$$
$$\text{et pour tout } u \in [y,z], \text{ on a } d(u,[x,y] \cup [z,x]) \leq \delta \ .$$

Un espace géodésique X est dit *hyperbolique* s'il existe un nombre $\delta \geq 0$ tel que X satisfait la condition de Rips de constante δ.

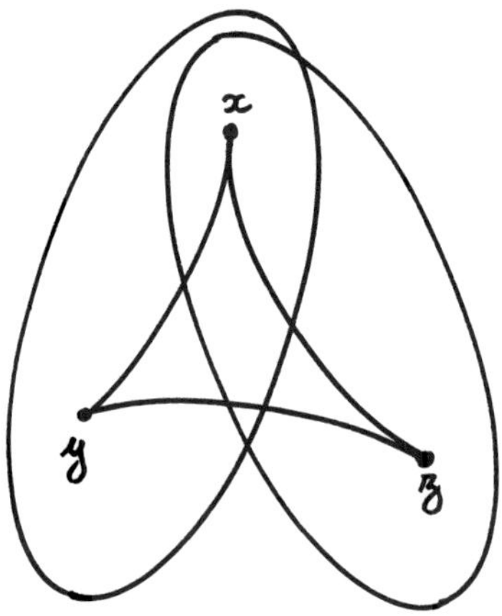

28.- Exemple des arbres. Soit T un arbre simplicial muni d'une distance pour laquelle chaque arête est isométrique au segment $[0,1]$ de la droite réelle, et pour laquelle la distance entre deux points est la borne inférieure des longueurs des chemins joignant ces points. Tout triangle de T est dégénéré au sens où chacun de ses côtés est contenu dans la réunion des deux autres. Un tel arbre est donc hyperbolique puisqu'il satisfait à la définition 27 avec $\delta = 0$.

Pour entrer dans notre conception générale, il est important que la notion d'hyperbolicité soit invariante par quasi-isométrie. Bien que ce soit le cas, il se trouve que la démonstration de cette assertion n'est pas banale; nous la donnons au CHAPITRE 5.

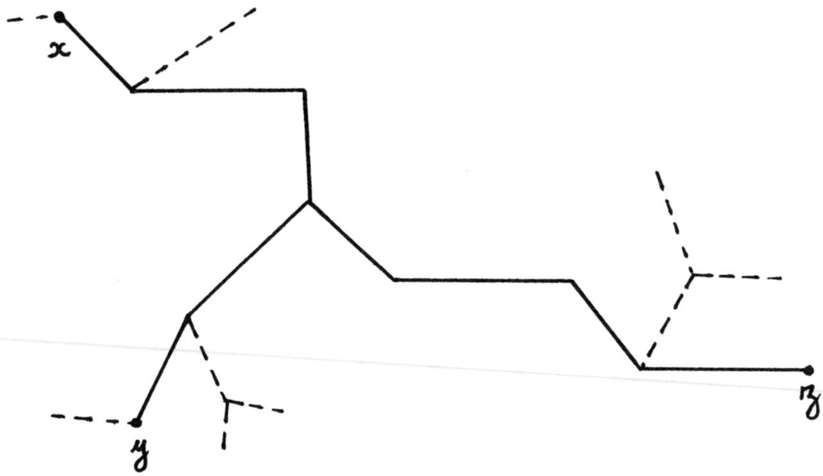

29.- Théorème. *Si deux espaces métriques géodésiques sont quasi-isométriques et si l'un d'eux est hyperbolique, il en est de même de l'autre.*

Le théorème justifie la définition suivante.

30.- Définition. Un groupe de type fini Γ est *hyperbolique* si le graphe de Cayley défini par Γ et un système fini de générateurs de Γ est hyperbolique.

Le théorème 29 montre entre autres que le graphe de Cayley $\mathcal{G}(\Gamma, S)$ est hyperbolique pour tout système fini S de générateurs de Γ dès qu'il l'est pour un système particulier S_0. Il montre aussi que deux groupes quasi-isométriques sont en même temps hyperboliques ou non. Les premiers exemples de groupes hyperboliques sont immédiats au vu des numéros 4 (graphe de Cayley d'un groupe libre) et 28:

31.- Proposition. *Tout groupe libre est hyperbolique.*

Le numéro 27 est *une* définition possible de l'hyperbolicité d'un espace métrique, mais ce n'est pas la définition la mieux adaptée à tous les besoins. Pour cette raison, nous donnons dès le CHAPITRE 2 plusieurs définitions équivalentes, en espérant aider ainsi le lecteur à se familiariser avec cette notion. Puis, comme les groupes li-

bres ne suffisent pas longtemps comme illustration, nous consacrons l'essentiel du CHAPITRE 3 à l'une des principales sources d'exemples, celle qui d'ailleurs a suggéré l'appellation "hyperbolique":

32.- Théorème. *Le groupe fondamental d'une variété riemannienne compacte à courbure négative est un groupe hyperbolique.*

Une deuxième famille d'exemples, déjà mentionnée au §1, fait l'objet de l'APPENDICE:

33.- Théorème. *Soit* Γ *un groupe qui admet une présentation finie satisfaisant à l'hypothèse de petite simplification* $C'(1/6)$, *ou aux hypothèses* $C'(1/4)$ *et* $T(4)$. *Le groupe* Γ *est hyperbolique.*

Notons en passant que ces deux familles d'exemples sont essentiellement disjointes. En effet, les seuls groupes couverts à la fois par le théorème 32 et le théorème 33 sont les groupes fondamentaux des surfaces compactes orientables de genre $g \geq 2$ et non orientables de genre $g \geq 3$.

Cependant, les groupes hyperboliques dépassent de beaucoup ces deux familles. Indiquons un premier exemple de ce fait:

34.- Exercice. Le produit libre de deux groupes hyperboliques est un groupe hyperbolique.

Indication. On considère un nombre $\delta_i \geq 0$ et un groupe Γ_i engendré par une partie finie S_i tels que l'espace métrique $\mathcal{G}(\Gamma_i, S_i)$ satisfait la condition de Rips de constante δ_i $(i = 1, 2)$. Alors $S = S_1 \cup S_2$ engendre $\Gamma = \Gamma_1 * \Gamma_2$. Soit $\Delta = [x,y] \cup [y,z] \cup [z,x]$ un triangle géodésique de $\mathcal{G}(\Gamma, S)$. En utilisant la forme normale des éléments d'un produit libre, vérifier que Δ se décompose en triangles géodésiques dont chacun est isométrique à un triangle géodésique de $\mathcal{G}(\Gamma_1, S_1)$ ou de $\mathcal{G}(\Gamma_2, S_2)$. En déduire que $\mathcal{G}(\Gamma, S)$ satisfait la condition de Rips de constante $\max(\delta_1, \delta_2)$.

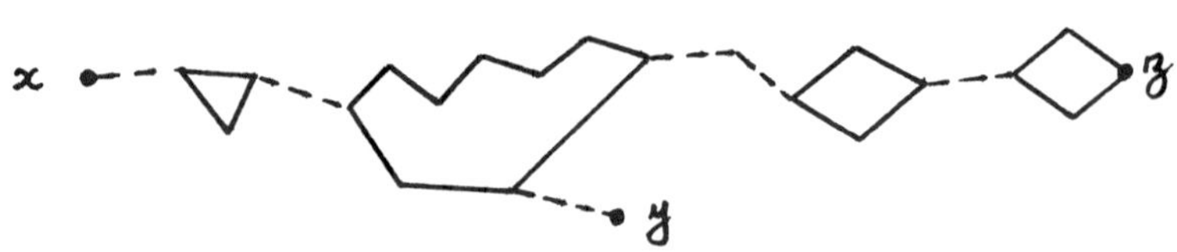

Pour montrer au lecteur l'ampleur de la classe couverte par sa théorie, M. Gromov utilise un énoncé statistique. Considérons toutes les présentations de groupes mettant en jeu p générateurs et une suite de q relations qui sont des mots réduits en ces générateurs. Etant donné des entiers positifs $n_1, n_2, \ldots, n_q$, soit $N(p, q, n_1, \ldots, n_q)$ le nombre de ces présentations où les relations sont respectivement de longueurs $n_1, \ldots, n_q$, et soit $N_h(p, q, n_1, \ldots, n_q)$ le nombre de celles d'entre elles qui définissent des groupes hyperboliques. L'affirmation suivante de M. Gromov n'est pas accompagnée d'une démonstration, ni même d'une esquisse de preuve, et nous hésitons sur son statut: théorème? conjecture? Nous risquons le terme suivant.

35.- Théorème sans preuve. *Lorsque $n_1, \ldots, n_q$ tendent vers l'infini, le rapport*

$$\frac{N_h(p, q, n_1, \ldots, n_q)}{N(p, q, n_1, \ldots, n_q)} \quad \textit{tend vers } 1 \ .$$

C'est dans ce sens qu'un "groupe pris au hasard est probablement hyperbolique".

Nous avons réparti les propriétés que nous montrons des groupes hyperboliques en trois catégories. Nous exposons d'abord au CHAPITRE 4 des propriétés qui résultent directement de la définition et dont voici les principales:

36.- Théorème. *Soit Γ un groupe hyperbolique. Il existe un polyèdre P de dimension finie et une action simpliciale de Γ sur P tels que*

(i) le stabilisateur de chaque simplexe est fini,

(ii) le quotient de P par Γ est compact,

(iii) P est contractile.

Il en résulte notamment que Γ est de présentation finie et de dimension cohomologique rationnelle finie.

La deuxième catégorie de propriétés fait l'objet des CHAPITRES 6 à 8. Rappelons d'abord la construction suivante. Soient M une n-variété riemannienne compacte à courbure négative et $\widetilde{M}$ le revêtement universel de M. Il existe une compactification naturelle de $\widetilde{M}$ dans laquelle le complémentaire $\partial\widetilde{M}$ de $\widetilde{M}$ est formé

des "points limites" de géodésiques. Ce bord à l'infini $\partial\widetilde{M}$ est homéomorphe à une sphère de dimension $n-1$ sur laquelle le groupe fondamental de M agit par homéomorphismes, et l'étude de $\pi_1(M)$ se fait via cette "action à l'infini" (voir par exemple le §8 de [BGS]). C'est un phénomène remarquable qu'une partie importante de cette démarche se généralise aux groupes hyperboliques.

37.- Théorème. *Soit Γ un groupe hyperbolique. Il existe un espace métrique compact $\partial\Gamma$ qu'on appelle le bord de Γ et sur lequel Γ agit par homéomorphismes quasi-conformes (ce terme sera défini au chapitre 6). De plus, l'espace $\partial\Gamma$ est bien défini à homéomorphisme quasi-conforme près par la classe de quasi-isométrie de Γ. Quand Γ est le groupe fondamental d'une n-variété riemannienne compacte M à courbure négative, $\partial\Gamma$ s'identifie à la $(n-1)$-sphère $\partial\widetilde{M}$ introduite ci-dessus.*

Le théorème sera grandement précisé au CHAPITRE 7. Insistons dès maintenant sur le fait que $\partial\Gamma$ ne ressemble en général aucunement à une sphère: ce peut être un ensemble de Cantor, ou un espace compact bien plus compliqué qui peut faire penser à la courbe universelle [BlM]. Quoi qu'il en soit, $\partial\Gamma$ rend le même type de services en général que dans le cas des groupes fondamentaux de variétés à courbure négative. Mentionnons plus précisément deux applications: la première est une preuve du théorème 21; la seconde apparaît au CHAPITRE 8 et s'énonce comme suit:

38.- Théorème. *Soit Γ un groupe hyperbolique. Le centralisateur dans Γ de tout élément d'ordre infini contient un sous-groupe cyclique d'indice fini, et tout sous-groupe moyennable de Γ contient un sous-groupe cyclique d'indice fini. Si de plus Γ n'est pas moyennable, alors Γ contient un groupe libre non abélien.*

C'est une propriété fondamentale des espaces hyperboliques que de "ressembler aux arbres", dans un sens précisé au chapitre 2. Conformément à cela, l'expérience montre qu'il est toujours avantageux de tester la vérité d'un "énoncé hyperbolique" ou l'efficacité d'une "preuve hyperbolique" dans le cas particulier des arbres. C'est ce que nous espérons montrer pour ce qui a trait au bord au CHAPITRE 6, consacré au *bord d'un arbre.*

La troisième des catégories mentionnées après le numéro 35 est abordée au CHAPITRE 9. Il s'agit là encore d'une généralisation de propriétés déjà connues pour les groupes fondamentaux de variétés à courbure négative (résultats de J. Cannon). En termes ici très vagues (mais précisés au chapitre 9), on montre que les éléments d'un groupe hyperbolique peuvent être décrits à l'aide d'une chaîne de Markov finie. Dans cette introduction, nous ne citons qu'une conséquence de cette "propriété de Markov":

39.- Théorème. *Soit S un système fini de générateurs d'un groupe hyperbolique Γ. Pour tout entier $n \geq 0$, notons $\sigma(n)$ le nombre d'éléments de Γ satisfaisant l'équation $\ell_S(\gamma) = n$. Alors la série formelle*

$$\zeta(t) = \sum_{n=0}^{\infty} \sigma(n) t^n$$

est une fonction rationnelle de la variable t.

Une fois les techniques de base mises en place, la théorie hyperbolique est remarquablement souple et efficace. Pour mettre ces qualités en évidence, nous avons choisi de développer la construction faite par M. Gromov de groupes infinis de type fini dont tous les éléments sont de torsion. Cette construction n'est certes pas la première (voir par exemple [Gol] et [Gri]), mais elle a l'avantage d'être extrêmement naturelle.

Avant de décrire cette construction et ces exemples, on introduit au CHAPITRE 10 une notion générale de *polyèdre à courbure négative.* Il s'agit de polyèdres dont les faces sont munies de métriques riemanniennes à courbure négative, qui vérifient une condition combinatoire exprimant que la "distribution de courbure" en tout point est négative. Le groupe fondamental d'un polyèdre fini à courbure négative est un groupe hyperbolique, d'où une nouvelle moisson de tels groupes. De même que la notion de variété se généralise utilement en celle d'orbifold, de même on introduit au CHAPITRE 11 une notion d'orbi-espace qui généralise celle de polyèdre. On montre là encore qu'un *orbi-espace compact à courbure négative* possède naturellement un groupe fondamental qui est un groupe hyperbolique.

Les outils étant mis au point, on obtient le résultat suivant:

40.- Théorème. *Soit M une variété compacte, ou plus généralement un polyèdre fini, à courbure négative. Le groupe fondamental de M possède un quotient infini dont tous les éléments sont de torsion.*

Il est vrai que ce théorème ne fournit pas d'exemple de groupe infini de type fini où les ordres de tous les éléments sont bornés (on sait que de tels groupes existent, voir [Adi], [Ol2] et [Gup]). On peut cependant espérer perfectionner la méthode de M. Gromov pour obtenir de tels groupes.

Citons deux conséquences du théorème 40. Il permet d'abord de répondre à une question formulée par [Day], et déjà implicite chez von Neumann [vNe]:

41.- Théorème. *Il existe des groupes de type fini qui ne sont pas moyennables et qui ne contiennent aucun sous-groupe libre non abélien.*

Là encore, ce résultat était déjà connu [Ol1], mais par une méthode plus obscure. Une seconde conséquence du théorème 40 a trait à la propriété (T) de Kazhdan, qui est (pour les groupes infinis) une propriété plus forte que la non moyennabilité. Tous les exemples connus avant la théorie hyperbolique de groupes possédant la propriété (T) étaient des groupes de présentation finie. On a désormais le résultat suivant:

42.- Théorème. *Il existe un nombre non dénombrable de groupes de type fini qui possèdent la propriété (T). En particulier, il en existe qui ne sont pas de présentation finie.*

§5. CE QUE CES NOTES NE COUVRENT PAS

L'article de M. Gromov est trop riche; il nous a fallu choisir. Pour terminer ce panorama, nous allons évoquer rapidement trois des aspects principaux que nous n'avons pas développés, par manque de temps et de courage.

Le premier concerne les *inégalités isopérimétriques*. Soit Γ un groupe de présentation finie et soit X un polyèdre fini dont le groupe fondamental est isomorphe à Γ. Soit γ un lacet simplicial contenu dans le 1-squelette de revêtement universel $\widetilde{X}$ de X; notons $\ell(\gamma)$ sa longueur, c'est-à-dire le nombre de 1-simplexes dont il est constitué. Puisque $\widetilde{X}$ est simplement connexe, il existe un disque simplicial dont le bord est γ. Notons $A(\gamma)$ l'aire minimale, c'est-à-dire le nombre minimal de 2-simplexes d'un tel disque. On dira que Γ vérifie une inégalité isopérimétrique linéaire s'il existe une constante positive C telle que, pour tout γ, on ait: $A(\gamma) \leq C\ell(\gamma)$. Il n'est pas très difficile de vérifier que cette propriété ne dépend pas du choix de X.

43.- Théorème. [Gr5]. *Si Γ est un groupe de présentation finie, les conditions suivantes sont équivalentes:*

(a) Γ est un groupe hyperbolique

(b) Γ vérifie une inégalité isopérimétrique linéaire.

L'implication (a) $\Rightarrow$ (b) résulte d'arguments semblables à ceux du chapitre 4. M. Gromov montre la réciproque (plus délicate ...) en utilisant des techniques analytiques empruntées à la théorie des surfaces minimales et de l'uniformisation de Riemann. Une prépublication récente [GeS] donne, en appendice, une démonstration entièrement élémentaire de ce résultat, n'utilisant pas d'"analyse". Nous avons aussi reçu des notes de B. Bowditch sur ce sujet.

Un deuxième point que nous aurions aimé aborder est la construction du *flot géodésique d'un groupe hyperbolique*. Soit V une variété compacte munie d'une métrique riemannienne g à courbure négative. On sait ([Gr1]) que le flot géodésique de (V, g), opérant sur le fibré unitaire tangent $T_1(V)$ à V, ne dépend que du groupe fondamental de V. Précisément, soient (V', g') une autre variété compacte à courbure négative et φ un isomorphisme entre les groupes fonda-

mentaux de V et V'. Alors, il existe un *homéomorphisme* $h(\varphi)$ entre $T_1(V)$ et $T_1(V')$ envoyant les orbites du flot géodésique de V sur celles du flot géodésique de V'. Bien sûr, $h(\varphi)$ ne conjugue pas les flots car les longueurs des géodésiques périodiques de V et V' peuvent être différentes.

M. Gromov propose une construction du flot géodésique à partir du groupe fondamental. Soit Γ un groupe hyperbolique quelconque (qui n'est peut-être pas le groupe fondamental d'une variété à courbure négative). M. Gromov construit ([Gr5], paragraphe 8.3) un espace $T_1(\Gamma)$ bien défini à homéomorphisme près et un "flot géodésique" sur $T_1(\Gamma)$. Ce dernier flot n'est défini qu'à *équivalence* topologique près, c'est-à-dire à homéomorphisme préservant les orbites près. Ainsi, à un groupe hyperbolique est attaché une *dynamique*. Celle-ci vérifie toutes les propriétés topologiques des flots géodésiques des variétés à courbure négative: hyperbolicité topologique, feuilletages stables et instables, etc. La théorie des groupes hyperboliques se trouve ainsi reliée à celle d'Anosov-Smale ...

Enfin, nous regrettons que ces notes ne décrivent pas une magnifique construction de M. Gromov permettant d'obtenir de nombreux exemples. Partant d'un polyèdre quelconque, on donne un procédé pour en changer la topologie et lui associer un nouveau polyèdre à courbure négative. Si le polyèdre initial est une variété, le nouveau polyèdre est encore une variété, naturellement cobordante à la première. Puisqu'il résulte des considérations du chapitre 10 qu'un polyèdre à courbure négative est un espace d'Eilenberg-McLane, on obtient de la sorte de nouveaux exemples de variétés compactes qui sont de tels espaces d'Eilenberg-McLane. On sait combien les topologues sont friands de ces espaces ... A titre d'exemple, citons deux résultats de M. Gromov.

44.- Théorème: *Toute variété compacte est cobordante à une variété qui est un espace d'Eilenberg-McLane.*

45.- Théorème: *Si deux variétés sont des espaces d'Eilenberg-McLane et sont cobordantes, alors elles le sont aussi par un cobordisme qui est un espace d'Eilenberg-McLane.*

Le lecteur intéressé pourra trouver une description de ces constructions, ainsi que d'intéressants développements dans [DaJ].

CHAPITRE 2.
ESPACES MÉTRIQUES HYPERBOLIQUES

Etienne Ghys et Pierre de la Harpe

Le premier paragraphe contient une définition des espaces hyperboliques et indique une première manière qu'a un tel espace de "ressembler" à un arbre (sous-cône tangent à l'infini, proposition 11). Le second paragraphe traite des arbres approximatifs d'un espace hyperbolique (théorème 12). Le troisième est consacré à plusieurs autres définitions équivalentes de l'hyperbolicité, valables pour les espaces métriques géodésiques (finesse des triangles); en particulier, on y montre au corollaire 22 que le disque de Poincaré est hyperbolique (!!).

§1.- UNE DÉFINITION DE L'HYPERBOLICITÉ

Soit X un espace métrique. On note $d(y,z)$ ou $|y-z|$ la distance entre deux points $y,z \in X$.

1.- Définitions. Etant donné un point base $x \in X$, le *produit de Gromov* de deux points $y,z \in X$ est:

$$(y|z)_x = \frac{1}{2}\{|y-x| + |z-x| - |z-y|\} .$$

On écrit aussi $(y|z)$ s'il n'y a pas d'ambiguïté sur le point base. L'inégalité du triangle montre que:

$$0 \leq (y|z)_x \leq \min\{|y-x|, |z-x|\} .$$

Par exemple, si x,y,z sont alignés, alors $(y|z)_x = 0$ si x est entre y et z (c'est-à-dire si $|y-z| = |y-x| + |x-z|$) et $(y|z)_x = \min\{|y-x|, |z-x|\}$ sinon.

Pour pouvoir expliquer la signification géométrique du produit de Gromov, nous introduisons la notion d'*arbre métrique*. Soit T un arbre, c'est-à-dire un graphe connexe sans cycle, et soit $|T|$ sa réalisation géométrique. Choisissons un nombre réel $l(a) > 0$ pour

chaque arête a de $|T|$. Il existe alors sur $|T|$ une métrique unique (à isométrie près) qui est maximale pour la propriété suivante:

l'arête a est isométrique à l'intervalle $[0, l(a)]$ de $\mathbb{R}$.

L'espace $|T|$ muni de cette métrique est appelé "arbre métrique".

On appelle *tripode* un arbre métrique constitué de trois arêtes issues d'un sommet commun. Un tel tripode est caractérisé à isométrie près par les longueurs de ses arêtes; on admet les cas dégénérés où certaines de ces longueurs sont nulles.

2.- Proposition. *Soient x, y, z trois points d'un espace métrique. Il existe un tripode T et une isométrie $f : \{x, y, z\} \to T$ d'image les trois extrémités du tripode. De plus $(y|z)_x$ est la longueur de l'arête de T qui a pour extrémité l'image de x.*

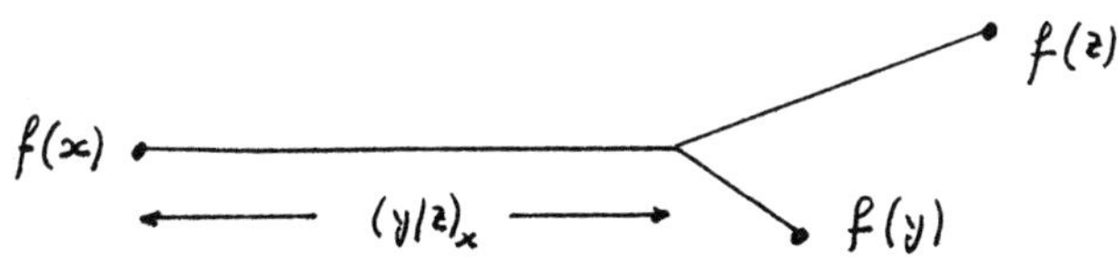

La preuve est banale. Cette proposition montre que les relations métriques, entre *trois* points sont les mêmes dans un espace métrique quelconque et dans un arbre. Pour *quatre* points, on peut au contraire dégager la définition suivante, dont Gromov a montré l'intérêt considérable.

3.- Définition. Soit δ un nombre réel positif ou nul. On dit qu'un espace métrique X est *δ-hyperbolique* si

$$(x|z)_w \geq \min\{(x|y)_w, (y|z)_w\} - \delta$$

pour tous $w, x, y, z \in X$. On dit que X est *hyperbolique* si la valeur de δ n'importe pas. (L'équivalence entre cette définition et celle du chapitre 1 apparaît à la proposition 21.)

4.- Reformulation. Soient $\delta \geq 0$ et $w, x, y, z \in X$. En remplaçant dans l'inégalité précédente les trois produits de Gromov par leurs valeurs (définition 1), on trouve l'inégalité équivalente:

$$|x - z| + |y - w| \leq \max\{|x - y| + |z - w|, |x - w| + |z - y|\} + 2\delta \ .$$

On peut penser à w, x, y, z comme à quatre sommets définissant six distances mutuelles. Il y a trois manières de grouper ces points en deux paires, d'où trois sommes de deux distances:

$$\begin{aligned} p &= |x - w| + |z - y| \\ m &= |x - y| + |z - w| \\ g &= |x - z| + |y - w| \; . \end{aligned}$$

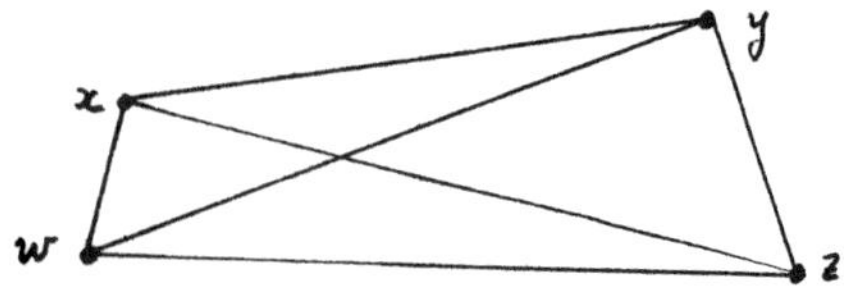

Si les notations sont telles que $p \leq m \leq g$ (le lecteur peut penser à "petit", "moyen" et "grand"), un espace δ- hyperbolique est caractérisé par $g \leq m + 2\delta$, c'est-à-dire par: "la grande distance ne dépasse pas la moyenne de plus de 2δ".

5.- Exemples. (i) L'exemple le plus important est fourni par les *arbres métriques*, qui sont 0-hyperboliques. Ceci résulte immédiatement de la structure des quadrilatères de ces espaces qui sont du type suivant:

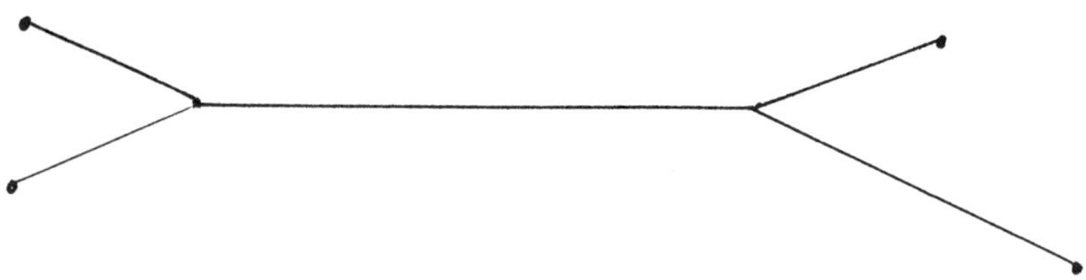

(Il est entendu que certaines arêtes peuvent dégénérer.) Notons que tout sous-espace d'un espace δ-hyperbolique est aussi δ-hyperbolique. Ainsi, tout *groupe libre* est 0-hyperbolique pour la métrique des mots définie par un système libre de générateurs.

(ii) Il est banal que tout espace métrique de diamètre $\delta < \infty$ est δ-hyperbolique. Ce ne sont évidemment pas ces exemples qui nous intéresseront par la suite.

Mentionnons ici trois types d'exemples qui apparaissent dans la suite de ces notes.

(iii) Soient X et Y deux espaces métriques géodésiques (définition 1.25). On suppose qu'il existe une quasi-isométrie $X \to Y$ et que Y est hyperbolique. Alors X est hyperbolique (chapitre 5).

(iv) Soient X une variété riemannienne compacte à courbure négative, $\widetilde{X}$ son revêtement universel, Γ son groupe fondamental et S un ensemble fini de générateurs de Γ. Alors $\widetilde{X}$ et Γ sont hyperboliques, respectivement pour la métrique riemannienne canonique et pour la métrique des mots (voir chapitre 3). On peut généraliser ces exemples aux cas où X est un polyèdre ou même un orbi-espace (voir chapitre 11).

(v) Soit Γ un groupe à petite simplification vérifiant la condition $C'(1/6)$, muni d'une métrique des mots. Alors Γ est hyperbolique (voir l'appendice).

(vi) En revanche, l'espace euclidien $\mathbb{R}^2$ n'est pas hyperbolique. Plus généralement, si X est un espace métrique qui admet une similitude de rapport $\lambda > 1$ et qui contient quatre points w, x, y, z avec

$$(x|z)_w < \min\{(x|y)_w, (y|z)_w\} ,$$

alors X n'est pas hyperbolique.

L'exemple 5.i admet une réciproque partielle. Nous l'énonçons d'abord dans un cas simple.

6.- Proposition. *Soit F un espace métrique fini 0-hyperbolique. Alors il existe un plongement isométrique de F dans un arbre métrique.*

Preuve. Soit w un point base dans F. Pour tout x de F, on écrit $|x|$ pour $|x - w|$. Notons $\widetilde{T}$ la réunion disjointe sur $x \in F - \{w\}$ des segments $[0, |x|]$ de $\mathbb{R}$. Etant donné $t \in [0, |x|]$ et $t' \in [0, |x'|]$, on pose:

$$t \sim t' \qquad \text{si } t = t' \leq (x|x')_w \ .$$

Ceci définit une relation d'équivalence; en effet, si $t \sim t' \sim t''$, alors

$$t = t'' \leq \min\{(x|x')_w, (x'|x'')_w\} \leq (x|x'')_w$$

vu la 0-hyperbolicité de F. Soit T le quotient de $\widetilde{T}$ par cette relation. L'application $\widetilde{T} \times \widetilde{T} \to \mathbb{R}_+$ définie par

$$(t, t') \longmapsto t + t' - 2\min\{t, t', (x|x')\}$$

(où $t \in [0, |x|]$ et $t' \in [0, |x'|]$) induit une distance sur T et en fait un arbre métrique. Le plongement désiré associe à $x \in F$ la classe dans T de $|x| \in [0, |x|] \subset \widetilde{T}$. □

Il est clair que cette démonstration n'utilise la finitude de F que pour garantir que l'espace T, quotient de $\widetilde{T}$, est un arbre métrique.

7.- Définition. Un espace métrique T est un *arbre réel* s'il vérifie les deux conditions suivantes:

i) Deux points distincts quelconques sont les extrémités d'un unique segment géodésique.

ii) Si deux segments géodésiques ont exactement une extrémité en commun, leur réunion est un segment géodésique.

Voici un exemple simple d'arbre réel qui n'est pas un arbre métrique. Soit d la distance dans $\mathbb{R}^2$ définie de la façon suivante:

$$\begin{aligned} d((x_1, y_1), (x_2, y_2)) &= |y_1 - y_2| \quad \text{si } x_1 = x_2 \\ &= |y_1| + |x_1 - x_2| + |y_2| \quad \text{si } x_1 \neq x_2 \end{aligned}$$

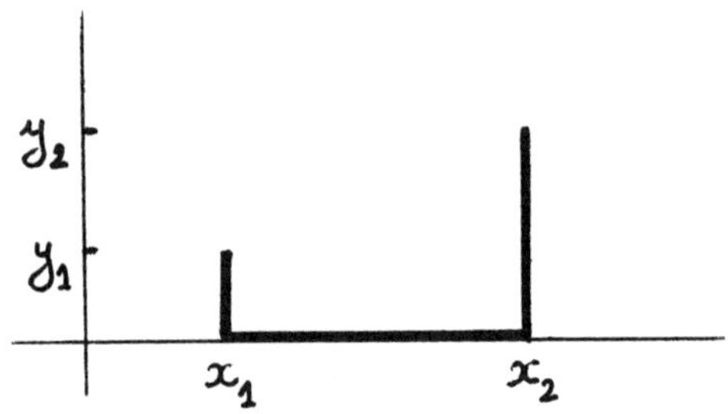

On pourra consulter [Sha] pour une étude des arbres réels.

Revenons à la proposition 6; il n'est pas difficile de s'assurer que le cadre des arbres réels est adapté à une réciproque complète de l'exemple 5.i. Nous la donnons sous forme d'exercice.

8.- Exercice. Montrer qu'un espace métrique est 0-hyperbolique si et seulement s'il est isométrique à une partie d'un arbre réel. Montrer qu'un espace métrique géodésique est 0-hyperbolique si et seulement si c'est un arbre réel.

Dans la suite de ces notes, nous n'utiliserons pas la théorie des arbres réels. A vrai dire, nous aurions pu nous contenter de définir un arbre réel comme un espace géodésique 0-hyperbolique (voir le théorème 3.17 de [AlB]).

9.- Définition. Soit X un espace métrique. On dit qu'un espace métrique T est un *sous-cône tangent de X à l'infini* s'il est géodésique et si la condition suivante est satisfaite:

Pour tout sous-ensemble fini $\{t_1, \ldots, t_k\}$ de T, il existe une suite infinie $(\varepsilon_n)_{n\geq 1}$ de nombres positifs qui tend vers 0 et k suites infinies $(x_{i,n})_{n\geq 1}$ de points de X, avec $i = 1, \ldots, k$, telles que

$$\lim_{n\to\infty} \frac{\varepsilon_n |x_{i,n} - x_{j,n}|}{|t_i - t_j|} = 1 \qquad i,j = 1, \ldots, k .$$

10.- Exemples. (i) Un segment est un sous-cône tangent de $\mathbb{R}$ à l'infini.

(ii) Soit D^2 le disque de Poincaré, à courbure constante -1. Soient k un entier et T un arbre étoilé formé de k segments (de longueurs arbitraires) ayant un point commun t_0. Alors T est un sous-cône tangent de D^2 à l'infini. (Si, par exemple, l'ensemble fini donné est formé de t_0 et de $l \leq k$ points à même distance de t_0, considérer dans D^2 un point x_0 et ℓ suites de points $(x_{i,n})_{n\geq 1}$, où $\{x_{1,n}, \ldots, x_{l,n}\}$ sont les sommets d'un polygône régulier dans D^2 centré en x_0 et de côté n.)

(iii) Si X est de diamètre fini, tout sous-cône tangent de X à l'infini est réduit à un point.

11.- Proposition. *Soit X un espace métrique. Si X est hyperbolique, tout sous-cône tangent de X à l'infini est un arbre réel.*

Preuve. Soit T un sous-cône tangent de X à l'infini. Comme T est par définition géodésique, l'exercice 8 implique qu'il suffit de vérifier que T est 0-hyperbolique.

Soient $t_0, t_1, t_2, t_3 \in T$. Soient $(\varepsilon_n)_{n\geq 1}$ et $(x_{j,n})_{n\geq 1}$ comme dans la définition 9, avec $j = 0, 1, 2, 3$. Comme X est hyperbolique, il

existe $\delta \geq 0$ tel que

$$(x_{1,n}|x_{3,n})_{x_{0,n}} \geq \min\{(x_{1,n}|x_{2,n})_{x_{0,n}}, \quad (x_{2,n}|x_{3,n})_{x_{0,n}}\} - \delta$$

pour tout $n \geq 1$. Comme $\lim_{n\to\infty} \frac{\varepsilon_n |x_{i,n} - x_{j,n}|}{|t_i - t_j|} = 1$, on a donc

$$(t_1|t_3)_{t_0} \geq \min\{(t_1|t_2)_{t_0}, (t_2|t_3)_{t_0}\} .$$

□

La proposition exprime que "de l'infini, X est vu comme un arbre". M. Gromov énonce aussi la réciproque de la proposition 11, ce dont F. Paulin nous a communiqué une démonstration.

§2. ARBRES APPROXIMATIFS

La proposition 6 montre qu'un espace 0-hyperbolique fini est (isométrique à) une partie d'un arbre. Si F est un espace δ-hyperbolique fini avec $\delta > 0$, la même assertion est encore presque vraie, à des constantes près dépendant de δ et du *logarithme* du cardinal $|F|$ de F. Le théorème qui suit précise cette assertion et en donne aussi une généralisation. Sa preuve constitue le présent paragraphe. Convenons qu'un *sous-rayon* d'origine x dans un espace métrique Y est un sous-espace $X \subset Y$ contenant x, tel qu'il existe un plongement isométrique $(X, x) \to (\mathbb{R}_+, 0)$.

Dans tout ce paragraphe, on se donne une constante $\delta \geq 0$. Si x est un point d'un espace métrique avec point base w, on pose $|x| = |x - w|$.

12.- Théorème. *Soit F un espace métrique δ-hyperbolique avec point base w et soit k un entier positif.*

(i) Si $|F| \leq 2^k + 2$, il existe un arbre métrique pointé fini T et une application $\Phi : F \to T$ telle que

(1) *Φ conserve les distances au point base:*
$|\Phi(x)| = |x|$ pour tout $x \in F$,

(2) $|y - x| - 2k\delta \leq |\Phi(y) - \Phi(x)| \leq |y - x|$ *pour tous $x, y \in F$.*

(ii) On suppose qu'il existe des sous-rayons F_i d'origines w_i dans F, avec $i = 1, \ldots, n$ et $n \leq 2^k$, tels que $F = \cup_{i=1}^n F_i$. On pose $c = \max_{i=1}^n |w_i|$. Alors il existe un arbre réel pointé T et une application $\Phi : F \to T$ avec la propriété (1) ci-dessus, ainsi que:
(2′)
$$|y-x| - 2(k+1)\delta - c \leq |\Phi(y) - \Phi(x)| \leq |y-x| \quad \textit{pour tous } x, y \in F \ .$$

13.- Remarques. (a) Si $|F| = 3$, le théorème résulte de la proposition 2 et n'utilise pas l'hypothèse d'hyperbolicité. Si $|F| = 4$, le théorème est essentiellement une répétition de la définition de l'hyperbolicité.

(b) Si deux points x et y de F sont alignés avec le point base et si x est entre w et y (i.e. si $|y| = |x| + |y - x|$), alors $\Phi(x)$ et $\Phi(y)$ sont alignés avec le point base de T et $\Phi(x)$ est entre $\Phi(w)$ et $\Phi(y)$. Cela résulte facilement des propriétés (1) et (2).

(c) Comme nous l'avons déjà mentionné, nous n'utiliserons pas la théorie des arbres réels. La seule propriété que nous utiliserons de l'espace T du point (ii) est qu'il est géodésique et 0-hyperbolique. Toute partie finie de T est contenue dans un arbre métrique.

(d) Dans l'énoncé (ii) du théorème, F n'est pas nécessairement fini. Soit néanmoins $F = \{w, x_1, \ldots, x_n\}$ un espace δ-hyperbolique fini, avec $|F| = n+1 \leq 2^k+1$. Posons $F_i = \{w, x_i\}$ pour $i = 1, \ldots, n$. Le théorème 12.ii implique un énoncé essentiellement équivalent à 12.i. Plus bas, nous montrons le théorème 12.ii, et laissons le lecteur fignoler la preuve de 12.i.

La preuve du théorème est précédée de deux lemmes, pour lesquels on conserve les mêmes notations.

14.i.- Lemme (version sommaire). *On suppose que $|F| \leq 2^k + 2$. Soient L un entier et $x_1, x_2, \ldots, x_L$ une suite de points de F (les répétitions sont permises). Alors*
$$(x_1|x_L) \geq \min_{2 \leq i \leq L} (x_{i-1}|x_i) - k\delta \ .$$
(Noter que le terme $k\delta$ dépend du cardinal de F et non de L.)

Preuve. S'il existe un indice j avec $x_j = w$ (le point base de F), alors $(x_j|x_{j\pm1}) = 0$ et il n'y a rien à montrer. On suppose désormais que $x_j \neq w$ pour $j \in \{1, \ldots, L\}$, et que $L \geq 4$.

Supposons d'abord $L \leq 2^k + 1$. La preuve se fait par récurrence sur k. On pose $K = [L|2]$, de sorte que $2 \leq K \leq 2^{k-1} + 1$ et $2 \leq L - K + 1 \leq 2^{k-1} + 1$. Par hypothèse de récurrence:

$$(x_1|x_K) \geq \min_{2 \leq j \leq K} (x_{j-1}|x_j) - (k-1)\delta$$
$$(x_K|x_L) \geq \min_{K+1 \leq j \leq L} (x_{j-1}|x_j) - (k-1)\delta \ .$$

Par suite

$$(x_1|x_L) \geq \min\{(x_1|x_K), (x_K|x_L)\} - \delta \geq \min_{2 \leq j \leq L} (x_{j-1}|x_j) - k\delta \ .$$

Supposons ensuite $L > 2^k + 1$. Alors il existe $p, q \in \{1, \dots, L\}$ avec $x_p = x_q$ et $x_1, x_2, \dots, x_p, x_{q+1}, \dots, x_L$ de longueur au plus 2^k+1 (si $q = L$, on remplace x_p, x_{q+1} par x_{p-1}, x_q). L'argument précédent permet de conclure. □

14. ii.- Lemme (version achevée). *Les hypothèses sur F sont celles de l'énoncé (ii) du théorème 12. Soient L un entier et $x_1, x_2, \dots, x_L$ une suite de points de F. Alors*

$$(x_1|x_L) \geq \min_{2 \leq i \leq L} (x_{i-1}|x_i) - (k+1)\delta - 2c \ .$$

Preuve. Soient $x, y \in F$ et $i \in \{1, \dots, n\}$. On a d'une part $(x|y) \leq \min\{|x|, |y|\}$ par l'inégalité du triangle, et d'autre part

$$(x|y)_{w_i} - c \leq (x|y) \leq (x|y)_{w_i} + c \ .$$

En particulier, soient $p, q \in \{1, \dots, L\}$ et $i \in \{1, \dots, n\}$ avec $p < q$ et $x_p, x_q \in F_i$. Alors $(x_p|x_q)_{w_i} \leq \min\{|x_p - w_i|, |x_q - w_i|\}$ et

$$\begin{aligned}(x_p|x_q) &\geq \min\{|x_p|, |x_q|\} - 2c \\ &\geq \min\{(x_p|x_{p+1}), (x_{q-1}|x_q)\} - 2c \qquad (*) \\ &\geq \min_{p+1 \leq j \leq q} \{(x_{j-1}|x_j)\} - 2c \ .\end{aligned}$$

On peut de plus choisir p et q de telle sorte que x_p et x_q soient les seuls points de la suite $x_1, \dots, x_p, x_q, \dots, x_L$ qui sont dans F_i.

On applique plusieurs fois le procédé précédent, comme suit. D'abord, s'il existe $j > 1$ avec x_1 et x_j dans le même F_i, on considère le plus grand j de ce type et on remplace la suite $x_1, \ldots, x_L$ par $x_1, x_j, \ldots, x_L$; s'il n'existe pas de tel j, on ne fait rien. Puis on procède de même avec le deuxième terme de la nouvelle suite. Et cætera.

On obtient en fin de compte une sous-suite $y_1 = x_1, y_2, \ldots, y_M = x_L$ de $x_1, \ldots, x_L$ avec les deux propriétés suivantes. Pour chaque i, il existe au plus deux des y_j dans le même F_i. Et s'il en existe deux, ils sont consécutifs: $y_j, y_{j+1} \in F_i$. En particulier $M \leq 2n$.

L'argument de la version sommaire du lemme montre alors que

$$(x_1|x_L) \geq \min_{2 \leq j \leq M} (y_{j-1}|y_j) - (k+1)\delta \ .$$

Il résulte donc de $(*)$ que

$$(x_1|x_L) \geq \min_{2 \leq j \leq L} (x_{j-1}|x_j) - (k+1)\delta - 2c \ ,$$

d'où le lemme. □

15.- Lemme. *On définit deux applications de $F \times F$ dans $\mathbb{R}_+$ par*

$$(x|y)' = \sup\{\min_{2 \leq j \leq L} (x_{j-1}|x_j)\}, \qquad \textit{avec le supremum sur les chaînes } x = x_1, x_2, \ldots, x_L = y$$

$$|x-y|' = |x| + |y| - 2(x|y)'$$

et on pose $\delta' = (k+1)\delta - 2c$. Alors:

(1) $(x,y) \mapsto |x-y|'$ est un écart sur F.

(2) $|x-y| - 2\delta' \leq |x-y|' \leq |x-y|$ pour tous $x, y \in F$.

(3) $|x|' = |x|$ pour tout $x \in F$ (avec $|x|' = |x-w|'$, où w est le point base de F).

(4) Le nouvel écart est 0-hyperbolique:

$$(x|z)' \geq \min\{(x|y)', (y|z)'\} \quad \textit{pour tous } x, y, z \in F \ .$$

(Notons qu'on n'exclut pas qu'il existe deux points distincts $x, y \in F$ avec $|x-y|' = 0$.)

Preuve. (1) Il s'agit de vérifier l'inégalité du triangle. Soient x, y, z trois points de F. La définition du nouvel écart montre que $|x-z|' \leq |x-y|' + |y-z|'$ si et seulement si

$$(x|y)' + (y|z)' \leq |y| + (x|z)' \ . \tag{$*$}$$

On suppose les notations telles que $(x|y)' \leq (y|z)'$.

Soit $\varepsilon > 0$. Choisissons des suites $x = u_1, u_2, \ldots, u_L = y$ et $y = v_0, v_1, \ldots, v_M = z$ avec

$$(x|y)' \leq \min_{2 \leq j \leq L} (u_{j-1}|u_j) + \varepsilon$$

$$(y|z)' \leq \min_{1 \leq j \leq M} (v_{j-1}|v_j) + \varepsilon \ .$$

Notons $z_1, \ldots, z_{L+M}$ la suite de x à z obtenue en composant les deux suites choisies. Alors

$$(x|z)' \geq \min_{2 \leq j \leq L+M} (z_{j-1}|z_j) \geq \min\{(x|y)', (y|z)'\} - \varepsilon \ .$$

Ceci étant vrai pour tout $\varepsilon > 0$, on a

$$(x|z)' \geq \min\{(x|y)', (y|z)'\} = (x|y)' \ . \tag{$**$}$$

D'autre part

$$|y| \geq (y|v_1) = (v_0|v_1) \geq (y|z)' - \varepsilon$$

pour tout $\varepsilon > 0$, donc $|y| \geq (y|z)'$. Cette dernière inégalité et $(**)$ impliquent $(*)$.

(2) Soient $x, y \in F$. On a $(x|y)' \geq (x|y)$, donc $|x-y|' \leq |x-y|$. Vu le lemme 14, on a aussi $(x|y) \geq (x|y)' - (k+1)\delta - 2c$, donc

$$|x-y|' \geq |x| + |y| - 2(x|y) - 2(k+1)\delta - 4c = |x-y| - 2(k+1)\delta - 4c \ .$$

(3) Pour tout $x \in F$, on a $(x|w) = 0$, donc aussi $(x|w)' = 0$, et par suite $|x| = |x|'$

(4) résulte de la preuve de (1). □

Preuve du théorème 12.ii. Soit F' le quotient de F par la relation d'équivalence

$$x \sim y \quad \text{si } |x-y|' = 0 .$$

Alors $|\ |'$ définit une distance sur F'. Soit T l'arbre réel associé à F' comme dans la proposition 6. La composition Φ des applications naturelles $F \to F'$ et $F' \to T$ a les propriétés désirées. □

§3. DÉFINITIONS EN TERMES DE TRIANGLES

Soient x_0, x_1 deux points d'un espace métrique X à distance d l'un de l'autre. S'il existe un segment géodésique $g : [0,d] \to X$ de x_0 à x_1 (définition 1.25), rappelons qu'on note souvent $[x_0, x_1]$ l'image de g. Cette notation est abusive puisque g n'est en général *pas* uniquement défini par x_0 et x_1, mais néanmoins bien commode.

16.- Définition. Soit $\Delta = [x,y] \cup [y,z] \cup [z,x]$ un triangle géodésique dans un espace métrique X. Soient T_Δ le tripode et $f_\Delta : \{x,y,z\} \to T_\Delta$ l'isométrie de la proposition 2. Alors f_Δ admet un unique prolongement (encore noté f_Δ) à Δ dont la restriction à chaque côté de Δ est isométrique. Etant donné un nombre réel $\delta \geq 0$, on dit que le triangle Δ est *δ-fin* si $|u-v| \leq \delta$ pour tous $u, v \in \Delta$ avec $f_\Delta(u) = f_\Delta(v)$. (Condition équivalente: $|u-v| \leq |f_\Delta(u) - f_\Delta(v)| + \delta$ pour tous $u, v \in \Delta$.)

17.- Lemme. *Soit $\Delta = [x,y] \cup [y,z] \cup [z,x]$ un triangle géodésique dans un espace métrique X; on note d la distance de X.*

(i) On a $(y|z)_x \leq d(x,[y,z])$.

(ii) Si de plus Δ est δ-fin, alors $d(x,[y,z]) \leq (y|z)_x + \delta$

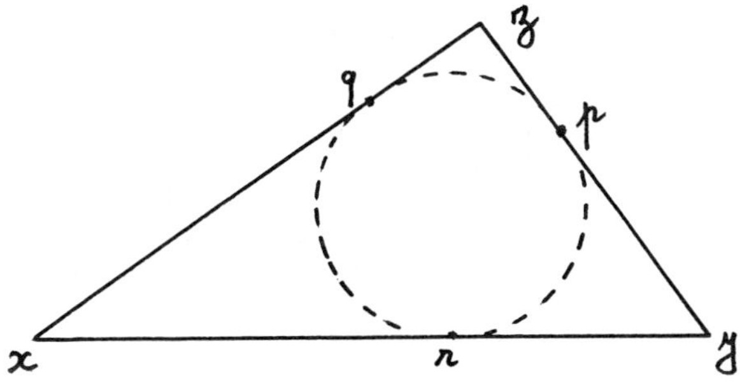

Preuve. On note $p \in [y,z], q \in [z,x]$, $r \in [x,y]$ les trois points de Δ appliqués par f_Δ sur le centre du tripode T_Δ, de sorte que $|q-x| = |r-x| = (y|z)_x$. Montrons d'abord (i).

Soit $w \in [y,z]$ avec $|w-x| = d(x,[y,z])$. Il existe un point $w' \in [x,y] \cup [z,x]$ qui a même image que w par f_Δ. Supposons les notations telles que $w' \in [z,x]$. Alors

$$(y|z)_x \leq |w'-x| = |z-x| - |z-w| \leq |x-w| = d(x,[y,z]) \ .$$

Sous l'hypothèse de (ii), on a de plus

$$d(x,[y,z]) \leq d(x,q) + d(q,p) \leq (y|z)_x + \delta \ .$$

□

18.- Définition. Soient Δ et f_Δ comme dans la définition16. On appelle *triple inscrit* de Δ l'image inverse par f_Δ du centre du tripode, et *taille* de Δ le diamètre du triple inscrit.

On appelle *taille minimum* ou *maille* de Δ le minimum des diamètres des ensembles $\{u,v,w\}$, avec $u \in [y,z], v \in [z,x], w \in [x,y]$.

19.- Remarques. (i) Soit X une surface simplement connexe munie d'une structure riemannienne complète à courbure constante non positive, et soit Δ un triangle géodésique de X. Les points du triple inscrit de Δ sont les points de contact avec Δ de son cercle inscrit; ainsi, la taille de Δ est majorée par le diamètre de ce cercle.

(ii) Soient X, Y deux espaces métriques et $g : X \to Y$ une application qui applique géodésiques sur géodésiques. On suppose g courte ($|g(x) - g(x')| \leq |x - x'|$ pour tous $x, x' \in X$). Si Δ est un triangle géodésique de X, la maille de $g(\Delta)$ est majorée par la maille de Δ. Il résulte du lemme suivant que la taille de $g(\Delta)$ est majorée par 4 fois la taille de Δ.

20.- Lemme. *Soit* $\Delta = [x_1,x_2] \cup [x_2,x_3] \cup [x_3,x_1]$ *un triangle géodésique de maille* δ *et de taille* δ'. *Alors* $\delta \leq \delta' \leq 4\delta$.

Preuve. L'inégalité $\delta \leq \delta'$ résulte des définitions, et il faut vérifier que $\delta' \leq 4\delta$.

Soient $p_1 \in [x_2, x_3], p_2 \in [x_3, x_1]$, $p_3 \in [x_1, x_2]$ les points du triple inscrit de Δ. Soient $q_1 \in [x_2, x_3]$, $q_2 \in [x_3, x_1], q_3 \in [x_1, x_2]$ trois points tels que $\delta = \operatorname{diam}\{q_1, q_2, q_3\}$.

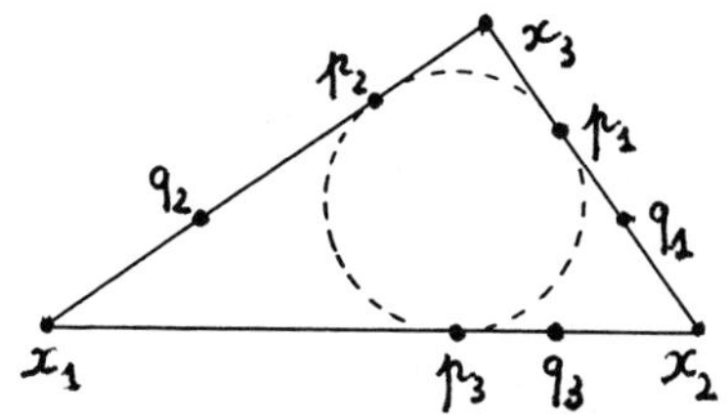

Soit (i, j, k) une permutation de (1,2,3). Posons

$$a_i = |x_j - x_k| \qquad b_{i,k} = |p_i - x_k| \qquad c_{i,k} = |q_i - x_k| \;.$$

Alors

$$b_{i,k} = b_{j,k} = \frac{1}{2}(a_i + a_j - a_k)$$
$$b_{i,j} + b_{i,k} = c_{i,j} + c_{i,k} = a_i$$

par définition. On a $|q_i - q_j| \leq \delta$, d'où $|c_{i,k} - c_{j,k}| \leq \delta$ par l'inégalité triangulaire appliquée à $\{q_i, q_j, x_k\}$. On a donc successivement

$$2b_{i,k} = a_i + a_j - a_k = c_{i,j} + c_{i,k} + b_{j,i} + b_{j,k} - c_{k,i} - c_{k,j}$$
$$c_{i,j} + c_{i,k} + b_{k,i} - b_{i,k} - c_{k,i} - c_{k,j} = 0 \qquad (*)$$
$$|c_{i,k} - b_{i,k} - c_{k,i} + b_{k,i}| = |c_{i,j} - c_{k,j}| \leq \delta \;.$$

Supposons désormais que (i, j, k) est une permutation circulaire de $(1, 2, 3)$, et posons

$$d_i = c_{i,j} - b_{i,j} = -(c_{i,k} - b_{i,k}) \;.$$

On a d'une part $|d_i| = |p_i - q_i|$. D'autre part, l'inégalité $(*)$ et celles obtenues par permutations circulaires s'écrivent:

$$|-d_i - d_k| \leq \delta$$
$$|-d_j - d_i| \leq \delta$$
$$|-d_k - d_j| \leq \delta$$

de sorte que:

$$|d_i| = \frac{1}{2}|d_i + d_j + d_i + d_k - d_j - d_k| \leq \frac{3}{2}\delta \;.$$

On a donc enfin:

$$|p_j - p_k| \leq |p_j - q_j| + |q_j - u_k| + |q_k - p_k| \leq 4\delta$$

c'est-à-dire $\delta' \leq 4\delta$. □

21.- Proposition. *Soit X un espace métrique géodésique. On considère les propriétés suivantes pour X, où δ est un nombre réel positif.*

$(P1, \delta)$ L'espace X est δ-hyperbolique (définition 3).

$(P2, \delta)$ Tous les triangles géodésiques de X sont δ-fins.

$(P3, \delta)$ L'espace X satisfait la condition de Rips de constante δ (définition 1.25): pour tout triangle géodésique $\Delta = [x, y] \cup [y, z] \cup [z, x]$ de X et pour tout $u \in [x, y]$ on a $d(u, [y, z] \cup [z, x]) \leq \delta$.

$(P4, \delta)$ Tout triangle géodésique de X a une taille majorée par δ.

$(P5, \delta)$ Tout triangle géodésique de X a une maille majorée par δ.

Alors, à des changements bénins de constantes près, les propriétés $(P1, \delta)$ à $(P5, \delta)$ sont équivalentes. Plus précisément, pour tous $i, j \in \{1, \ldots, 5\}$, il existe une constante $c_{i,j}$ avec $1 \leq c_{i,j} \leq 4$ telle que l'assertion suivante soit vraie:

soient $\delta, \delta' \geq 0$ avec $\delta' = c_{ij}\delta$; si X vérifie (P_i, δ), X vérifie aussi (P_j, δ').

Preuve. Les implications $(P2, \delta) \Rightarrow (P3, \delta)$ et $(P2, \delta) \Rightarrow (P4, \delta) \Rightarrow (P5, \delta)$ sont évidentes; l'implication $(P5, \delta) \Rightarrow (P4, 4\delta)$ résulte du lemme 20. Nous montrons ci-dessous

$$(P1, \delta) \Longrightarrow (P2, 4\delta) \qquad (P2, \delta) \Longrightarrow (P1, 2\delta)$$
$$(P3, \delta) \Longrightarrow (P2, 4\delta) \qquad (P4, \delta) \Longrightarrow (P2, 2\delta)\ .$$

Preuve de $(P1, \delta) \Rightarrow (P2, 4\delta)$. Soient $\Delta = [x, y] \cup [y, z] \cup [z, x]$ un triangle géodésique de X et $f : \Delta \to T$ l'application de la définition 16. Soient $u, v \in \Delta$ avec $u \neq v$ et $f(u) = f(v)$. Il s'agit de vérifier que $|u - v| \leq 4\delta$.

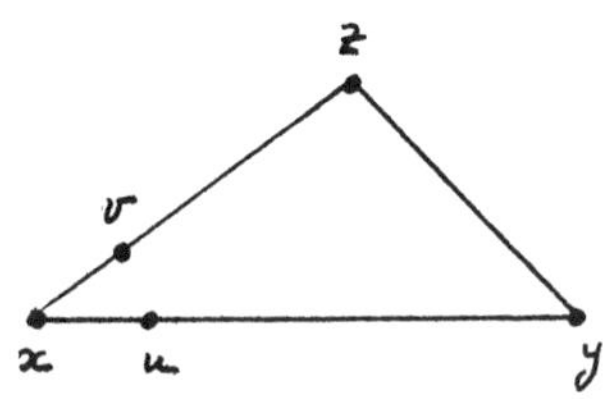

On peut supposer les notations telles que $u \in [x, y]$ et $v \in [z, x]$.

Si $t = |x - u|$ on a

$$|f(x) - f(u)| = |f(x) - f(v)| = t \leq (y|z)_x$$
$$(u|y)_x = (v|z)_x = t$$

de sorte que

$$(u|v)_x \geq \min\{(u|y)_x, (y|z)_x, (z|v)_x\} - 2\delta = t - 2\delta \ .$$

Or $(u|v)_x = t - \frac{1}{2}|u - v|$, donc

$$|u - v| \leq 2t - 2(t - 2\delta) = 4\delta \ .$$

Preuve de $(P2, \delta) \Rightarrow (P1, 2\delta)$**.** On considère quatre points $x_0, x_1, x_2, x_3 \in X$ et six segments géodésiques qui les joignent deux à deux. Les produits de Gromov étant pris relativement à x_0, on pose $t = \min\{(x_1|x_3), (x_2|x_3)\}$ et il s'agit de vérifier que $(x_1|x_2) \geq t - 2\delta$.

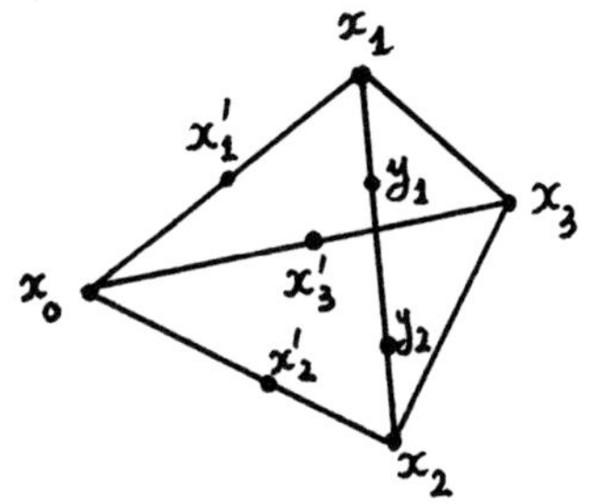

On peut de plus supposer que $t > (x_1|x_2)$, sans quoi il n'y a rien à montrer.

Pour $j \in \{1, 2, 3\}$, on note x'_j le point de $[x_0, x_j]$ à distance t de x_0. Pour $j \in \{1, 2\}$, on note f_{0j3} l'application de la définition 16 pour le triangle $[x_0, x_j] \cup [x_j, x_3] \cup [x_3, x_0]$. On a $|x'_j - x_0| = |x'_3 - x_0| \leq (x_j|x_3)$, donc $f_{0j3}(x'_j) = f_{0j3}(x'_3)$ et $|x'_j - x_3| \leq \delta$. Par suite $|x'_1 - x'_2| \leq 2\delta$.

Comme $t > (x_1|x_2)$, il existe un point $y_j \in [x_1, x_2]$ avec $f_{012}(x'_j) = f_{012}(y_j)$, de sorte que $|x'_j - y_j| \leq \delta$. On a

$$\begin{aligned}
2\delta \geq |x'_1 - x'_2| &\geq |y_1 - y_2| - 2\delta \\
&= |x_1 - x_2| - |x_1 - y_1| - |x_2 - y_2| - 2\delta \\
&= |x_1 - x_2| - (|x_1 - x_0| - |x'_1 - x_0|) - (|x_2 - x_0| - |x'_2 - x_0|) - 2\delta \\
&= 2t - 2(x_1|x_2) - 2\delta
\end{aligned}$$

et par suite $(x_1|x_2) \geq t - 2\delta$.

Preuve de $(P3,\delta) \Rightarrow (P2,4\delta)$**.** Supposons que l'implication ne soit pas vraie. Il existe donc un triangle géodésique $\Delta = [x,y] \cup [y,z] \cup [z,x]$ dans X et des points $u \in [x,y]$, $v \in [z,x]$ avec

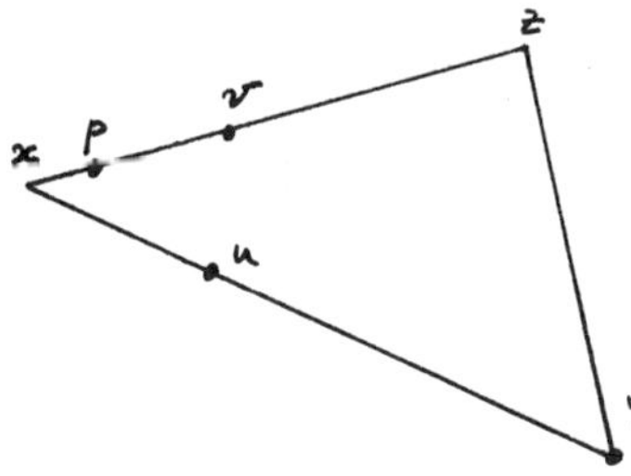

$$\begin{aligned} &|u-x| = |v-x| = t < (y|z)_x \\ &|u-v| > 4\delta \ . \end{aligned}$$

Or

$$\begin{aligned} d(v,[x,y]) &= \min\{d(v,[x,u]), d(v,[u,y])\} \\ &\geq \min\{(x|u)_v, (u|y)_v\} \end{aligned}$$

par le lemme 17, et

$$\begin{aligned} 2(x|u)_v &= |u-v| \\ 2(u|y)_v &= |u-v| + |y-v| - (|x-y| - |x-u|) \\ &= |u-v| + (|y-v| + |v-x| - |x-y|) \geq |u-v| \ , \end{aligned}$$

donc

$$d(v,[x,y]) \geq \frac{1}{2}|u-v| > 2\delta \ .$$

En particulier $|v-x| > 2\delta$ et il existe $p \in [x,v]$ avec $|p-v| = \delta$. On a

$$\begin{aligned} d(p,[x,y]) &\geq d(v,[x,y]) - |v-p| > \delta \\ d(p,[y,z]) &\geq d(x,[y,z]) - |x-p| \geq (y|z)_x - |x-p| \\ &> t - |x-p| = |v-x| - |x-p| = |p-v| = \delta \ . \end{aligned}$$

Donc $d(p,[x,y] \cup [y,z]) > \delta$, contrairement à l'hypothèse.

Preuve de $(P4,\delta) \Rightarrow (P2,2\delta)$**.** On ne restreint pas la généralité de la preuve en supposant $\delta > 0$.

Soit $\Delta = [x,y] \cup [y,z] \cup [z,x]$ un triangle géodésique dans X. Notons $p_I \in [x,y]$ et $q_I \in [z,x]$ les points appliqués par f_Δ sur le centre du tripode, et posons $t_I = |p_I - x| = |q_I - x| = (y|z)_x$.

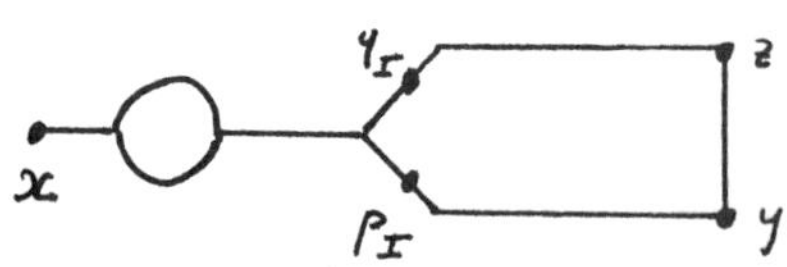

Pour tout nombre $s \in [0, t_I]$, notons p_s le point de $[x, y]$ à distance s de x et q_s le point de $[z, x]$ à distance s de x. Il faut montrer que $|q_s - p_s| \leq 2\delta$.

Première étape. On définit par récurrence une suite $(p_i)_{i \geq 1}$ de points de $[x, p_I]$ et une suite $(q_i)_{i \geq 1}$ de $[x, q_I]$: D'abord $p_1 = p_I$ et $q_1 = q_I$. Ensuite, si p_i et q_i sont déjà définis, on considère l'application canonique f_i d'un triangle $[x, p_i] \cup [p_i, q_i] \cup [q_i, x]$ sur le tripode correspondant T_i; alors $p_{i+1} \in [x, p_i]$ et $q_{i+1} \in [q_i, x]$ sont les points appliqués par f_i sur le centre de T_i. Pour tout $i \geq 1$, on a $|p_i - q_i| \leq \delta$ par hypothèse, donc aussi

$$|p_i - p_{i+1}| + |q_i - q_{i+1}| = |p_i - q_i| \leq \delta \ . \qquad (*)$$

Comme $|x - p_{i+1}| = |x - q_{i+1}| \leq |x - p_i| = |x - q_i|$, les p_i ont une limite $p_\infty \in [x, p_I]$ et les q_i une limite $q_\infty \in [x, q_I]$. On pose $t'_I = |x - p_\infty|$, et on observe que $p_\infty = q_\infty$. Soit $s \in [t'_I, t_I]$. Il existe $i \geq 1$ avec $|p_i - p_s| = |q_i - q_s| \leq \frac{1}{2}\delta$ par $(*)$, de sorte que $|p_s - q_s| \leq 2\delta$. Si $t'_I \leq \delta$, il n'y a plus rien à montrer.

Deuxième étape. Si $t'_I > \delta$, on pose $t_{II} = t'_I - \frac{1}{2}\delta$ et on note $p_{II} \in [x, p_I]$, $q_{II} \in [x, q_I]$ les points à distance t_{II} de x. L'argument précédent produit des suites $(p_i^{(2)})_{i \geq 1}$ et $(q_i^{(2)})_{i \geq 1}$ qui convergent respectivement vers un point $p_\infty^{(2)} = q_\infty^{(2)}$ à une distance t'_{II} de x, et on montre ainsi que $|p_s - q_s| \leq 2\delta$ pour tout $s \in [t'_{II}, t_{II}]$.

Ainsi un nombre fini (majoré par $\frac{2}{\delta} t_I + 1$) d'étapes, on montre ainsi que $|p_s - q_s| \leq 2\delta$ pour tout $s \in [0, t_I]$. □

22.- Corollaire et exemple. *Le disque de Poincaré D^2 est un espace hyperbolique.*

Preuve. Soit δ le diamètre d'un disque dans D^2 d'aire π. La formule de Gauss-Bonnet montre que l'aire de tout triangle géodésique Δ de D^2 est majorée par π. Par suite, le diamètre du cercle inscrit d'un tel triangle est majoré par δ, et Δ est δ-fin. □

23.- Exercice. Montrer que tout triangle de D^2 est δ-fin avec $\delta = \log 3$.

Nous terminons ce chapitre en examinant la relation entre hyperbolicité et convexité.

24.- Définition. Soit X un espace métrique géodésique. On considère un nombre $d \geq 0$ et un segment géodésique $g : [0, d] \to X$, d'origine x_0 et d'extrémité x_1. Le *paramètre naturel* de ce segment est l'application $t \mapsto x_t$ de $[0,1]$ dans l'image de g définie par $|x_t - x_0| = t|x_1 - x_0|$ pour tout $t \in [0,1]$.

Etant donné un nombre réel $\delta \geq 0$, on dit que X est *δ-convexe* si

$$|x_t - y_t| \leq (1-t)|x_0 - y_0| + t|x_1 - y_1| + \delta$$

pour toute paire $[x_0, x_1]$, $[y_0, y_1]$ de segments géodésiques de X paramétrés naturellement.

Un espace 0-convexe est dit *convexe.* C'est par exemple le cas d'une variété riemannienne complète de courbure non positive (voir le théorème 1.3 de [BGS]).

25.- Proposition. *Un espace géodésique à triangles δ-fins est 2δ-convexe.*

Preuve. Soient $[x_0, x_1]$ et $[y_0, y_1]$ deux segments géodésiques de X paramétrés naturellement.

Cas particulier: $x_0 = y_0$. Soient T le tripode et $f : [x_0, x_1] \cup [y_0, y_1] \to T$ comme dans la définition 16. Comme T est convexe, on a

$$|x_t - y_t| \leq |f(x_t) - f(y_t)| + \delta \leq t|f(x_1) - f(y_1)| + \delta = t|x_1 - y_1| + \delta \ .$$

Cas général. Soit $t \mapsto z_t$ un segment géodésique naturellement paramétré tel que $z_0 = x_0$ et $z_1 = y_1$. Alors

$$|x_t - y_t| \leq |x_t - z_t| + |z_t - y_t| \leq t|x_1 - y_1| + \delta + (1-t)|x_0 - y_0| + \delta$$

en vertu du cas particulier. □.

La réciproque de la proposition n'est pas vraie! Par exemple, le plan euclidien est convexe et n'est pas hyperbolique.

CHAPITRE 3. ESPACES À COURBURE NÉGATIVE ET GROUPES HYPERBOLIQUES

Marc Troyanov

On a vu en 2.22 que le disque de Poincaré est un espace hyperbolique au sens de Gromov. En utilisant des techniques classiques de comparaisons (rappelées au §1), nous généralisons ce résultat aux variétés à courbure variable; plus précisément, nous montrons que toute variété riemannienne complète simplement connexe à courbure majorée par un nombre $\kappa < 0$ est hyperbolique. Au §3, on montre que le groupe fondamental d'une variété riemannienne compacte M est quasi-isométrique au revêtement universel $\widetilde{M}$ de cette variété. On en déduit (grâce à l'invariance de l'hyperbolicité par quasi-isométrie établie au chapitre 5) que le groupe fondamental d'une variété riemannienne compacte à courbure négative est un groupe hyperbolique (théorème 24). Le dernier paragraphe de ce chapitre présente quelques considérations sur la notion de convexité.

§1. COMPARAISON DE GÉOMÉTRIES

Dans ce paragraphe, nous exposons des méthodes de "comparaison de géométries" dues pour l'essentiel à A.D. Aleksandrov (cf. [Ale], [ABN]).

On note H_κ le plan usuel à courbure constante $\kappa \leq 0$, c'est donc le plan euclidien lorsque $\kappa = 0$ et un homothétique du disque de Poincaré lorsque $\kappa < 0$. Le plan H_{-1} sera simplement noté H.

Soit X un espace géodésique, et soit $\Delta = [w,x] \cup [x,y] \cup [y,w]$ un triangle géodésique de X (définition 1.25). On dit qu'un triangle $\Delta^* = [w^*,x^*] \cup [x^*,y^*] \cup [y^*,w^*]$ de H_κ est un *triangle de comparaison* pour Δ (ou pour les points w, x, y) si

$$|x^* - w^*| = |x - w|, \quad |y^* - x^*| = |y - x|, \quad |w^* - y^*| = |w - y| .$$

Il est facile de voir qu'un triangle de comparaison existe toujours, il est unique à isométrie de H_κ près. Il est commode d'introduire l'*application de comparaison* entre un triangle Δ de X et un triangle

de comparaison Δ^* de H_κ; il s'agit de l'application $f : \Delta \to \Delta^*$ telle que $f(w) = w^*, f(x) = x^*, f(y) = y^*$, et f, restreinte à chaque côté de Δ, est une isométrie. Si $z \in \Delta$, on note souvent $z^* := f(z) \in \Delta^*$, et on l'appelle le "point correspondant" à z.

Suivant Aleksandrov, nous introduisons encore la notion d'*angle de comparaison.* Soient $g : [0, a] \to X$ et $h : [0, b] \to X$ deux segments géodésiques paramétrés par la longueur d'arc et issus d'un point $w \in X$. Pour tous s, t tels que $0 \leq s \leq a$, $0 \leq t \leq b$, on choisit un segment $[g(s), h(t)]$, et on note $\Delta(s,t) \subset X$ le triangle $g([0,s]) \cup [g(s), h(t)] \cup h([0,t])$. On note $\alpha^\kappa_{g,h}(s,t)$ (ou plus simplement $\alpha(s,t)$ si g, h et κ ont été fixés) l'angle en w^* d'un triangle $\Delta^*(s,t) \subset H_\kappa$ de comparaison pour $\Delta(s,t)$. On appelle $\alpha^\kappa_{g,h}$ l'angle de comparaison des segments g et h (noter que cet "angle" est une fonction de deux variables, cette fonction est constante dans le cas spécial où $X = H_\kappa$). Observons que cette définition est indépendante du choix des segments $[g(s), h(t)]$.

On définit trois critères de comparaison entre la géométrie d'un espace géodésique X et celle de H_κ.

1.- Critère C. On dit que X satisfait au critère (C_κ) si, pour tout triangle $\Delta = [w, x] \cup [x, y] \cup [y, w]$ de X et tout point $z \in [x, y]$, on a

$$|z - w| \leq |z^* - w^*| \ ,$$

où $\Delta^* \subset H_\kappa$ est un triangle de comparaison pour Δ et z^* est le point de Δ^* correspondant à z.

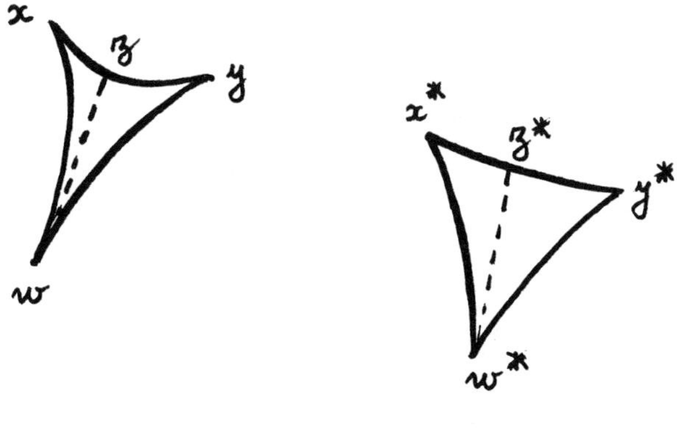

2.- Critère A. L'espace X vérifie le critère (A_κ) si $\alpha^\kappa_{g,h}(s,t)$ est une fonction monotone non décroissante de ses arguments s et t,

pour tous segments géodésiques $g : [0, a] \to X$, $h : [0, b] \to X$ issus d'un même point $w \in X$.

3.- Critère T. On dit que X satisfait au critère (T_κ) si, pour tout triangle $\Delta = [w, x] \cup [x, y] \cup [y, w]$ de X et tous points $p \in [w, x]$ $q \in [w, y]$, on a

$$|p - q| \leq |p^* - q^*| ,$$

où $\Delta^* \subset H_\kappa$ est un triangle de comparaison et p^*, q^* sont les points de Δ^* correspondants à p et q.

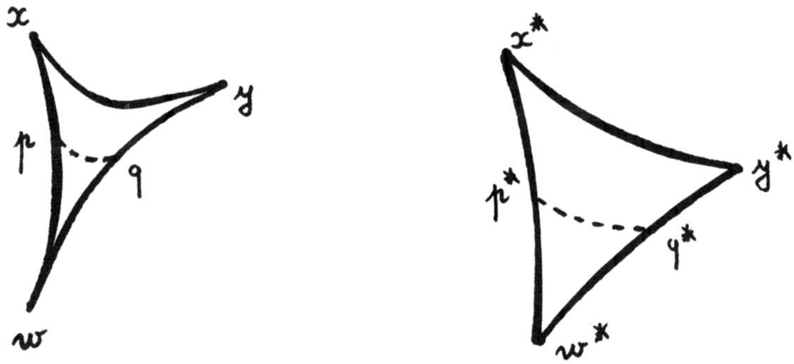

4.- Théorème. *Soit X un espace géodésique et $\kappa \leq 0$. Les conditions $(C_\kappa), (A_\kappa)$ et (T_κ) sont équivalentes pour X.*

5.- Définition. On dit que X vérifie CAT_κ si l'un des critères $(C_\kappa), (A_\kappa)$ ou (T_κ) est satisfait (CAT se lit par exemple "critère de Comparaison d'Aleksandrov-Toponogov").

6.- Exemple. Si X est un arbre métrique, alors X vérifie CAT_κ pour tout κ.

On dit parfois qu'un espace X est à *courbure bornée par* κ si tout point de X possède un voisinage convexe vérifiant CAT_κ.

7.- Proposition. *Soit X un espace géodésique vérifiant* CAT_κ *pour un certain $\kappa < 0$; alors X est hyperbolique.*

Preuve. On sait qu'il existe $\delta > 0$ tel que tous les triangles de H_κ sont δ-fins (corollaire 2.22). Il suit immédiatement du critère T_κ que les triangles de X sont également δ-fins; la proposition 2.21 entraîne alors l'hyperbolicité de X. □

Démonstration du théorème 4. Pour alléger les notations, on suppose dans cette preuve que $\kappa = -1$; il n'y a rien d'essentiel à modifier pour les autres cas.

$\underline{(C_\kappa) \Rightarrow (A_\kappa)}$. Considérons un point $w \in X$ et deux segments géodésiques $g : [0,a] \to X$, $h : [0,b] \to X$ issus de w. Soient s, τ, t tels que $0 \leq s \leq a$ et $0 \leq \tau \leq t \leq b$. Notons $\Delta(s,t)$ le triangle de sommet $w, g(s), h(t)$. On doit montrer que $\alpha(s,\tau) \leq \alpha(s,t)$ où $\alpha = \alpha_{g,h}^{-1}$ est l'angle de comparaison des segments g et h. Choisissons pour cela cinq points $w^*, s^*, t^*, \tau^*, \widetilde{\tau}^*$ du disque de Poincaré H tels que:

$w^* s^* t^*$ soient les sommets d'un triangle de comparaison pour $\Delta(s,t)$;

$w^* s^* \tau^*$ soient les sommets d'un triangle de comparaison pour $\Delta(s,\tau)$;

et $\widetilde{\tau}^*$ est le point du segment $[w^*, t^*]$ tel que $|w^* - \tau^*| = |w^* - \widetilde{\tau}^*| = \tau$.

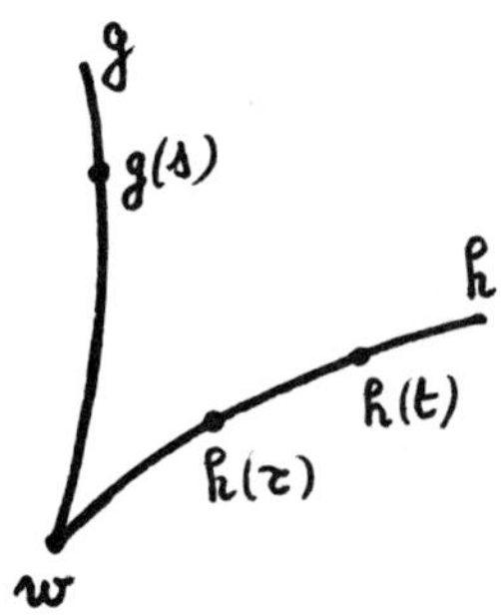

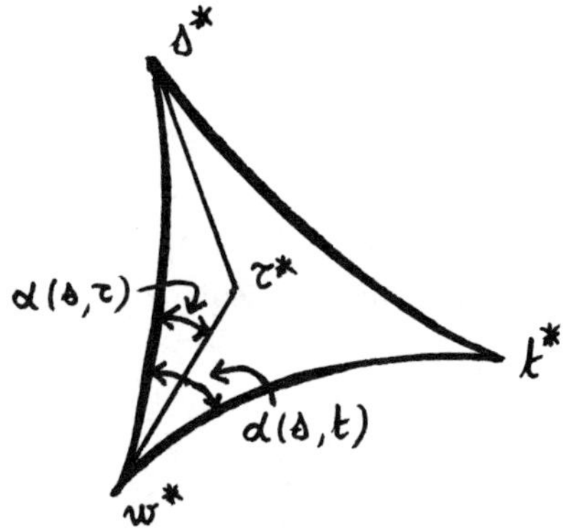

Par définition, $\alpha(s,\tau)$ est l'angle en w^* des segments $[w^*, s^*]$ et $[w^*, \tau^*]$. Ces segments étant de longueur s et τ , on a donc par la formule du cosinus:

$$\cos \alpha(s,\tau) = \frac{ch(s)ch(\tau) - ch(|s^* - \tau^*|)}{sh(s)sh(\tau)} .$$

D'autre part, $\alpha(s,t)$ est l'angle en w^* des segments $[w^*,s^*]$ et $[w^*,t^*]$ qui est égale à l'angle en w^* des segments $[w^*,s^*]$ et $[w^*,\widetilde{\tau}^*]$; ces segments sont aussi de longueur s et τ, donc

$$\cos\alpha(s,t) = \frac{ch(s)ch(\tau) - ch(|s^* - \widetilde{\tau}^*|)}{sh(s)sh(\tau)} .$$

Or la condition (C_{-1}) implique:

$$|s^* - \widetilde{\tau}^*| \geq |s^* - \tau^*| \ (= |g(s) - g(t)|) ;$$

par suite, $\cos\alpha(s,\tau) \geq \cos\alpha(s,t)$ et donc $\alpha(s,\tau) \leq \alpha(s,t)$.

$(A_\kappa) \Rightarrow (T_\kappa)$. La preuve suit le même type d'argumentation (la trigonométrie nous dit qu'une inégalité sur les angles entraîne une inégalité sur les distances). Soit $\Delta = [w,x] \cup [x,y] \cup [y,w]$ un triangle de X et $p \in [w,x], q \in [w,y]$ deux points de Δ. Considérons dans le disque de Poincaré un triangle de comparaison Δ^* de sommets $w^*x^*y^*$. On note $p^*, q^* \in \Delta^*$ les points correspondants à p et q. Soit encore $\widetilde{q}^*$ un point de H tel que le triangle de sommets $w^*, p^*, \widetilde{q}^*$ soit un triangle de comparaison pour les points w, p, q. Notons α l'angle

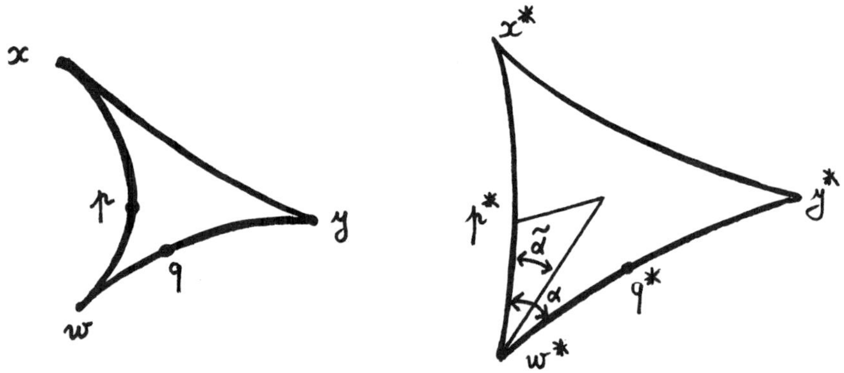

en w^* du triangle Δ^* et $\widetilde{\alpha}$ l'angle en w^* entre les segments $[w^*,p^*]$ et $[w^*,\widetilde{q}^*]$. La condition (A_{-1}) entraîne $\widetilde{\alpha} \leq \alpha$. Observons d'autre part que α est aussi l'angle en w^* entre les segments $[w^*,p^*]$ et $[w^*,q^*]$, donc

$$\cos\alpha = \frac{ch(|w^* - p^*|)ch(|w^* - q^*|) - ch(|p^* - q^*|)}{sh(|w^* - p^*|)sh(|w^* - q^*|)} ,$$

et

$$\cos\widetilde{\alpha} = \frac{ch(|w^* - p^*|)ch(|w^* - \widetilde{q}^*|) - ch(|p^* - \widetilde{q}^*|)}{sh(|w^* - p^*|)sh(|w^* - \widetilde{q}^*|)} .$$

Comme $|w^* - q^*| = |w^* - \widetilde{q}^*|$ et $\cos\widetilde{\alpha} \geq \cos\alpha$, il vient

$$|p - q| = |p^* - \widetilde{q}^*| \leq |p^* - q^*| .$$

$(T_\kappa) \Rightarrow (C_\kappa)$. Evident. □

8.- Remarque. Si $\kappa > 0$, alors on définit les critères (C_κ) et (T_κ) comme lorsque $\kappa \leq 0$, mais en ne testant que les triangles de périmètre $\leq 2\pi/\sqrt{\kappa}$ (les triangles de comparaison sont construits sur la sphère de rayon $1/\sqrt{\kappa}$ dans $\mathbb{R}^3$). De même, pour définir (A_κ), on ne considère que les segments $g : [0,a] \to X$ et $h : [0,b] \to X$ tels que $a + b + |g(a) - h(b)| \leq 2\pi/\sqrt{\kappa}$. Le théorème 4 est encore vrai lorsque $\kappa > 0$.

§2. LE CAS DES VARIÉTÉS RIEMANNIENNES

Le but de ce paragraphe est de donner une démonstration complète du théorème ci-dessous dû à Aleksandrov (ce théorème découle par exemple du théorème 3.2 et du corollaire 5.1 de [ABN]).

9.- Théorème. *Soit (M, g) une variété riemannienne simplement connexe, complète et dont la courbure sectionnelle vérifie $K \leq \kappa \leq 0$. Alors M vérifie* CAT$_\kappa$.

Par la proposition 7, on a immédiatement le

10.- Corollaire. *Une variété riemannienne simplement connexe, complète et à courbure $K \leq \kappa < 0$, est hyperbolique au sens de Gromov.*

11.- Remarques. (a) Le théorème 9 entraîne que tout espace géodésique vérifiant CAT$_\kappa$ vérifie aussi CAT$_{\kappa'}$ pour tout $\kappa' \geq \kappa$ (en effet, le théorème nous dit que H_κ vérifie CAT$_{\kappa'}$, donc $(T_\kappa) \Rightarrow (T_{\kappa'})$).

(b) Dans le théorème (et son corollaire), on peut remplacer M par toute partie convexe de M.

(c) Le théorème (mais non le corollaire) est encore vrai si $\kappa > 0$; CAT_κ est alors défini en tenant compte de la remarque 8.

(d) Si l'on omet l'hypothèse que M est simplement connexe, le théorème 9 est clairement faux (une variété riemannnienne complète à courbure négative non simplement connexe possède *toujours* une géodésique fermée simple et ne vérifie donc *jamais* CAT_0).

(e) Le corollaire 10 est lui aussi faux lorsque M n'est pas simplement connexe. Voici un exemple de variété riemannienne complète à courbure négative qui n'est pas hyperbolique: Soit Q l'ensemble des points (x, y, z) de $\mathbb{R}^3$ tels que $z = 0$ et x ou $y \in \mathbb{Z}$. Il s'agit donc d'une grille infinie invariante par le groupe $\mathbb{Z}^2$ (agissant par translations). Soit $U \subset \mathbb{R}^3$ un voisinage $\mathbb{Z}^2$-invariant de Q tel que pour tout $u \in U$, $d(u, Q) \leq \frac{1}{4}$, et $M := \partial U$ soit de classe $\mathcal{C}^\infty$. M est donc une surface de genre infini quasi-isométrique à $\mathbb{Z}^2$ (ou à $\mathbb{R}^2$), et n'est donc pas hyperbolique (théorème 5.12). Cependant, $M/\mathbb{Z}^2$ est une surface close de genre 2; par conséquent M possède une métrique riemannienne à courbure constante négative. (Cet exemple se généralise (grâce au corollaire 21 ci-dessous) à tout revêtement principal de groupe $\mathbb{Z}^m (m \geq 2)$ d'une variété compacte à courbure négative).

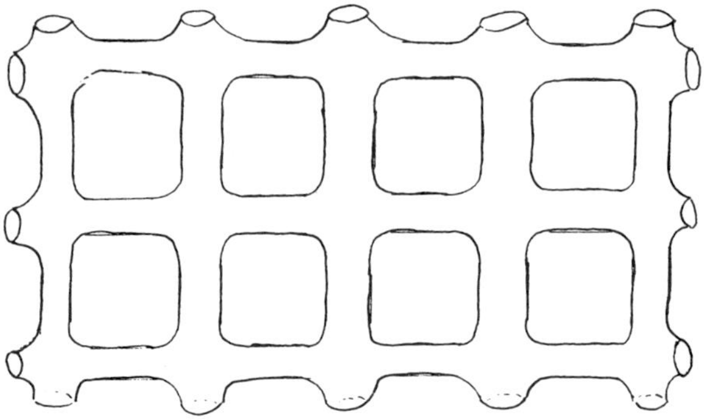

La preuve du théorème 9 repose sur le théorème de comparaison d'Aleksandrov. Bien qu'il s'agisse d'un classique, ce théorème ne figure pas dans les manuels. On le trouve par exemple dans [Ale], [Gve, th. 3.9] ou [Tsu]. Grove l'appelle “inverse Toponogov”.

12.- Théorème (de comparaison d'Aleksandrov). *Soit* (M, g) *une variété riemannienne simplement connexe, complète et*

dont la courbure sectionnelle vérifie $K \leq \kappa < 0$. Soit Δ un triangle de M et soit Δ^* un triangle de comparaison dans H_κ; notons α, β, γ les angles de Δ et $\alpha^*, \beta^*, \gamma^*$ les angles correspondants de Δ^*. Alors

$$\alpha \leq \alpha^* ; \quad \beta \leq \beta^* ; \quad \gamma \leq \gamma^* .$$

Pour démontrer ce théorème, nous aurons besoin du lemme suivant:

13.- Lemme. *Soit (M, g) une variété riemannienne complète et soit $V = \{(r, \theta) \in \mathbb{R}^2 : 0 \leq r < \infty, 0 \leq \theta \leq a\}$. Choisissons un point $w \in M$, ainsi qu'une courbe (de classe C^2) $\lambda : [0, a] \to T_w M$ telle que $|\lambda(\theta)| = 1$ et $|d\lambda/d\theta| = 1$ pour tout θ. Soit $\varphi : V \to M$ l'application définie par $\varphi(r, \theta) = \exp_w(r\lambda(\theta))$. Alors*

$$\varphi^*(g) = dr^2 + p^2(r, \theta) d\theta^2 ,$$

où $p : V \to R$ est une fonction telle que $p(0, \theta) = 0$ et $\frac{\partial p}{\partial r}(0, \theta) = 1$ pour tout θ.

Preuve. Notons $F := \varphi(V) \subset M$; soient R et T les champs de vecteurs le long de F définis par $R = d\varphi(\frac{\partial}{\partial r})$ et $T = d\varphi(\frac{\partial}{\partial \theta})$; alors on a

$$\varphi^*(g) = g(R, R) dr^2 + 2g(R, T) dr d\theta + g(T, T) d\theta^2 .$$

Par définition de l'exponentielle, on a $g(R, R) = 1$. Le lemme de Gauss (cf. [Gve], lemme 2.11) dit que $g(R, T) = 0$. La fonction $p(r, \theta) := g_{\varphi(r,\theta)}(T, T)$ s'annule en $r = 0$ car $d\varphi_{(0,\theta)}$ est nul.

Il nous reste donc à montrer que $\frac{\partial p}{\partial r}(0, \theta) = 1$. Soit $U \subset M$ un voisinage de w pour lequel $\exp_w$ possède une inverse $\log_w : U \to T_w M$. Soit encore $\xi_1, \xi_2, \ldots, \xi_n$ un système de coordonnées orthonormé sur $T_w M$. Alors $x_i := \xi_i \circ \log_w$ définit un système de coordonnées sur U (les "coordonnées normales de Riemann"). Rappelons (cf. [Sp2], chapitre 4, proposition 1, page 159) que la métrique de M s'écrit dans ces coordonnées:

$$g_x = \sum dx_i^2 + \sum h_{i,j}(x) dx_i dx_j ,$$

où $h_{i,j}(x) = o(x)$. Définissons $\lambda_i : [0, a] \to \mathbb{R}$ $(i = 1, \ldots, n)$ par $\exp_w(\lambda(\theta)) = (\lambda_1(\theta), \lambda_2(\theta), \ldots, \lambda_n(\theta))$, et $x_i(r, \theta) := r\lambda_i(\theta)$ de sorte que

$$\varphi(r, \theta) = (x_1(r, \theta), x_2(r, \theta), \ldots, x_n(r, \theta)) .$$

On a donc

$$dx_i^2 = \lambda_i^2(\theta)dr^2 + r\frac{d}{d\theta}\big(\lambda_i^2(\theta)\big)drd\theta + r^2\Big(\frac{d\lambda_i}{d\theta}\Big)^2 d\theta^2 ,$$

d'où

$$\begin{aligned}\sum dx_i^2 = \Big(\sum \lambda_i^2(\theta)\Big)dr^2 + r\frac{d}{d\theta}\Big(\sum \lambda_i^2(\theta)\Big)drd\theta \\ + r^2\sum\Big(\frac{d\lambda_i}{d\theta}\Big)^2 d\theta^2 \\ = dr^2 + r^2 d\theta^2 .\end{aligned}$$

On a aussi

$$dx_i dx_j = \lambda_i\lambda_j dr^2 + r\frac{d}{d\theta}(\lambda_i\lambda_j)drd\theta + r^2\Big(\frac{d\lambda_i}{d\theta}\frac{d\lambda_j}{d\theta}\Big)d\theta^2 .$$

Donc, si

$$\sum h_{i,j}(x)dx_i dx_j = Adr^2 + Bdrd\theta + Cd\theta^2 ,$$

alors on voit que $C(r,\theta) = r^2 u(r,\theta)$ où $u(r,\theta) = 0(r)$ (car $h_{i,j}(x) = o(x)$).

Ainsi $p(r,\theta) = \sqrt{r^2(1+u(r,\theta))}$ vérifie bien $\frac{\partial p}{\partial r}(0,\theta) = 1$. □

14.- Démonstration du théorème 12. L'idée de la preuve est de définir une surface réglée (i.e. feuilletée par des segments géodésiques) F dans M contenant Δ, ainsi qu'une application contractante de F vers le disque de Poincaré. On peut alors comparer les angles de Δ à ceux de Δ^* au moyen de cette application.

Notons w, x, y les sommets de Δ, et α l'angle formé par Δ en w. Rappelons (Cartan-Hadamard) que l'application $\exp_w : T_wM \to M$ est un difféomorphisme, et notons $\log_w : M \to T_wM$ son inverse. On note encore $|\zeta|$ la norme d'un vecteur $\zeta \in T_wM$. On introduit alors les objets suivants:

L le segment géodésique $[x,y] \subset M$;

$\sum$ la sphère unité de T_wM;

$$\xi = \log_w(x) \in T_w M, \qquad \xi_1 = \xi/|\xi| \in \sum;$$

$$\eta = \log_w(y) \in T_w M, \qquad \eta_1 = \eta/|\eta| \in \sum;$$

$$\Lambda = \log_w(L) \subset T_w M, \qquad \Lambda_1 = \{\zeta/|\zeta| : \zeta \in \Lambda\} \subset \sum.$$

La courbe Λ_1 est une courbe différentiable simple de $\sum$. Notons α_1 sa longueur et $\lambda : [0, \alpha_1] \to \Lambda_1$ sa paramétrisation par la longueur d'arc (telle que $\lambda(0) = \xi_1$ et $\lambda(\alpha_1) = \eta_1$). On a:

$$(a) \qquad \alpha_1 \geq \alpha\ .$$

En effet, α est l'angle entre ξ et η. C'est donc la distance sur la sphère unité $\sum$ de $T_w M$ entre ξ_1 et η_1. Donc α est majoré par la longueur α_1 de la courbe Λ_1 reliant ξ_1 et η_1 sur $\sum$.

Soit $V := \{(r, \theta) \in \mathbb{R}^2 : 0 \leq r \leq \infty,\ 0 \leq \theta \leq \alpha_1\}$, et considérons l'application $\varphi : V \to M$ définie par $\varphi(r, \theta) = \exp_w(r\lambda(\theta))$. Le lemme 13 entraîne alors: la métrique induite sur $F := \varphi(V)$ par le plongement $F \subset M$ s'écrit dans les coordonnées (r, θ)

$$(b) \qquad ds^2 = dr^2 + p(r, \theta)^2 d\theta^2$$

où $p(0, \theta) = 0$ et $\frac{\partial p}{\partial r}(0, \theta) = 1$ pour tout $\theta \in [0, \alpha_1]$.

La courbure de F vérifie

$$(c) \qquad K \leq \kappa\ .$$

En effet, F est une surface réglée de M (i.e. feuilletée par des géodésiques de M), et on peut appliquer l'inégalité de Synge (cf. [Pre] ou [Sp3], corollaire 7 du chapitre 1).

Rappelons (cf. [Sp2] page 119) que la courbure de F est donnée par l'équation

$$\frac{\partial^2 p(r, \theta)}{\partial r^2} = -K(r, \theta) p(r, \theta)$$

(où $K(r, \theta)$ est la courbure de F en $\varphi(r, \theta)$). Comme $p(0, \theta) = 0$, $\frac{\partial p}{\partial r}(0, \theta) = 1$ et $K \geq \kappa$, le théorème de comparaison de Sturm (cf. [Har]) nous donne l'estimation suivante sur $p(r, \theta)$:

$$(d) \qquad p(r, \theta) \geq \frac{sh(\sqrt{\kappa} r)}{\sqrt{\kappa}}\ .$$

Construisons à présent une application $\psi : F \to H_\kappa$; pour cela, notons $w^*, x^*, y^* \in H_\kappa$ les sommets de Δ^* et introduisons un système de coordonnées polaires $\varphi^* : [0,\infty[\times\mathbb{R}/2\pi\mathbb{Z} \to H_\kappa$ tel que $w^* = \varphi^*(0,0)$ et $x^* = \varphi^*(|x-w|,0)$. On définit alors ψ par $\psi(\varphi(r,\theta)) = \varphi^*(r,\theta)$. Observons en particulier que $\psi(w) = w^*$ et $\psi(x) = x^*$. Notons $\widetilde{y}^* = \psi(y)$ (en général, $\widetilde{y}^* \neq y^*$). Comme la métrique de H_κ s'écrit en coordonnées polaires $dr^2 + \frac{1}{\kappa}sh^2(\sqrt{\kappa}r)d\theta^2$, l'inégalité (d) entraîne que l'application $\psi : F \to H_\kappa$ est contractante. Ainsi a-t-on pour $\widetilde{y}^* := \psi(y) \in H_\kappa$:

$$\text{(e)} \qquad |x^* - \widetilde{y}^*| \leq |x - y| = |x^* - y^*| \ .$$

D'autre part, il est clair que les segments $[w^*, x]$ et $[w^*, \widetilde{y}^*] \subset H_\kappa$ forment en w^* un angle α_1. On a donc

$$\cos(\alpha_1) = \frac{ch(\sqrt{\kappa}|x^* - w^*|)ch(\sqrt{\kappa}|\widetilde{y}^* - w^*|) - ch(\sqrt{\kappa}|x^* - \widetilde{y}^*|)}{sh(\sqrt{\kappa}|x^* - w^*|)sh(\sqrt{\kappa}|\widetilde{y}^* - w^*|)}$$

et

$$\cos(\alpha^*) = \frac{ch(\sqrt{\kappa}|x^* - w^*|)ch(\sqrt{\kappa}|y^* - w^*|) - ch(\sqrt{\kappa}|x^* - y^*|)}{sh(\sqrt{\kappa}|x^* - w^*|)sh(\sqrt{\kappa}|y^* - w^*|)} \ .$$

Par (a) et (e), on a donc $\alpha^* \geq \alpha_1 \geq \alpha$. □

La démonstration du théorème 9 utilisera encore un lemme d'Aleksandrov sur les quadrilatères.

15.- Lemme [Ale]. *Soit Q un quadrilatère de H_κ de sommets a, b, c et d. Considérons un triangle $\Delta' \subset H_\kappa$ de sommets a', b', c' tel que*

$$|a' - b'| = |a - b| \ , \quad |b' - c'| = |b - c| \ , \quad |a' - c'| = |a - d| + |d - c| \ .$$

Notons $\alpha, \beta, \gamma, \delta$ les angles en a, b, c, d de Q et α', β', γ' ceux de Δ'. On suppose $\delta \geq \pi$. Alors

$$\alpha \leq \alpha' \ , \quad \beta \leq \beta' \ , \quad \gamma \leq \gamma' \ .$$

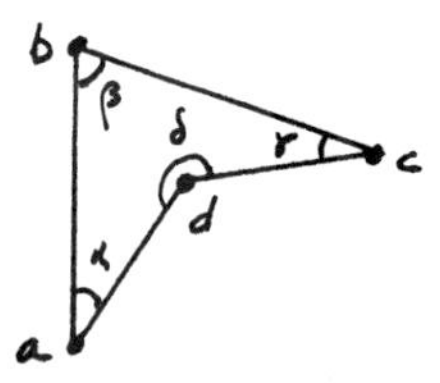

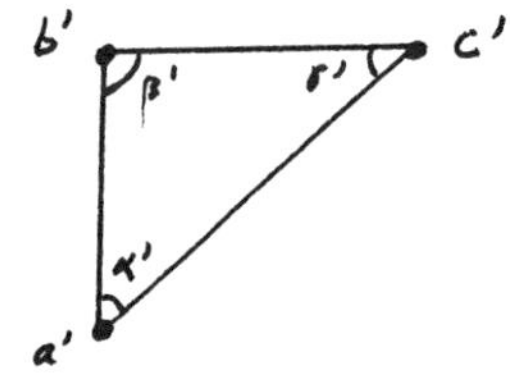

Preuve: On a clairement $|a-c| \leq |a'-c'|$, la formule du cosinus implique donc $\beta' \geq \beta$. Montrons que $\alpha \leq \alpha'$. Imaginons pour cela

que Q est un système articulé avec points d'ancrage en a et b. On peut donc concevoir un mouvement $c(t), d(t)$ tel que $c(0) = c(1) = c$; $d(0) = d$ et $d(1)$ est le point symétrique de d par rapport à la droite ac (a et b sont fixes ainsi que les longueurs des quatre segments). On peut supposer que lors de ce mouvement du système articulé l'angle $\alpha(t)$ en a croît continûment. Nécessairement, il existe un temps intermédiaire t_0 où les points $a, d(t_0), c(t_0)$ sont alignés. Le triangle de sommets $a, b, c(t_0)$ est alors isométrique à Δ'; par suite:

$$\alpha' = \alpha(t_0) \geq \alpha(0) = \alpha \ .$$

On montre de la même manière que $\gamma \leq \gamma'$. □

16.- Démonstration du théorème 9. Nous supposons à nouveau $\kappa = -1$, laissant au lecteur le soin d'étendre la démonstration aux autres cas. Soient $g : [0,a] \to M$, $h : [0,b] \to M$ deux segments géodésiques issus du même point $w \in M$, on doit montrer que $\alpha(s,t) = \alpha_{g,h}^{-1}(s,t)$ est une fonction monotone non décroissante de ses arguments s et t (critère (A_{-1})).

On se donne des nombres s, t, τ tels que $0 \leq s \leq a$ et $0 \leq \tau \leq t \leq b$. Considérons quatre points w^*, s^*, t^*, τ^* du plan hyperbolique H tels que

(i) w^*, s^*, τ^* soient les sommets d'un triangle de comparaison pour les points $w, g(s), h(\tau)$;

(ii) τ^*, t^*, s^* soient les sommets d'un triangle de comparaison pour $h(\tau)$, $h(t), g(s)$;

(iii) w^* et t^* sont situés de part et d'autre de la droite $s^*\tau^*$.

Considérons encore un triangle $\Delta' \subset H$ de sommets $w's't'$ tel que Δ' soit un triangle de comparaison pour $w, g(s), h(t)$.

Notons:

α^* l'angle en w^* du triangle de sommets w^*, s^*, τ^*;

α' l'angle en w' du triangle de sommets w', s', t';

ν l'angle en $h(\tau)$ du triangle de sommets $w, g(s), h(t)$;

ν^* l'angle en τ^* du triangle de sommets w^*, s^*, τ^*;

μ l'angle en $h(\tau)$ du triangle de sommets $h(\tau), h(t), g(s)$;

μ^* l'angle en τ^* du triangle de sommets $\tau^*t^*s^*$.

Alors on a $\alpha^* = \alpha(s,\tau)$ et $\alpha' = \alpha(s,t)$. Par le théorème 12, on a $\nu \leq \nu^*$ et $\mu \leq \mu^*$, donc w^*, s^*, t^* et τ^* sont les sommets d'un

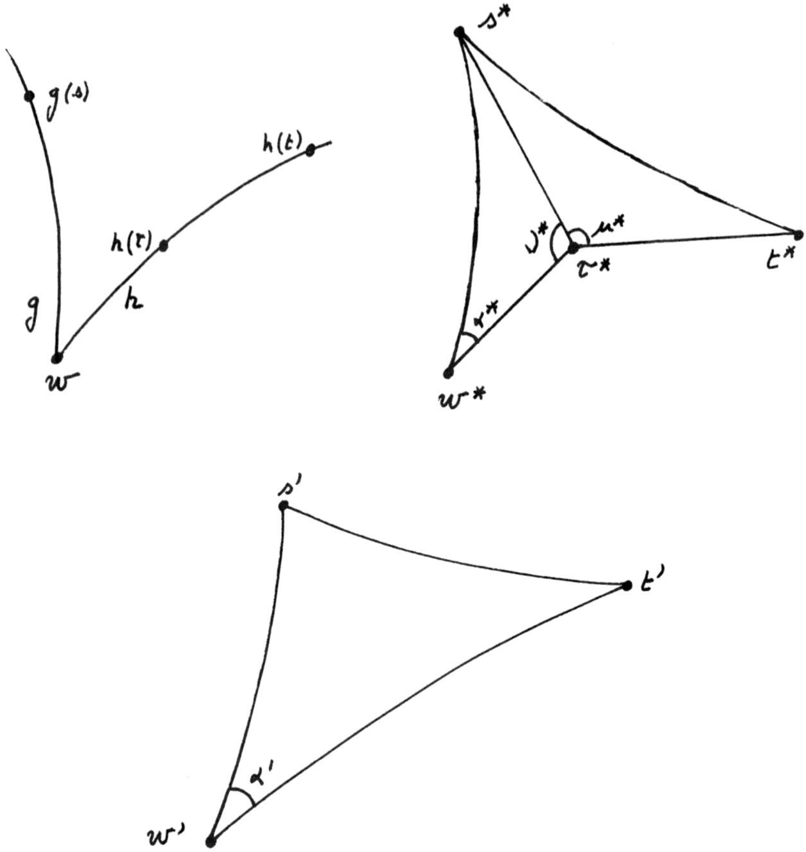

quadrilatère Q de H dont l'angle en τ^* est $\nu^* + \mu^* \geq \nu + \mu = \pi$. D'autre part, $|w' - s'| = |w^* - s^*|$, $|s' - t'| = |s^* - t^*|$ et $|w' - t'| = |w^* - \tau^*| + |\tau^* - t^*|$. Il suit du lemme 15 appliqué à Q et Δ' que

$$\alpha^* \leq \alpha' \ .$$

On a donc montré que si $\tau \leq t$, alors $\alpha(s, \tau) \leq \alpha(s, t)$. □

§3. ACTIONS DE GROUPES DISCRETS

17.- Définitions. Un espace métrique est *propre* si toutes ses boules fermées sont compactes. Un groupe discret Γ agissant sur un espace topologique X agit *proprement* si pour tout compact $C \subset X$, l'ensemble des $\gamma \in \Gamma$ tels que $\gamma C \cap C$ est non vide est un ensemble fini.

18.- Lemme. *Soit X un espace géodésique; alors X est propre si et seulement si X est localement compact et complet.*

Ce lemme est démontré dans [GLP] (théorème 1.10). Remarquons que ce lemme est faux si X n'est pas géodésique. Soit par exemple $X = \mathbb{R}$ muni de la métrique $d(x,y) = \min\{1, |x-y|\}$, alors X est localement compact et complet, mais X n'est pas propre (aucune boule de rayon ≥ 1 n'est compacte).

Le résultat suivant est essentiellement le lemme 2 de [Mil]; voir aussi le théorème 1 de [Ca1] et les propositions 3.22 et 3.23 de [GLP].

19.- Proposition. *Soit X un espace géodésique propre et Γ un groupe discret opérant proprement par isométries sur X. Si $\Gamma\backslash X$ est compact, alors Γ est de type fini et Γ, muni de la métrique des mots (relative à un système fini quelconque de générateurs), est quasi-isométrique à X.*

Preuve. Puisque Γ agit par isométries, $\Gamma\backslash X$ est un espace métrique. Son diamètre R est fini (car $\Gamma\backslash X$ est compact et propre). Posons

$$B = \{x \in X : |x - x_0| \leq R\}$$

et

$$S = \{\gamma \in \Gamma : \gamma \neq e \quad \text{et} \quad \gamma B \cap B \neq \emptyset\} .$$

Observons que B est compact (car X est propre), et que $\{\gamma B\}_{\gamma \in \Gamma}$ est un recouvrement de X; de plus $S = S^{-1}$ et S est fini (car Γ agit proprement). Posons encore $\lambda = \sup\{|x_0 - \gamma x_0| : \gamma \in S\}$ et $r = \inf\{d(B, \gamma B) : \gamma \in \Gamma - (S \cup \{e\})\}$.

Montrons que $r > 0$. L'ensemble $E := \{\gamma \in \Gamma - (S \cup \{e\}) : |x_0 - \gamma x_0| \leq 4R\}$ est fini (car Γ agit proprement), donc $r' = \inf\{d(B, \gamma B) : \gamma \in E\}$ n'est pas nul (l'infimum est en effet atteint puisque E est fini). Si E est vide, on pose $r' = \infty$. On voit alors aisément que $r \geq \min\{r', R\}$. Observons la propriété suivante de r:

(*) S'il existe $y, z \in X, \sigma \in \Gamma$ tels que $y \in B, z \in \sigma B$ et $|y - z| < r$, alors $\sigma \in S \cup \{e\}$.

La proposition découle des assertions suivantes:

(a) S engendre Γ, et pour tout $\gamma \in \Gamma$ on a: $d_S(1, \gamma) \leq \frac{1}{r}|x_0 - \gamma x_0| + 1$.

(b) $|x_0 - \gamma x_0| \leq \lambda d_S(1, \gamma)$ pour tout $\gamma \in \Gamma$.

(c) L'orbite $\Gamma x_0 \subset X$ est quasi-isométrique à X.

En effet, (a) et (b) entraînent que Γ est quasi-isométrique à Γx_0.

Pour prouver (a) considérons un élément $\gamma \in \Gamma$; soit k le plus petit entier tel que $|x_0 - \gamma x_0| < kr + R$. Choisissons un segment $[x_0, \gamma x_0] \subset X$, ainsi que des points $x_1, x_2, \ldots x_{k+1} = \gamma x_0$ sur $[x_0, \gamma x_0]$ tels que $|x_0 - x_1| \leq R$ et $|x_i - x_{i+1}| < r$ pour $1 \leq i \leq k$. Comme $X = \Gamma B$, on peut trouver pour tout $i = 1, 2, \ldots, k+1$ un élément $\gamma_i \in \Gamma$ tel que $x_i \in \gamma_i B$; on peut choisir $\gamma_1 = id$ et $\gamma_{k+1} = \gamma$. Posons $\sigma_i = \gamma_i^{-1}\gamma_{i+1}$, de sorte que $\gamma = \sigma_1\sigma_2 \ldots \sigma_k$. On a pour $1 \leq i \leq k$:

$$\gamma_i^{-1}x_i \in B \ , \qquad \gamma_i^{-1}x_{i+1} = \sigma_i(\gamma_{i+1})^{-1}x_{i+1} \in \sigma_i B$$

et

$$|\gamma_i^{-1}x_i - \gamma_i^{-1}x_{i+1}| < r \ .$$

Donc (*) entraîne que $\sigma_i \in S \cup \{e\}$ pour $i = 1, \ldots, k$, ce qui montre que S engendre Γ (car γ est quelconque); plus précisément, on a montré que $d_S(1, \gamma) \leq k$.

Or $(k-1)r + R \leq |x_0 - \gamma x_0|$ (par minimalité de k), de sorte que

$$d_S(1, \gamma) \leq k \leq \frac{1}{r}|x_0 - \gamma x_0| + 1 - R/r \ .$$

L'inégalité en (b) se vérifie récursivement: si $\gamma = \sigma_1\sigma_2 \ldots \sigma_n$ avec $\sigma_i \in S \cup \{e\}$, alors

$$\begin{aligned} |x_0 - \gamma x_0| &= |x_0 - \sigma_1\sigma_2 \ldots \sigma_n x_0| \\ &\leq |x_0 - \sigma_1 x_0| + |\sigma_1 x_0 - \sigma_1\sigma_2 \ldots \sigma_n x_0| \\ &\leq \lambda + (n-1)\lambda \ . \end{aligned}$$

Finalement, (c) est évident car $\Gamma B = X$ et $\mathrm{diam}(X) < \infty$. □

20.- Corollaire. *(i) Soit Γ_1 un sous-groupe d'indice fini d'un groupe de type fini Γ_2; alors Γ_1 et Γ_2 sont quasi-isométriques.*

(ii) Si $1 \to \Delta \to \Gamma_1 \to \Gamma_2 \to 1$ *est une suite exacte de groupes, et si* Δ *est fini, alors* Γ_2 *et* Γ_1 *sont quasi-isométriques.*

Preuve. (i) Soit $X = \mathcal{G}(\Gamma_2, S)$ le graphe de Cayley de Γ_2 relatif à un système fini $S \subset \Gamma_2$ de générateurs. Alors X est localement compact et Γ_1 opère sur X (par isométries et proprement); de plus, $\Gamma_1 \backslash X$ est compact.

(ii) L'homomorphisme $\Gamma_1 \to \Gamma_2$ définit une action propre $\Gamma_1 \to \mathrm{Iso}(X)$ pour laquelle $\Gamma_1 \backslash X$ est compact. □

On peut énoncer ce corollaire en disant que deux groupes de types finis commensurables sont quasi-isométriques.

Appliquée aux variétés riemanniennes, la proposition 19 donne le résultat suivant:

21.- Corollaire. *Soit* $\widehat{M}$ *une variété riemannienne, et soit* $\Gamma \subset \mathrm{Iso}(\widehat{M})$ *un groupe discret d'isométries agissant proprement. Supposons que* $\Gamma \backslash \widehat{M}$ *soit compact. Alors* Γ *est de type fini et est quasi-isométrique à* $\widehat{M}$.

En particulier, on a:

Le groupe fondamental d'une variété riemannienne compacte M est quasi-isométrique à son revêtement universel $\widetilde{M}$.

Deux variétés riemanniennes compactes ayant des groupes fondamentaux commensurables ont des revêtements universels quasi-isométriques.

Le groupe fondamental d'une variété riemannienne compacte dont la courbure de Ricci est positive est un groupe fini. (En effet, d'après le théorème de Myer, le revêtement universel d'une telle variété est compact. Voir [Gve], proposition 4.1.)

Rappelons qu'un groupe Γ est dit *hyperbolique* s'il est de type fini et s'il existe un système fini de générateurs $S \subset \Gamma$ tel que Γ, muni de la métrique des mots induite par S, soit un espace hyperbolique. En anticipant sur le chapitre 5 où l'on prouvera l'invariance de l'hyperbolicité par quasi-isométrie pour les espaces géodésiques, on obtient la caractérisation suivante des groupes hyperboliques.

22.- Théorème. *Soit* Γ *groupe discret; alors les conditions suivantes sont équivalentes:*

(i) Γ *est de type fini et hyperbolique,*

(ii) il existe un espace géodésique propre hyperbolique X *sur lequel* Γ *opère proprement par isométries et tel que* $\mathrm{diam}(\Gamma\backslash X) < \infty$.

Preuve. Si Γ vérifie (i), on peut prendre pour X son graphe de Cayley relatif à un système fini de générateurs. Réciproquement, s'il existe un espace X tel que décrit dans l'énoncé, alors Γ est quasi-isométrique à X par la proposition 19, donc Γ est hyperbolique par le théorème 5.12. □

On verra au prochain chapitre que tout groupe hyperbolique opère de façon simpliciale sur un polyèdre contractile de dimension finie (de façon proprement discontinue et à quotient compact). Pour les groupes infinis, c'est là une condition non triviale (pour les groupes finis, on peut prendre le polyèdre réduit à un point).

Le théorème 22, avec le corollaire 20, entraîne le

23.- Corollaire. *(i) Si* Γ_1 *est un sous-groupe d'indice fini d'un groupe hyperbolique* Γ_2, *alors* Γ_1 *est hyperbolique.*

(ii) Si $1 \to \Delta \to \Gamma_1 \to \Gamma_2 \to 1$ *est une suite exacte de groupes, si* Δ *est fini et si* Γ_2 *est hyperbolique, alors* Γ_1 *est hyperbolique.*

Finalement, la proposition 19 et le théorème 22 impliquent le résultat promis:

24.- Théorème. *Soit* $(\widehat{M}, g)$ *une variété riemannienne complète et simplement connexe à courbure* $K \leq \kappa < 0$, *et soit* $\Gamma \subset \mathrm{Iso}(\widehat{M})$ *un groupe discret d'isométries tel que* $M = \Gamma\backslash\widehat{M}$ *soit compact. Alors* Γ *est de type fini et hyperbolique.*

En particulier, le groupe fondamental d'une surface dont la caractéristique d'Euler est négative est un groupe hyperbolique. En dimension 3, on a beaucoup d'exemples de variétés compactes à courbure négative. En dimension supérieure à 3, il n'est pas trivial de construire de telles variétés. Toutefois on sait [Bor] que les espaces symétriques de rang 1 (qui sont des variétés riemanniennes dont la courbure vérifie $-4 \leq K \leq -1$) possèdent tous des groupes discrets cocompacts d'isométries (qui sont donc des exemples de groupes hyperboliques).

§4. CONVEXITÉ ET CAT

25.- Définitions. Un espace géodésique X est dit *géodésiquement convexe* s'il existe un et un seul segment géodésique $[p, q]$ reliant deux points quelconques de X. Il est dit *métriquement convexe* si, étant donné deux segments géodésiques paramétrés affinement (i.e. proportionnellement à la longueur d'arc) $g : [0,1] \to X$ et $h : [0,1] \to X$, on a

$$|g(s) - h(s)| \leq (1 - s) \cdot |g(0) - h(0)| + s \cdot |g(1) - h(1)|$$

(i.e. la fonction distance est une fonction convexe du paramètre).

26.- Exemple. Un espace vectoriel normé est métriquement convexe.

Preuve. Soient $g(s) = sx + (1-s)y$, $h(s) = sx' + (1-s)y'$ deux géodésiques. On a par l'inégalité du triangle:

$$|g(s)-h(s)| = |s(x-x') + (1-s)(y-y')| \leq (1-s) \cdot |x-x'| + s \cdot |y-y'| \; .$$

□

27.- Proposition. *Un espace géodésique métriquement convexe est géodésiquement convexe.*

Cette proposition est évidente. La réciproque est toutefois fausse; par exemple une demi-sphère ouverte est géodésiquement convexe bien qu'elle ne soit pas métriquement convexe.

28.- Proposition. *Un espace géodésique métriquement convexe est contractile.*

Preuve. On choisit un point base et on contracte les points de l'espace le long de l'unique géodésique les reliant au point base. Par convexité de la distance, cette opération est continue. □

29.- Proposition. *Soit X un espace géodésique vérifiant* $\mathrm{CAT}_\kappa, \kappa \leq 0$*; alors X est métriquement convexe.*

Preuve. Soient $g : [0,1] \to X$, $h : [0,1] \to X$ deux segments géodésiques paramétrés affinement. Soit $t \in [0,1]$; notons $x_0 = g(0)$, $x_1 = g(1)$, $y_0 = h(0)$, $y_1 = h(1)$, $p = g(t)$ et $q = h(t)$. Choisissons six points $x_0^*, x_1^*, p^*, y_0^*, y_1^*, q^* \in H_\kappa$ ayant les propriétés suivantes: D'abord x_0^*, x_1^*, y_0^* définit un triangle de comparaison pour

x_0, x_1, y_0 et $p^* \in [x_0^*, x_1^*]$ est le point correspondant à $p \in [x_0, x_1]$. Ensuite y_0^*, y_1^*, x_1^* définit un triangle de comparaison pour $y_0, y_1 x_1$ et $q^* \in [y_0^*, y_1^*]$ est le point correspondant à $q \in [y_0, y_1]$. Enfin, les points x_0^* et y_1^* sont situés de part et d'autre de la droite $x_1^* y_0^*$, (i.e. $]x_0^*, y_1^*[\cap]x_1^*, y_0^*[= \emptyset$).

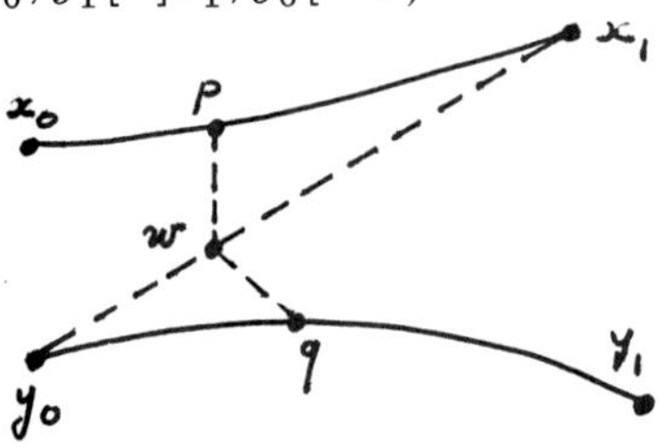

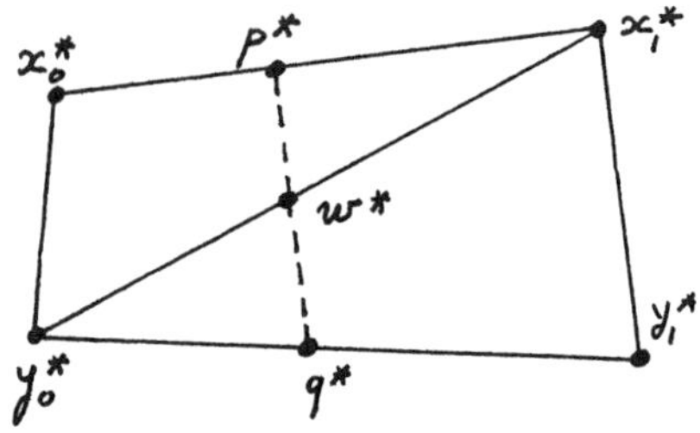

Le segment $[p^*, q^*]$ coupe la diagonale $[x_1^*, y_0^*]$ en un point w^*. Observons que $|p^* - q^*| = |p^* - w^*| + |w^* - q^*|$. Choisissons un segment $[x_1, y_0] \subset X$, et notons w le point de $[x_1, y_0]$ tel que $|w - x_1| = |w^* - x_1^*|$. Comme X vérifie CAT_κ, on a par le critère (T):

$$|p - w| \leq |p^* - w^*| \quad \text{et} \quad |q - w| \leq |q^* - w^*| \ ,$$

d'où l'on déduit:

$$|p - q| \leq |p - w| + |w - q| \leq |p^* - w^*| + |w^* - q^*| = |p^* - q^*| \ .$$

D'autre part H_κ est métriquement convexe, pour tout $\kappa \leq 0$, donc

$$|p^* - q^*| \leq (1 - t) \cdot |x_0^* - x_1^*| + t \cdot |y_0^* - y_1^*| \ .$$

Par suite

$$\begin{aligned} |g(t) - h(t)| = |p - q| &\leq (1 - t) \cdot |x_0 - x_1| + t \cdot |y_0 - y_1| \\ &= (1 - t) \cdot |g(0) - g(1)| + t \cdot |h(0) - h(1)| \ . \end{aligned}$$

□

En particulier, si X est un espace géodésique vérifiant $\mathrm{CAT}_\kappa, \kappa \leq 0$, alors X est contractile.

30.- Remarque. La réciproque de la proposition 29 est fausse; un espace métriquement convexe ne vérifie pas nécessairement CAT_0.

Considérons par exemple $\mathbb{R}^2$ muni de la norme $|(x, y)| = (|x|^p + |y|^p)^{1/p}$. On note L_p l'espace métrique associé. Alors L_p est un

espace métriquement convexe (car c'est un espace vectoriel normé). J'affirme que L_p vérifie CAT_0 si et seulement si $p = 2$.

Soient en effet $g(s) = (s, 0)$ et $h(t) = (0, t)$ (il s'agit de deux géodésiques de L_p issues du point $w = (0, 0)$). L'angle de comparaison avec le plan euclidien est donné par la formule du cosinus:

$$\cos(\alpha^0(s,t)) = \frac{s^2 + t^2 - |g(s) - h(t)|^2}{2st} .$$

Montrons que le critère (A_0) n'est pas satisfait si $p \neq 2$: Posons $s = 1$, et définissons $f(t)$ par

$$\frac{d}{dt}\cos(\alpha^0(s,t)) = \frac{1}{2t} f(t) .$$

Alors $f(t) = \frac{1}{t}[(t^2 - 1) - (1 - t^p)(1 + t^p)^{2/p-1}]$, et en particulier, $f(t)$ vérifie:

(i) $f(t) \equiv 0 \Leftrightarrow p = 2$;

(ii) si $p \neq 2$, alors $f(t) = 0 \Leftrightarrow t = 1$;

(iii) $f(t) = -f(1/t)$.

Donc, si $p \neq 2$ alors f change de signe en $t = 1$. Par suite, $\cos(\alpha^0(s,t))$ n'est pas monotone en $(s, t) = (1, 1)$.

Les espaces métriquement convexes ont été étudiés par Busemann [Bus].

CHAPITRE 4. PREMIÈRES PROPRIÉTÉS DES GROUPES HYPERBOLIQUES

Eliane Salem

Dans ce chapitre, nous montrons un résultat de I. Rips qui implique qu'un groupe hyperbolique Γ a les propriétés suivantes (voir le théorème 1.36):

Γ est de présentation finie,

Γ a un nombre fini de classes de conjugaison d'éléments de torsion,

les groupes de cohomologie $H^k(\Gamma, \mathbb{Q})$ sont nuls si k est assez grand.

Voici le résultat:

1.- Théorème (I. Rips). *Soit Γ un groupe hyperbolique. Il existe un complexe simplicial P contractile, localement fini, et de dimension finie sur lequel Γ agit de façon simpliciale, fidèle, proprement discontinue, et de sorte que le quotient $\Gamma \backslash P$ soit compact.*

Dans le premier paragraphe de ce chapitre, on associe à tout groupe Γ de génération finie, muni d'un système fini de générateurs $S \subset \Gamma$ (avec $S = S^{-1}$ et $e \notin S$), et à tout entier $n \geq 1$, le complexe de Rips $P_n(\Gamma, S)$. C'est un complexe simplicial localement fini, de dimension finie, sur lequel le groupe Γ agit de façon simpliciale, fidèle et proprement discontinue, avec quotient compact. Dans la deuxième partie de ce chapitre, on montre que, si le groupe Γ est un groupe hyperbolique (pour la métrique des mots associée au système de générateurs S), alors le complexe simplicial $P_n(\Gamma, S)$ est contractile pour n suffisamment grand (théorème de Rips). Enfin, dans le troisième paragraphe, on montre qu'un groupe hyperbolique a les trois propriétés énoncées en début de chapitre.

Les résultats de ce chapitre sont énoncés aux paragraphes 1.7 et 2.2 de [Gr5]. Les démonstrations données ici sont basées sur des conférences d'introduction d'E. Ghys.

§1. CONSTRUCTION DU COMPLEXE DE RIPS $P_n(\Gamma, S)$

Dans tout ce chapitre, Γ désigne un groupe de type fini et S un système fini de générateurs de Γ; on suppose toujours (et on ne le rappellera plus) que $S^{-1} = S$ et $e \notin S$. On note d la métrique des mots sur Γ associée à S. Elle est invariante par translations à gauche: si $\gamma, \gamma', \gamma'' \in \Gamma$, on a $d(\gamma\gamma', \gamma\gamma'') = d(\gamma', \gamma'')$.

2.- Définition. Soit n un entier, $n \geq 1$. Le *complexe de Rips* $P_n(\Gamma, S)$ est le complexe simplicial dont les k-simplexes sont les $(k+1)$-uples $(\gamma_0, \gamma_1, \ldots, \gamma_k)$ d'éléments de Γ distincts deux à deux tels que $\max_{i,j} d(\gamma_i, \gamma_j) \leq n$. On munit $P_n(\Gamma, S)$ de la topologie faible.

3.- Remarques. (i) Le complexe $P_n(\Gamma, S)$ est localement fini et de dimension finie. En effet, soit b le cardinal de la boule fermée

$$B(e, n) = \{\gamma \in \Gamma : d(e, \gamma) \leq n\} .$$

Alors $P_n(\Gamma, S)$ est de dimension au plus $b - 1$, et tout sommet de $P_n(\Gamma, S)$ appartient exactement à $b - 1$ arêtes.

(ii) Les sommets de $P_n(\Gamma, S)$ sont les éléments de Γ. Le 1-squelette de $P_n(\Gamma, S)$ est le graphe de Cayley du groupe Γ pour le système de générateurs $B(e, n) - \{e\}$.

4.- Exemples. Si $\Gamma = \mathbb{Z}$ et $S = \{1, -1\}$, le complexe de Rips $P_2(\Gamma, S)$ est représenté par la figure suivante.

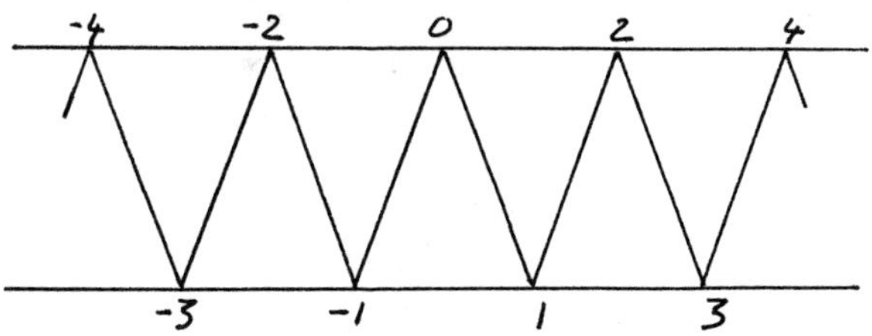

Le groupe Γ agit simplicialement sur $P_n(\Gamma, S)$ par translation à gauche: si $\sigma = (\gamma_0, \gamma_1, \ldots, \gamma_k)$ est un k-simplexe de $P_n(\Gamma, S)$ et si $\gamma \in \Gamma$, alors $\gamma\sigma$ est le k-simplexe $(\gamma\gamma_0, \gamma\gamma_1, \ldots, \gamma\gamma_k)$.

5.- Proposition. *L'action de Γ sur $P_n(\Gamma, S)$ définie ci-dessus possède les propriétés suivantes:*

(i) l'action est fidèle,

(ii) le stabilisateur de tout simplexe est fini,

(iii) l'action est proprement discontinue,

(iv) l'espace des orbites est compact,

(v) si Γ *est de plus sans torsion, l'action est libre.*

Preuve. (i) L'action est libre sur l'ensemble des sommets de $P_n(\Gamma, S)$, et donc fidèle.

(ii) Si $\gamma \in \Gamma$ laisse invariant le k-simplexe $(\gamma_0, \ldots, \gamma_k)$ alors γ permute les $(k+1)$ éléments $\gamma_0, \ldots, \gamma_k$ de Γ. Le stabilisateur de tout simplexe de $P_n(\Gamma, S)$ est donc fini.

(iii) Si σ et σ' sont deux simplexes de $P_n(\Gamma, S)$, l'ensemble

$$\{\gamma \in \Gamma \ : \ \gamma\sigma \cap \sigma' \neq \emptyset\}$$

est fini. Comme tout compact C de $P_n(\Gamma, S)$ peut être recouvert par un nombre fini de simplexes de $P_n(\Gamma, S)$, on en déduit que l'ensemble

$$\{\gamma \in \Gamma \ : \ \gamma C \cap C \neq \emptyset\}$$

est fini.

(iv) Soit A la réunion finie de tous les simplexes de $P_n(\Gamma, S)$ ayant $e \in \Gamma$ comme un de leurs sommets. L'ensemble A est compact, et l'inclusion de A dans $P_n(\Gamma, S)$ induit un homéomorphisme de $\Gamma \backslash A$ sur $\Gamma \backslash P_n(\Gamma, S)$. On remarque en effet que, pour tout simplexe σ de $P_n(\Gamma, S)$, il existe un élément $\gamma \in \Gamma$ tel que $\gamma\sigma \in A$.

(v) L'assertion résulte de (ii). □

6.- Remarque. En général, le quotient $\Gamma \backslash P_n(\Gamma, S)$ n'est pas un complexe simplicial. Soit $P''_n(\Gamma, S)$ la seconde subdivision barycentrique du complexe $P_n(\Gamma, S)$. L'action de Γ sur $P_n(\Gamma, S)$ par translation à gauche induit une action simpliciale de Γ sur $P''_n(\Gamma, S)$ qui vérifie aussi les propriétés (i) à (v) de la proposition 5. Soient de plus p un sommet de $P''_n(\Gamma, S)$ et γ un élément de Γ tels que $p \neq \gamma p$; alors les étoiles de p et γp sont disjointes. Il en résulte que le quotient $\Gamma \backslash P''_n(\Gamma, S)$ est un complexe simplicial, et que l'application de projection

$$\pi \ : \ P''_n(\Gamma, S) \longrightarrow \Gamma \backslash P''_n(\Gamma, S)$$

est simpliciale (voir [Bre], page 117).

7.- Notation. Le graphe de Cayley $\mathcal{G}(\Gamma, S)$ défini au chapitre 1 s'identifie à une partie du 1-squelette de $P_n(\Gamma, S)$. Deux sommets γ et γ' de $P_n(\Gamma, S)$ peuvent donc être joints dans $P_n(\Gamma, S)$ par une courbe qui est dans $\mathcal{G}(\Gamma, S)$ et qui est un segment géodésique au sens des numéros 1.25 et 1.26. Nous notons $[\gamma, \gamma']$ une telle courbe, bien qu'elle ne soit en général pas uniquement définie par ses extrémités γ et γ'. A toute écriture de $\gamma^{-1}\gamma'$ comme produit $s_1 s_2 \ldots s_\ell$ d'un nombre minimum de générateurs correspond un segment géodésique $[\gamma, \gamma']$ qui est réunion des 1-simplexes

$$(\gamma, \gamma s_1), (\gamma s_1, \gamma s_1 s_2), \ldots, (\gamma s_1 s_2 \ldots s_{\ell-1}, \gamma')$$

de $P_n(\Gamma, S)$; ces simplexes sont aussi des arêtes de longueur 1 dans $\mathcal{G}(\Gamma, S)$.

§2. DÉMONSTRATION DU THÉORÈME DE RIPS

On considère comme au §1 un groupe Γ, un système fini de générateurs S, un entier $n \geq 1$ et le complexe de Rips $P_n(\Gamma, S)$. Le but du §2 est d'achever la preuve du théorème 1 en montrant que, si Γ est hyperbolique, alors $P_n(\Gamma, S)$ est contractile pour n assez grand.

On se donne aussi un nombre $\delta \geq 0$. On dit que Γ est δ-hyperbolique pour S si l'espace Γ satisfait aux conditions de la définition 2.3 lorsqu'on le munit de la métrique des mots définie par S.

8.- Lemme. *On suppose que Γ est δ-hyperbolique pour S. On se donne un entier $n \geq 4\delta + 2$ et un sommet γ_0 de $P_n(\Gamma, S)$.*

Si γ est un sommet de $P_n(\Gamma, S)$ tel que $d(\gamma_0, \gamma) > [\frac{n}{2}]$, il existe un sommet γ' de $P_n(\Gamma, S)$ vérifiant

(i) $d(\gamma_0, \gamma') = d(\gamma_0, \gamma) - d(\gamma', \gamma)$,

(ii) $d(\gamma', \gamma) = [\frac{n}{2}]$,

(iii) pour tout sommet γ'' de $P_n(\Gamma, S)$, on a

$$d(\gamma', \gamma'') \leq \max\{[\frac{n}{2}] + d(\gamma_0, \gamma'') - d(\gamma_0, \gamma) \; ; \; d(\gamma, \gamma'') - [\frac{n}{2}]\} + 2\delta \, .$$

Preuve. On choisit un segment géodésique $[\gamma_0, \gamma]$ comme au numéro 7 et on prend pour γ' le sommet de ce segment tel que $d(\gamma', \gamma) = [\frac{n}{2}]$, de sorte qu'on a évidemment (i) et (ii).

Pour tout $\gamma'' \in \Gamma$, on a par définition de la δ-hyperbolicité

$$d(\gamma', \gamma'') + d(\gamma_0, \gamma) \leq \max\{d(\gamma', \gamma) + d(\gamma_0, \gamma''), d(\gamma_0, \gamma') + d(\gamma'', \gamma)\} + 2\delta \,.$$

L'inégalité (iii) en résulte. □

9.- Proposition. *On suppose que le groupe* Γ *et* δ*-hyperbolique pour le système de générateurs* S. *On considère un complexe simplicial fini* K *de sommets* $\{p_0, p_1, \ldots, p_k\}$, *un entier* $n \geq 4\delta + 2$ *et une application simpliciale* $f : K \to P_n(\Gamma, S)$. *Alors il existe une homotopie continue* $h : K \times [0,1] \to P_n(\Gamma, S)$ *de* f *vers une application simpliciale* $f' : K \to P_n(\Gamma, S)$ *telle que*

$$d(f'(p_0), f'(p_j)) \leq \frac{n}{2} \qquad \textit{pour tout sommet } p_j \textit{ de } K \,.$$

Preuve. Soit p_i un sommet de K tel que

$$d(f(p_0), f(p_i)) = \sup_{1 \leq j \leq k} d(f(p_0), f(p_j)) \,.$$

On peut supposer que $d(f(p_0), f(p_i)) > [\frac{n}{2}]$, sinon il n'y a rien à montrer. En appliquant le lemme 8 avec $\gamma_0 = f(p_0)$ et $\gamma = f(p_i)$, on voit qu'il existe un sommet γ' de $P_n(\Gamma, S)$ tel que

(a) $d(f(p_0), \gamma') = d(f(p_0), f(p_i)) - [\frac{n}{2}]$,

(b) pour tout sommet p_j de K, on a

$$d(\gamma', f(p_j)) \leq \max\{[\frac{n}{2}] + 2\delta \;;\; d(f(p_i), f(p_j)) - [\frac{n}{2}] + 2\delta\} \,.$$

Comme $n \geq 4\delta + 2$, on a $[\frac{n}{2}] + 2\delta \leq n$ et $2\delta - [\frac{n}{2}] \leq 0$, et par suite

(c) pour tout sommet p_j de K, on a

$$d(\gamma', f(p_j)) \leq max\{n \;;\; d(f(p_i), f(p_j))\} \,.$$

Soit $h_1 : K \times [0,1] \to P_n(\Gamma, S)$ l'application définie sur les sommets de K par

$$h_1(p_j, t) = \begin{cases} f(p_j) & \text{si } f(p_j) \neq f(p_i) \\ t\gamma' + (1-t) f(p_i) & \text{si } f(p_j) = f(p_i) \end{cases}$$

et étendue aux simplexes de K (ce qui est possible grâce aux inégalités de (c)) par

$$h_1\Big(\sum_{j=0}^{k} \lambda_j p_j, t\Big) = \sum_{j=0}^{k} \lambda_j h_1(p_j, t) \ ,$$

où $0 \leq \lambda_j \leq 1$ et $\sum_{j=0}^{k} \lambda_j = 1$. Alors h_1 est une homotopie continue de f vers une application simpliciale $f_1 : K \to P_n(\Gamma, S)$ vérifiant:

(d) Si p_j est un sommet de K tel que $d(f(p_0), f(p_j)) \leq [\frac{n}{2}]$ alors $f_1(p_j) = f(p_j)$.

(e) On a $d(f_1(p_0), f_1(p_i)) = d(f(p_0), f(p_i)) - [\frac{n}{2}]$.

Si $\sup_{0 \leq j \leq n} d(f_1(p_0), f_1(p_j)) \leq n$, la preuve est achevée.

Sinon, on choisit un sommet $p_{i'}$, de K tel que

$$d(f_1(p_0), f_1(p_{i'})) = \sup_{1 \leq j \leq k} d(f_1(p_0), f_1(p_j))$$

et on construit comme ci-dessus une homotopie h_2 de f_1 vers une application f_2 telle que

$$d(f_2(p_0), f_2(p_{i'})) = d(f_1(p_0), f_1(p_{i'})) - [\frac{n}{2}] \ .$$

En répétant ceci un nombre fini de fois, on obtient une suite $h_1, h_2, \ldots$ dont la composition est une homotopie ayant les propriétés de l'énoncé. □

10.- Théorème de Rips. *On suppose que le groupe Γ est δ-hyperbolique pour le système de générateurs S. Si $n \geq 4\delta + 2$, le complexe de Rips $P_n(\Gamma, S)$ est contractile.*

Preuve. Soit K un sous-complexe fini non vide de $P_n(\Gamma, S)$ de sommets $\{p_0, p_1, \ldots p_k\}$. Il suffit de vérifier que K est déformable en un point dans $P_n(\Gamma, S)$ (voir [Spa], page 171). Or la proposition 9 montre que K est déformable dans $P_n(\Gamma, S)$ en un sous-complexe K' de sommets contenus dans la boule

$$B = \{\gamma \in \Gamma \ : \ d(p_0, \gamma) \leq \frac{n}{2}\} \ .$$

Comme $\max\{d(\gamma', \gamma'') \ : \ \gamma', \gamma'' \in B\} \leq n$, le sous complexe K' est contenu dans un simplexe de $P_n(\Gamma, S)$, et donc K est déformable en un point. □

11.- Corollaire. *On suppose que le groupe* Γ *est* δ*-hyperbolique pour le système de générateurs* S. *Si* $n \geq 4\delta + 2$, *toute application simpliciale du cercle* $\mathbb{S}^1$ *dans* $P_n(\Gamma, S)$ *s'étend en une application simpliciale du disque* D^2 *dans* $P_n(\Gamma, S)$.

Résumons comme suit la proposition 5 et le théorème 10.

12.- Théorème. *Soit* Γ *un groupe hyperbolique. Il existe un complexe simplicial contractile* P *localement fini et de dimension finie sur lequel* Γ *agit de façon simpliciale, fidèle et proprement discontinue, de sorte que*

(i) *le stabilisateur de tout simplexe est fini,*

(ii) *si* p *est un sommet de* P *et* γ *un élément de* Γ *tels que* $p \neq \gamma p$, *alors les étoiles de* p *et* γp *sont disjointes.*

(iii) *l'espace des orbites* $\Gamma \backslash P$ *est un complexe simplicial fini et l'application de projection* $\pi : P \to \Gamma \backslash P$ *est simpliciale,*

(iv) *si de plus* Γ *est sans torsion, l'action est libre.*

Preuve. Soient S et n comme dans le théorème 10. On peut prendre pour P la seconde subdivision barycentrique de $P_n(\Gamma, S)$. □

§3. COROLLAIRES DU THÉORÈME DE RIPS

13.- Proposition. *Un groupe hyperbolique* Γ *possède un nombre fini de classes de conjugaison d'éléments de torsion.*

Preuve. Soit P un complexe simplicial possédant les propriétés du théorème 12. Si $\gamma \in \Gamma$ est un élément de torsion ($\gamma^n = e$, $n \geq 2$, $\gamma^m \neq e$ pour $0 < m < n$), alors γ laisse invariant un simplexe σ de P. En effet, si cela n'était pas le cas, le groupe cyclique $\mathbb{Z}/n\mathbb{Z}$ engendré par γ agirait de façon libre sur P, et donc il existerait $\ell \geq 0$ tel que $H^k(\mathbb{Z}/n\mathbb{Z}, \mathbb{Z}) = 0$ pour tout $k > \ell$, ce qui est absurde ([Bro], page 58). De plus, si γ laisse invariant le simplexe σ, alors $\gamma'\gamma\gamma'^{-1}$ laisse invariant le simplexe $\gamma'\sigma$ pour $\gamma' \in \Gamma$.

Notons $S(\gamma)$ l'ensemble $\{\sigma \in P; \gamma\sigma = \sigma\}$. Comme $S(\gamma'\gamma\gamma'^{-1}) = \gamma' S(\gamma)$ pour tout élément $\gamma' \in \Gamma$, on peut associer à toute classe de conjugaison d'un élément de torsion $\gamma \in \Gamma$, le sous-ensemble non vide $\pi(S(\gamma))$ de l'ensemble fini des simplexes de $\Gamma \backslash P$.

Si ν est un autre élément de torsion de Γ avec $\pi(S(\gamma)) =$

$\pi(S(\nu))$, alors pour tout simplexe σ de $S(\gamma)$, il existe un élément γ' de Γ tel que $\gamma'\sigma \in S(\nu)$, donc tel que $\gamma'^{-1}\nu\gamma'$ laisse σ invariant. Comme le complexe simplicial $\Gamma\backslash P$ est fini et comme le stabilisateur de tout simplexe de P est fini, on en déduit qu'il n'y a qu'un nombre fini de classes de conjugaison d'éléments de torsion dans Γ. □

Pour tout entier $k \geq 0$, on désigne par $H^k(\Gamma, \mathbb{Q})$ le k-ième groupe de cohomologie de Γ à coefficients le corps des nombres rationnels (muni de l'action banale de Γ). Rappelons que $H^k(\Gamma, \mathbb{Q}) = H^k(X, \mathbb{Q})$ si X est un espace d'Eilenberg-McLane $K(\Gamma, 1)$; voir [Bro], chapitre III.

14.- Proposition. *Si Γ est un groupe hyperbolique, il existe un entier $\ell \geq 0$ tel que $H^k(\Gamma, \mathbb{Q}) = 0$ pour tout $k > \ell$.*

Preuve. Soit P un complexe simplicial possédant les propriétés du théorème 12.

Supposons d'abord Γ sans torsion, de telle sorte que Γ agit librement sur P et que $H^k(\Gamma, \mathbb{Q}) = H^k(\Gamma\backslash P, \mathbb{Q})$ pour tout $k \geq 0$. Alors $H^k(\Gamma, \mathbb{Q}) = 0$ pour tout k strictement supérieur à la dimension de $\Gamma\backslash P$ (qui est celle de P).

Si Γ est un groupe avec torsion, on peut invoquer un argument standard de suite spectrale. On peut aussi procéder comme suit. Soient $B\Gamma$ l'espace classifiant de Γ et $E\Gamma$ son revêtement universel, qui est contractile. On note $E\Gamma \times_\Gamma P$ le quotient de $E\Gamma \times P$ par l'action naturelle de Γ. La projection $E\Gamma \times P \to E\Gamma$ induit une application $E\Gamma \times_\Gamma P \to B\Gamma$ qui est la fibration de fibre P associée au revêtement $E\Gamma \to B\Gamma$ et à l'action de Γ sur P; comme la fibre P est contractile, cette fibration est une équivalence d'homotopie, et on a $H^k(\Gamma, \mathbb{Q}) = H^k(E\Gamma \times_\Gamma P, \mathbb{Q})$ pour tout $k \geq 0$.

La projection $E\Gamma \times P \to P$ induit une application $f : E\Gamma \times_\Gamma P \to \Gamma\backslash P$ qui est continue et surjective. Notons $\{p_1, \ldots, p_m\}$ les sommets du complexe simplicial fini $\Gamma\backslash P$. Pour tout $i \in \{1, \ldots, m\}$, choisissons un sommet q_i de P se projetant sur p_i et notons Γ_i le groupe d'isotropie de q_i dans Γ. Soit V_i la réunion de tous les simplexes ouverts de P contenant q_i dans leur adhérence (c'est l'étoile de q_i) et soit U_i l'image de V_i dans $\Gamma\backslash P$. Alors l'ouvert V_i est invariant par Γ_i et on a $\gamma V_i \cap V_i = \emptyset$ pour tout $\gamma \in \Gamma - \Gamma_i$ (on utilise ici la propriété (ii) du théorème 12). De plus

$$U_i = \Gamma_i\backslash V_i \quad \text{et} \quad f^{-1}(U_i) = E\Gamma \times_\Gamma \Gamma V_i = E\Gamma \times_{\Gamma_i} V_i \ ,$$

où ΓV_i désigne le Γ-saturé de V_i dans P.

Comme Γ_i opère librement sur $E\Gamma$, l'espace $E\Gamma/\Gamma_i$ est un $K(\Gamma_i, 1)$. L'application naturelle $E\Gamma \times_{\Gamma_i} V_i \to E\Gamma/\Gamma_i$ est une fibration à fibre V_i contractile, donc c'est une équivalence d'homotopie et $H^*(f^{-1}(U_i), \mathbb{Q}) = H^*(\Gamma_i, \mathbb{Q})$. Mais Γ_i est un groupe fini, donc sa cohomologie rationnelle est celle d'un point (voir [Bro], page 59), et par suite $H^*(f^{-1}(U_i), \mathbb{Q})$ est la cohomologie d'un point pour tout $i \in \{1, \ldots, m\}$. De même, pour toute intersection non vide $W = U_{i_1} \cap \ldots \cap U_{i_k}$ d'ouverts pris parmi $\{U_1, \ldots, U_m\}$, la cohomologie $H^*(f^{-1}(W), \mathbb{Q})$ est celle d'un point.

Une proposition de Leray montre alors que la cohomologie

$$H^*(E\Gamma \times_\Gamma P, \mathbb{Q})$$

est la cohomologie du complexe de Čech $C^*(\mathcal{W}, \mathbb{Q})$, où $\mathcal{W}$ est le recouvrement $(f^{-1}(U_i))_{1 \leq i \leq m}$ de $E\Gamma \times_\Gamma P$. (Cette proposition résulte d'un argument de Mayer-Vietoris; voir [Ler], ainsi que le théorème 7.26 de [Rot].) Il en résulte que $H^k(E\Gamma \times_\Gamma P, \mathbb{Q}) = 0$ pour k assez grand. □

15.- Notations. Soit Γ un groupe engendré par un système fini S de générateurs. Notons $L(S)$ le groupe libre sur S et $\pi : L(S) \to \Gamma$ l'homomorphisme canonique. Tout élément $w \in L(S)$ possède une unique écriture réduite $w = s_1 \ldots s_\ell$, avec $s_i \in S$ et $s_{i+1} \neq s_i^{-1}$; l'entier ℓ est la longueur de w.

Considérons un entier $n \geq 1$, et le complexe de Rips $P_n(\Gamma, S)$. Si (γ_0, γ_1) est un 1-simplexe orienté de $P_n(\Gamma, S)$, on définit $E(\gamma_0, \gamma_1)$ comme le sous-ensemble de $L(S)$ formé de tous les mots réduits w tels que $\pi(w) = \gamma_0^{-1}\gamma_1$. On définit $E(\gamma_0, \gamma_1)$ comme étant le mot vide si $\gamma_0 = \gamma_1$. Si $\sigma = (\gamma_0, \gamma_1, \gamma_2)$ est un 2-simplexe orienté de $P_n(\Gamma, S)$ on note $E(\gamma_0, \partial\sigma)$ l'ensemble des mots de la forme $w_0 w_1 w_2$, où $w_0 \in E(\gamma_0, \gamma_1)$, $w_1 \in E(\gamma_1, \gamma_2)$ et $w_2 \in E(\gamma_2, \gamma_0)$.

On se donne une application simpliciale $F : D^2 \to P_n(\Gamma, S)$ où D^2 est un disque simplicial orienté. On associe à tout 1-simplexe orienté (x_0, x_1) de D^2 le sous-ensemble $E_F(x_0, x_1) = E(F(x_0), F(x_1))$. Si c est un chemin dans D^2 réunion des 1-simplexes (x_i, x_{i+1}), $0 \leq i \leq m-1$, on lui associe l'ensemble $E_F(x_0, c)$ de tous les mots de la forme $w_0 \ldots w_m$, où $w_i \in E_F(x_i, x_{i+1})$.

16.- Définition de R_n. Soit Γ un groupe engendré par un

système fini S de générateurs. Pour tout entier $n \geq 1$, l'ensemble R_n est le sous-ensemble du groupe libre $L(S)$ constitué

des mots de la forme ww'^{-1}, avec $w, w' \in E(e,\gamma)$ et (e,γ) un 1-simplexe de $P_n(\Gamma, S)$

et

des mots de $E(e, \partial\sigma)$ où σ est un 2-simplexe orienté de $P_n(\Gamma, S)$ contenant e.

Notons que tout mot de R_n est de longueur au plus $3n$; en particulier R_n est fini.

17.- Proposition. *On suppose que le groupe Γ est δ-hyperbolique pour le système de générateurs S, et on choisit un entier $n \geq 4\delta + 2$. Soit R_n le sous-ensemble du groupe libre $L(S)$ défini comme ci-dessus. Alors $\langle S; R_n \rangle$ est une présentation de Γ.*

Preuve. Soit $\pi : L(S) \to \Gamma$ l'homomorphisme canonique et soit $w \in \mathrm{Ker}\pi$. Il s'agit de montrer que w est un produit de conjugués d'éléments de R_n.

Soit $w = s_1 \dots s_\ell$ l'écriture réduite de w dans $L(S)$, et soit S^1 un cercle simplicial orienté à ℓ sommets $p_0 < p_1 < \dots < p_\ell = p_0$. On associe à w l'application simpliciale pointée $f : (S^1, p_0) \to (P_n(\Gamma, S), e)$ qui applique pour tout $i \in \{1, 2, \dots, \ell\}$ le 1-simplexe (p_{i-1}, p_i) de S^1 sur le 1-simplexe $(s_1 \dots s_{i-1}, s_1 \dots s_i)$ de $P_n(\Gamma, S)$.

Comme $n \geq 4\delta+2$, le complexe $P_n(\Gamma, S)$ est contractile. Il existe donc un 2-disque simplicial orienté D^2 et une application simpliciale $F : D^2 \to P_n(\Gamma, S)$ tels que le bord de D^2 soit le cercle simplicial S^1 (avec sommets $p_0, p_1, \dots, p_\ell = p_0$) et tels que F prolonge f. On note $\sigma_1, \sigma_2, \dots, \sigma_N$ les 2-simplexes orientés de D^2.

Etant donné $i \in \{1, \dots, N\}$ et un sommet x de σ_i, on définit comme suit le sous-ensemble $E_F(x, \partial\sigma_i)$ de $L(S)$. Si $F(\sigma_i)$ est un 0-simplexe, $E_F(x, \partial\sigma_i)$ est le mot vide. Si $F(\sigma_i)$ est un 1-simplexe $(F(x), F(x'))$, alors $E_F(x_1 \partial\sigma_i)$ est l'ensemble des mots de la forme ww'^{-1} avec w et w' dans $E(e, F(x)^{-1}F(x'))$. Enfin si $F(\sigma_i)$ est un 2-simplexe orienté de $P_n(\Gamma, S)$, alors $E_F(x, \partial\sigma_i)$ est l'ensemble

$$E(e, \partial(F(x)^{-1}F(\sigma_i)))$$

défini au numéro 15. Dans tous les cas, $E_F(x, \partial\sigma_i)$ est un sous-ensemble de R_n.

Pour $i \in \{1, \ldots, N\}$, on considère l'ensemble A_i des couples (x, c), où x est un sommet de σ_i et c un chemin orienté de p_0 à x dans le 1-squelette de D^2. On note M_i l'ensemble des mots de la forme $\alpha r \alpha^{-1}$, où $\alpha \in E_F(p_0, c)$ et $r \in E_F(x, \partial\sigma_i)$.

Par construction de f, on a $w \in E_F(p_0, S^1)$. Or tout mot de $E_F(p_0, S^1)$ peut s'écrire comme un produit de mots $m_i \in M_i$ pour $i = 1, \ldots N$, donc comme un produit de conjugués de mots de R_n. □

CHAPITRE 5.

QUASI-ISOMÉTRIES ET QUASI-GÉODÉSIQUES

Etienne Ghys et Pierre de la Harpe

Nous avons déjà indiqué au chapitre 1 comment il était à la fois nécessaire et avantageux d'affaiblir la relation d'isométrie en celle de quasi-isométrie. On introduit de même ici une notion d'application quasi-isométrique d'un espace dans un autre; c'est une notion de morphisme bien adaptée aux objets que sont les espaces hyperboliques. Les quasi-géodésiques d'un espace métrique X sont alors les quasi-isométries (ou leurs images) de la droite réelle (ou des entiers rationnels) dans X. Pour des raisons techniques, on introduit aussi les quasi-géodésiques-locales dans X: ce sont les applications $\mathbb{R} \to X$ ou $\mathbb{Z} \to X$ dont les restrictions à des intervalles convenables sont quasi-isométriques.

Ce chapitre est consacré à la preuve d'un résultat fondamental d'approximation pour un espace hyperbolique géodésique: à distance finie et contrôlable d'un quasi-segment géodésique, ou même d'un quasi-segment-local, il y a toujours un véritable segment géodésique (§1 et 4, théorèmes 11 et 21); lorsque l'espace est de plus propre, ceci s'étend aux rayons (demi-géodésiques) et aux géodésiques minimisantes (§5, théorème 25). Il en résulte en particulier que la propriété pour un groupe de type fini d'être hyperbolique, propriété qui se définit en termes d'un système fini de générateurs, est en fait indépendante de tout choix d'un tel système (§2, corollaire du théorème 12). Gromov donne pour ce point crucial de la théorie des indications bien différentes (page 76 de [Gr5]), et pour le moins elliptiques. On montre enfin un critère qui sera utile au chapitre 8 pour qu'une suite de points définisse un quasi-segment géodésique (§3, théorème 16).

§1. SEGMENTS GÉODÉSIQUES ET QUASI-SEGMENTS

Les notions faisant intervenir L dans les deux premières définitions n'apparaissent plus avant le paragraphe 4.

1.- Définition. On considère des espaces métriques X_0, X, une application $F : X_0 \to X$ et trois nombres $\lambda \geq 1, c \geq 0, L > 0$. On dit que F est une *isométrie* si

$$|F(s) - F(t)| = |s - t|$$

pour tous $s, t \in X_0$ (ceci n'implique pas que F soit surjective), que F est une (λ, c, L)-*quasi-isométrie-locale* si

$$\frac{1}{\lambda}|s - t| - c \leq |F(s) - F(t)| \leq \lambda|s - t| + c$$

pour tous $s, t \in X_0$ tels que $|s-t| \leq L$, et que F est une (λ, c)-*quasi-isométrie* si ces dernières inégalités sont vraies pour tous $s, t \in X_0$.

2.- Définition. Soient X un espace métrique et I un intervalle de $\mathbb{Z}$ ou de $\mathbb{R}$. Une isométrie $g : I \to X$ est

un *segment géodésique* dans X si I est borné (voir la définition 1.25),

un *rayon* ou *rayon minimisant* si I est semi-infini,

une *géodésique minimisante* si I est $\mathbb{Z}$ ou $\mathbb{R}$.

Une (λ, c)-quasi-isométrie $f : I \to X$ est

un (λ, c)-*quasi-segment* si I est borné,

un (λ, c)-*quasi-rayon* si I est semi-infini,

une (λ, c)-*quasi-géodésique* si I est $\mathbb{Z}$ ou $\mathbb{R}$.

Une (λ, c, L)-quasi-isométrie-locale $f : I \to X$ est

un (λ, c, L)-*quasi-segment-local* si I est borné,

un (λ, c, L)-*quasi-rayon-local* si I est semi-infini,

une (λ, c, L)-*quasi-géodésique-locale* si I est $\mathbb{Z}$ ou $\mathbb{R}$.

3.- Remarques. (i) On dit aussi quasi-isométrie et quasi-isométrie-locale, quasi-segment et quasi-segment-local, ... si les constantes λ, c, L n'importent pas.

(ii) Il est facile de vérifier que deux espaces X_0 et X_1 sont quasi-isométriques au sens de la définition 1.7 si et seulement s'il existe une quasi-isométrie $F : X_0 \to X_1$ telle que $\sup_{x \in X} d(x, \operatorname{Im} F) < \infty$.

(iii) Les notions de quasi-segment, quasi-rayon et quasi-géodésique sont évidemment invariantes par quasi-isométrie, contrairement aux notions introduites par Gromov au n°7.2 de [Gr5].

(iv) On définit comme pour le cas des segments des quasi-segments *paramétrés* et *géométriques*, et on commet les mêmes abus (voir à la définition 1.25).

(v) Une quasi-isométrie de source $\mathbb{R}$ n'est *pas* nécessairement continue, comme en témoigne l'application $\mathbb{R} \to \mathbb{Z}$ qui associe à un nombre sa partie entière. Une quasi-isométrie peut être localement "très irrégulière"; il est par exemple facile de construire une telle application $f : \mathbb{R} \to \mathbb{R}^2$ qui, pour tout $i \in \mathbb{Z}$, applique l'intervalle $[i, i+1]$ sur le carré d'équations $i \leq x \leq i+1$ et $0 \leq y \leq 1$ (c'est une variante de la courbe de Peano).

(vi) Il serait moins abusif de nommer quasi-géodésiques-minimisantes les quasi-géodésiques définies plus haut. Nous y renonçons bien que, dans une variété, une géodésique au sens classique est définie par une propriété locale, et n'est donc *pas* nécessairement une quasi-géodésique au sens ci-dessus.

(vii) Lorsque $I = \{m, m+1, \ldots, n\}$ est un intervalle borné de $\mathbb{Z}$, on note souvent et suivant l'usage $(x_i)_{m \leq i \leq n}$ une application de I dans X. De même pour $(x_i)_{i \geq 0}$ et $(x_i)_{i \in \mathbb{Z}}$.

4.- Définitions. Soient X un espace métrique, Y et Z deux parties non vides de X, et H un nombre réel positif.

On appelle *H-voisinage* de Y dans X et on note $\mathcal{V}_H(Y)$ l'ensemble

$\{x \in X : d(x, Y) \leq H\}$.

On appelle *distance de Hausdorff* de Y et Z, et on note $\mathcal{H}(Y, Z)$, le nombre défini par

$$\operatorname{Inf} \{H > 0 \ : \ Y \subset \mathcal{V}_H(Z) \text{ et } Z \subset \mathcal{V}_H(Y)\}$$

si cette expression a un sens, et par ∞ sinon.

Soient de plus A, B deux ensembles non vides et $f : A \to X$, $g : B \to X$ deux applications. On appelle *distance de Hausdorff* de f et g, et on note $\mathcal{H}(f,g)$, la distance de Hausdorff des images $f(A)$ et $g(B)$.

5.- Remarque. La distance de Hausdorff n'est pas une distance au sens strict, d'abord parce qu'elle prend des valeurs infinies, ensuite parce que $\mathcal{H}(Y,Z) = 0$ n'implique pas nécessairement $Y = Z$. Mais peu importe ici.

Le résultat qui suit est le théorème central de ce chapitre. Il réapparaît sous une forme légèrement renforcée au théorème 11, et on peut en voir les théorèmes 12, 16, 21 et 25 comme des corollaires et variantes.

6.- Théorème. *Etant donné trois nombres réels $\delta \geq 0$, $\lambda \geq 1$ et $c > 0$, il existe une constante $H = H(\delta, \lambda, c)$ ayant la propriété suivante.*

Soient X un espace géodésique δ-hyperbolique, $I = [0,a]$ un intervalle borné dans $\mathbb{Z}$ ou $\mathbb{R}$, et $f : I \to X$ un (λ, c)-quasi-segment. Notons J l'intervalle $[0, |f(a) - f(0)|]$ de $\mathbb{R}$ et choisissons un segment géodésique $g : J \to X$ d'origine $f(0)$ et d'extrémité $f(a)$. Alors $\mathrm{Im}\,(f) \subset \mathcal{V}_H(\mathrm{Im}\,(g))$.

7.- Lemme. *On considère un espace métrique F, deux points $x_0, x_n \in F$ et un segment géodésique $[x_0, x_n]$ qui les joint. On considère aussi une constante $c' > 0$, un arbre métrique T et une application $\Phi : F \to T$ telle que*

la restriction de Φ à $[x_0, x_n]$ est une isométrie,

on a $|u - v| - c' \leq |\Phi(u) - \Phi(v)| \leq |u - v|$ pour tous $u, v \in F$.

Soit x un point de F. On choisit $y \in [x_0, x_n]$ tel que $|x - y| = d(x, [x_0, x_n])$. Soit $z' \in T$ le point de $[\Phi(x_0), \Phi(x_n)]$ à distance minimum de $\Phi(x)$ et soit $z \in [x_0, x_n]$ tel que $\Phi(z) = z'$. Alors $|y - z| \leq c'$.

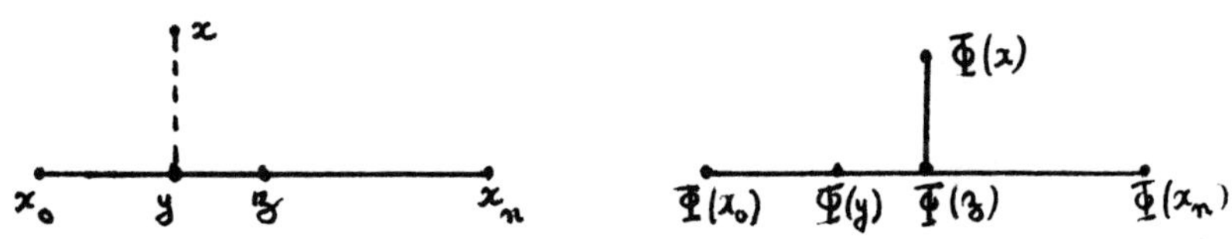

Preuve. On a $|x-y| \leq |x-z|$ et

$$|x-y| - c' \leq |\Phi(x) - \Phi(y)| \leq |x-y| ,$$
$$|x-z| - c' \leq |\Phi(x) - \Phi(z)| \leq |x-z| .$$

Donc

$$|\Phi(y) - \Phi(z)| = |\Phi(y) - \Phi(x)| - |\Phi(x) - \Phi(z)| \leq |x-y| - |x-z| + c'$$

et par suite $|y - z| \leq c'$. □

8.- Lemme *de réduction au cas où $c = 0$. On reprend les notations du théorème 6, et on considère un (λ, c)-quasi-segment $f : I \to X$.*

Alors il existe une constante $\lambda' = \lambda'(\lambda, c)$, un intervalle I' de $\mathbb{Z}$ et un $(\lambda', 0)$-quasi-segment $f' : I' \to X$ de $f(0)$ à $f(a)$ tels que

$$\mathrm{Im}\,(f) \subset \mathcal{V}_H(\mathrm{Im}\,(f')) \quad \text{où} \quad H = \max\{(2\lambda^2+1)c,\ \lambda^2 c + 2\lambda + c\} .$$

Preuve. Supposons d'abord que I est un intervalle $[0, a]$ de $\mathbb{R}$. Si $a \leq 4\lambda c$, tout point $t \in [0, a]$ est $2\lambda c$-proche de $\{0, a\}$, de sorte que la distance entre $f(t)$ et $f(\{0, a\})$ n'excède pas $2\lambda^2 c + c$. On choisit donc un segment géodésique f' de $f(0)$ à $f(a)$, et on a bien $\mathrm{Im}\,(f) \subset \mathcal{V}_{(2\lambda^2+1)c}(\mathrm{Im}\,(f'))$.

On peut donc supposer $a > 4\lambda c$. On choisit un entier a' tel que $\frac{a}{4\lambda c} < a' < \frac{a}{2\lambda c}$, on note I' l'intervalle $\{0, 1, \ldots, a'\}$ de $\mathbb{Z}$, et on pose $t_i = \frac{i}{a'} a$ pour tout $i \in I'$ (de sorte que $t_0 = 0$ et $t_{a'} = a$). On définit $f' : I' \to X$ par $f'(i) = f(t_i)$. On vérifie d'abord sans peine que

$$\mathrm{Im}\,(f) \subset \mathcal{V}_{(2\lambda^2+1)c}(\mathrm{Im}\,(f')) .$$

Soient $i, j \in I'$ tels que $i \neq j$. Par hypothèse sur f, on a

$$\frac{1}{\lambda}|t_i - t_j| - c \leq |f(t_i) - f(t_j)| \leq \lambda |t_i - t_j| + c$$

donc

$$\left(\frac{1}{\lambda}\frac{a}{a'} - c\right)|i-j| \leq |f'(i) - f'(j)| \leq \left(\lambda\frac{a}{a'} + c\right)|i-j| .$$

Comme $\frac{1}{\lambda}\frac{a}{a'} - c > c$ et $\lambda\frac{a}{a'} + c < 4\lambda^2 c + c$ par choix de a', on peut poser

$$\lambda' = \max\{\frac{1}{c}, 4\lambda^2 c + c\} .$$

On a

$$\frac{1}{\lambda'}|i-j| \leq |f'(i) - f'(j)| \leq \lambda'|i-j|$$

pour tous $i, j \in I'$, de sorte que f' est un $(\lambda', 0)$-quasi-segment.

Supposons ensuite que I est un intervalle $\{0, 1, \ldots, a\}$ de $\mathbb{Z}$. On pose $\lambda' = \max\{\lambda, \lambda^2 c + 2\lambda + c\}$. Soit N l'entier tel que $\lambda c + 1 \leq N < \lambda c + 2$, et soit a' la partie entière de $\frac{a}{N}$. Notons I' l'intervalle $\{0, 1, \ldots, a'\}$ et définissons $f' : I' \to X$ par $f'(i) = f(Ni)$. Pour tout $i \in I$, il existe $i' \in I'$ tel que $|i - Ni'| \leq N$, donc tel que

$$|f(i) - f'(i')| \leq \lambda N + c \leq \lambda^2 c + 2\lambda + c \leq \lambda' .$$

Par suite $\mathrm{Im}\,(f) \subset \mathcal{V}_H(\mathrm{Im}\,(f'))$.

Soient $i, j \in I'$ tels que $i \neq j$. Comme $\frac{N}{\lambda} - c \geq \frac{1}{\lambda} \geq \frac{1}{\lambda'}$ et $\lambda N + c \leq \lambda'$, on a par hypothèse sur f

$$\frac{1}{\lambda'}|i-j| \leq \frac{1}{\lambda}|Ni - Nj| - c \leq |f'(i) - f'(j)| \leq \lambda|Ni - Nj| + c \leq \lambda'|i-j|$$

et f' est un $(\lambda', 0)$-quasi-segment. □

9.- Preuve du théorème 6. Le lemme précédent montre qu'on ne restreint pas la généralité en supposant que I est un intervalle $\{0, 1, \ldots, n\}$ de $\mathbb{Z}$ et que $f : I \to X$ est un $(\lambda, 0)$-quasi-segment. On pose $x_i = f(i)$ pour tout $i \in I$. On choisit un segment géodésique $[x_0, x_n]$ d'extrémités x_0 et x_n, et il s'agit de montrer que $\{x_i\}_{o \leq i \leq n}$ est contenu dans le H-voisinage $\mathcal{V}_H([x_0, x_n])$ pour une constante H ne dépendant que de δ, λ et c. L'argument qui suit est une adaptation de celui qu'on trouve dans les notes de Thurston (voir la proposition 5.9.2 de [Thu]).

Définissons d'abord H. On choisit un entier $N \geq 1$ tel que $\log_2(N+2) < \frac{N}{4\lambda\delta} - 2$. On note k l'entier vérifiant $k - 1 < \log_2(N +$

2) $\leq k$, on pose $c' = 2(k+1)\delta$ et $R = \frac{1}{2}\lambda N + c'$. On observe alors que

$$\begin{aligned}\frac{1}{\lambda} - 2\frac{c'}{N} &> \frac{4\delta}{N}\left(\log_2(N+2)+2\right) - 2\frac{c'}{N} \\ &> \frac{2}{N}\left(2\delta(k+1) - c'\right) = 0\end{aligned}$$

et on pose enfin

$$H = R + \lambda + 2\lambda\left(\frac{1}{\lambda} - 2\frac{c'}{N}\right)^{-1}(R + \lambda + c') .$$

Il n'y a rien à montrer si $\mathrm{Im}\,(f)$ est dans le R-voisinage du segment $[x_0, x_n]$, et on suppose désormais que $\mathrm{Im}\,(f) \not\subset \mathcal{V}_R$, où on écrit $\mathcal{V}_R$ pour $\mathcal{V}_R([x_0, x_n])$.

Considérons des entiers $u, v \in \{1, 2, \ldots, n-1\}$ tels que

$$u \leq v\ ,\ x_{u-1} \in \mathcal{V}_R\ ,\ x_{v+1} \in \mathcal{V}_R \quad \text{et} \quad \{x_u, x_{u+1}, \ldots, x_v\} \subset X - \mathcal{V}_R\ .$$

On pose $I_0 = \{u, \ldots, v\}$. Pour tout $i \in I_0$, on choisit $y_i \in [x_0, x_n]$ tel que $|x_i - y_i| = d(x_i, [x_0, x_n])$.

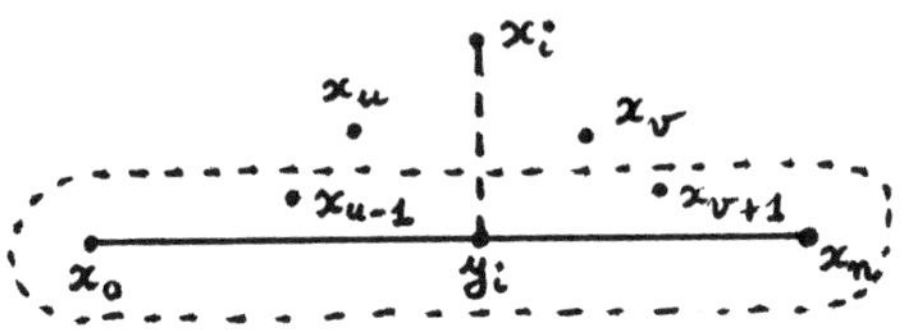

On considère des entiers $i, j \in I_0$ tels que $0 \leq j - i \leq N$. Notons F l'ensemble $[x_0, x_n] \cup \{x_i, \ldots, x_j\}$ et choisissons x_0 pour point base de F. Comme $N + 2 \leq 2^k$, le théorème 2.12.ii montre qu'il existe un arbre réel pointé T et une application $\Phi : F \to T$ telle que

la restriction de Φ à $[x_0, x_n]$ est une isométrie,

on a $|p - q| - c' \leq |\Phi(p) - \Phi(q)| \leq |p - q|$ pour tous $p, q \in F$.

On a

$$\begin{aligned}&d\big(\Phi(x_i), [\Phi(x_0), \Phi(x_n)]\big) \geq R - c' \\ &d\big(\Phi(x_j), [\Phi(x_0), \Phi(x_n)]\big) \geq R - c' \\ &|\Phi(x_i) - \Phi(x_j)| \leq |x_i - x_j| \leq \lambda N\ .\end{aligned}$$

Comme $\lambda N = 2(R - c')$, le point de $[\Phi(x_0), \Phi(x_n)]$ à distance minimum de $\Phi(x_i)$ coïncide avec celui à distance minimum de $\Phi(x_j)$. Il résulte du lemme 7 que $|y_i - y_j| \leq 2c'$.

En appliquant, successivement l'argument précédent aux paires

$$(i,j) = (u, u+N), (u+N, u+2N), \ldots$$

on obtient

$$\begin{aligned} |x_u - x_v| &\leq |x_u - y_u| + |y_u - y_{u+N}| + |y_{u+N} - y_{u+2N}| + \ldots + |y_v - x_v| \\ &\leq R + \lambda + \Big(\frac{|u-v|}{N} + 1\Big) 2c' + \lambda + R\ . \end{aligned}$$

Mais on a d'autre part $\frac{1}{\lambda}|u - v| \leq |x_u - x_v|$ et par suite

$$|u - v| \Big(\frac{1}{\lambda} - 2\frac{c'}{N}\Big) \leq 2(R + \lambda + c')\ .$$

Il en résulte que

$$|x_u - x_i| \leq \lambda \Big(\frac{1}{\lambda} - 2\frac{c'}{N}\Big)^{-1} 2(R + \lambda + c')$$

pour tout $i \in \{u, u+1, \ldots, v\}$, de sorte que $\{x_u, x_{u+1}, \ldots, x_v\}$ est dans la boule de centre x_u et de rayon $H - R - \lambda$, et a fortiori dans $\mathcal{V}_H([x_o, x_n])$.

Ce qui précède valant pour toute "composante connexe" $\{x_u, x_{u+1}, \ldots, x_v\}$ de $\mathrm{Im}\,(f) \cap (X - \mathcal{V}_R([x_0, x_n]))$, on a bien $\mathrm{Im}\,(f) \subset \mathcal{V}_H([x_o, x_n])$. □

Le théorème 11 ci-dessous exprime la même idée que le théorème 6.

10.- Lemme. *Etant donné trois nombres réels $\lambda \geq 1$, $c \geq 0$ et $H' \geq 0$, il existe une constante $H = H(\lambda, c, H')$ ayant la propriété suivante.*

Soit X un espace métrique, $I = [p, q]$ et $J = [r, s]$ deux intervalles de $\mathbb{Z}$ ou de $\mathbb{R}$, ainsi que $f : I \to X$ et $g : J \to X$ deux applications. On suppose que

f est un (λ, c)-quasi-segment,

g est un segment géodésique,

$|f(p) - g(r)| \leq H'$ *et* $|f(q) - g(s)| \leq H'$,

$\mathrm{Im}\,(f) \subset \mathcal{V}_{H'}(\mathrm{Im}\,(g))$.

Alors $\mathcal{H}(f, f') \leq H$.

Preuve. La constante $H = 2H' + \lambda + c$ convient. Considérons en effet un partage $p = t_0 < t_1 < \ldots < t_n = q$ de I tel que $|t_i - t_{i-1}| \leq 1$ pour tout $i \in \{1, \ldots, n\}$. Par hypothèse, il existe pour tout $i \in \{0, \ldots, n\}$ un point $u_i \in J$ tel que $|f(t_i) - g(u_i)| \leq H'$, et on peut supposer que $u_0 = r$ et $u_n = s$. Comme

$$|f(t_{i-1}) - f(t_i)| \leq \lambda + c ,$$

on a aussi

$$|g(u_{i-1}) - g(u_i)| \leq 2H' + \lambda + c .$$

Pour tout $u \in J$, il existe $i \in \{0, \ldots, n\}$ tel que

$$|u - u_i| = |g(u) - g(u_i)| \leq H' + \frac{1}{2}(\lambda + c) .$$

Par suite $d(g(u), \mathrm{Im}\,(f)) \leq 2H' + \frac{1}{2}(\lambda + c)$. □

11.- Théorème. *Etant donné trois nombres réels $\delta \geq 0$, $\lambda \geq 1$ et $c \geq 0$, il existe une constante $H = H(\delta, \lambda, c)$ ayant la propriété suivante.*

Soit X un espace géodésique δ-hyperbolique, $I = [a, b]$ un intervalle borné de $\mathbb{Z}$ ou $\mathbb{R}$, et $f : I \to X$ un (λ, c)-quasi-segment. Soit $J \subset \mathbb{R}$ un intervalle de longueur $|f(a) - f(b)|$, et soit $g : J \to X$ un segment géodésique d'origine $f(a)$ et d'extrémité $f(b)$.

Alors $\mathcal{H}(f, g) \leq H$.

Preuve: cela résulte de la proposition 6 et du lemme 10. □

§2. INVARIANCE DE L'HYPERBOLICITÉ PAR QUASI-ISOMÉTRIES, ET QUASI-INVARIANCE DU PRODUIT DE GROMOV

Le résultat suivant (dont le théorème 1.29 est une conséquence immédiate) est essentiel pour que la notion même du groupe hyperbolique ait un sens.

12.- Théorème. *On considère deux espaces métriques géodésiques X, Y et une quasi-isométrie $F : X \to Y$. Si Y est hyperbolique, alors X l'est aussi.*

Preuve. On note $\delta \geq 0$, $\lambda \geq 1$ et $c \geq 0$ des constantes telles que Y est δ-hyperbolique et telles que F est une (λ, c)-quasi-isométrie. Notons H la constante $H(\delta, \lambda, c)$ du théorème 11.

Soit I un intervalle borné de $\mathbb{R}$ (ou de $\mathbb{Z}$) et soit $g : I \to X$ un segment géodésique. Alors $Fg : I \to Y$ est un (λ, c)-quasi-segment. Par suite, si $(Fg)_0$ désigne un segment géodésique ayant mêmes extrémités que Fg, on a $\mathcal{H}(Fg, (Fg)_0) \leq H$.

Considérons un triangle géodésique Δ dans X et notons $g_j : I_j \to X$ ses trois côtés ($j = 1, 2, 3$). On obtient comme ci-dessus un triangle géodésique $(F\Delta)_0$ dans Y de côtés $(Fg_j)_0 : J_j \to Y$. Pour tout point y dans l'image de $(Fg_3)_0$, on a par hypothèse sur Y et δ et par la proposition 2.21

$$d\big(y, \mathrm{Im}\,((Fg_1)_0) \cup \mathrm{Im}\,((Fg_2)_0)\big) \leq 4\delta \ .$$

Pour tout point y' dans l'image de Fg_3, on a donc

$$d(y', \mathrm{Im}\,(Fg_1) \cup \mathrm{Im}\,(Fg_2)) \leq 4\delta + 2H \ .$$

Il en résulte que, pour tout point x dans l'image de g_3, on a

$$d(x, \mathrm{Im}\,(g_1) \cup \mathrm{Im}\,(g_2)) \leq \lambda(4\delta + 2H + c) \ .$$

En appliquant encore la proposition 2.21, on voit donc que X est δ'-hyperbolique avec $\delta' = 8\lambda(4\delta + 2H + c)$. □

13.- Remarque (J. Heber). Le théorème 12 ne serait pas correct si on omettait de supposer X géodésique. Soit en effet X la ligne brisée semi-infinie du plan euclidien $\mathbb{C}$ définie par $X \bigcup_{n\geq 0} \varphi^n(X_0)$, avec $X_0 = [0, 1+i] \cup [1+i, 2]$ et $\varphi : z \mapsto 2z + 2$. Soit Y le demi-axe réel positif et soit $F : X \to Y$ la projection verticale. On munit X et Y des métriques induites par la métrique usuelle de $\mathbb{C}$. Alors F est une $(\sqrt{2}, 0)$-quasi-isométrie bijective et Y est 0-hyperbolique, mais X n'est pas hyperbolique.

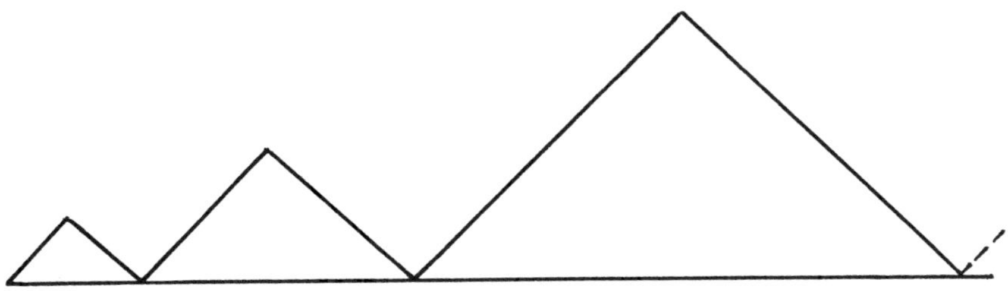

14.- Corollaire. *Soient Γ un groupe de type fini, S, T deux systèmes finis de générateurs de Γ tels que $S^{-1} = S$ et $T^{-1} = T$, et $\mathcal{G}(\Gamma, S)$, $\mathcal{G}(\Gamma, T)$ les graphes de Cayley associés comme au §1.2. Alors $\mathcal{G}(\Gamma, S)$ est hyperbolique si et seulement si $\mathcal{G}(\Gamma, T)$ l'est.*

Preuve: cela résulte du théorème 12, car nous avons vu aux exemples 1.9 que les espaces $\mathcal{G}(\Gamma, S)$ et $\mathcal{G}(\Gamma, T)$ sont quasi-isométriques. □

Ainsi, la notion de groupe hyperbolique a bien un sens, comme nous l'avons annoncé à la définition 1.30.

En vue du chapitre 7 sur le bord, il est aussi utile de contrôler l'effet d'une quasi-isométrie sur les produits de Gromov. La proposition suivante est une contribution (parmi bien d'autres) de M. Burger à notre texte.

15.- Proposition. *Etant donné trois nombres réels $\delta \geq 0$, $\lambda \geq 1$ et $c \geq 0$, il existe une constante $A = A(\delta, \lambda, c)$ ayant la propriété suivante.*

Soient X, Y deux espaces géodésiques δ-hyperboliques et $F : X \to Y$ une (λ, c)-quasi-isométrie. Soient w, x, y, z des points de X. Alors

$$\text{(i)} \qquad \frac{1}{\lambda}(x|y)_w - A \leq (F(x)|F(y))_{F(w)} \leq \lambda(x|y)_w + A \ ,$$

$$\text{(ii)} \quad \frac{1}{\lambda}\Big|(x|y)_w - (y|z)_w\Big| - A \leq \Big|(F(x)|F(y))_{F(w)} - (F(y)|F(z))_{F(w)}\Big|$$
$$\leq \lambda\Big|(x|y)_w - (y|z)_w\Big| + A \ .$$

Preuve. Notons H la constante $H(\delta, \lambda, c)$ du théorème 11.

(i) On choisit des segments géodésiques $[x, y]$ dans X et $[F(x), F(y)]$ dans Y. On a

$$(x|y)_w \leq d(w, [x, y]) \leq (x|y)_w + \delta$$
$$(F(x)|F(y))_{F(w)} \leq d(F(w), [F(x), F(y)]) \leq |F(x)|F(y))_{F(w)} + \delta$$

vu le lemme 2.17 et

$$\mathcal{H}(F([x, y]), [F(x), F(y)]) \leq H$$

vu le théorème 11. D'autre part

$$\frac{1}{\lambda}d(w, [x, y]) - c \leq d(F(w), F([x, y])) \leq \lambda d(w, [x, y]) + c$$

par hypothèse sur F. On a donc

$$\begin{aligned}(F(x)|F(y))_{F(w)} &\leq d(F(w), [F(x), F(y)]) \\ &\leq d(F(w), F([x, y])) + H \\ &\leq \lambda d(w, [x, y]) + c + H \\ &\leq \lambda(x|y)_w + \lambda\delta + c + H\end{aligned}$$

et de même

$$(F(x)|F(y))_{F(w)} \geq \frac{1}{\lambda}(x|y)_w - c - H - \delta \ .$$

Toute constante $A \geq \lambda\delta + c + H$ convient donc pour (i).

(ii) On choisit des segments géodésiques $[w,x],[w,y],[w,z],[x,y]$ et $[y,z]$ dans X. On note Δ_1 le triangle géodésique $[w,x]\cup[w,y]\cup[x,y]$ et $u_1\in[w,x], u_2\in[w,y], u_3\in[x,y]$ les points de son triple inscrit (l'image inverse du centre du tripode correspondant, voir la définition 2.18).

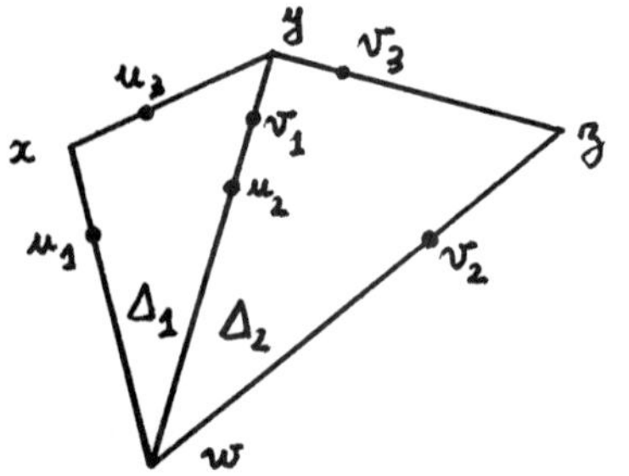

On note Δ_2 le triangle géodésique $[w,y]\cup[w,z]\cup[y,z]$ et $v_1\in[w,y], v_2\in[w,z], v_3\in[y,z]$ les points de son triple inscrit. Par suite

$$|w-u_1|=|w-u_2|=(x|y)_w$$
$$|w-v_1|=|w-v_2|=(y|z)_w\ .$$

On introduit de même dans Y un triangle géodésique

$$\Delta_1'=[F(w),F(x)]\cup[F(w),F(y)]\cup[F(x),F(y)]$$

avec triple inscrit u_1',u_2',u_3' et un triangle géodésique

$$\Delta_2'=[F(w),F(y)]\cup[F(w),F(z)]\cup[F(y),F(z)]$$

avec triple inscrit v_1',v_2',v_3', et on a aussi

$$|F(w)-u_1'|=|F(w)-u_2'|=(F(x)|F(y))_{F(w)}$$
$$|F(w)-v_1'|=|F(w)-v_2'|=(F(y)|F(z))_{F(w)}\ .$$

Vu le théorème 11, on peut encore choisir des points

$$u_1''\in[F(w),F(x)],\quad u_3''\in[F(x),F(y)]\ ,$$
$$u_2'',v_1''\in[F(w),F(y)],$$
$$v_3''\in[F(y),F(z)],\quad v_2''\in[F(w),F(z)]$$

tels que

$$|F(u_i)-u_i''|\le H \qquad i=1,2,3\ ,$$
$$|F(v_i)-v_i''|\le H \qquad i=1,2,3\ .$$

Les tailles des triangles Δ_1 et Δ_2 sont majorées par 4δ (voir la définition 2.18 et la proposition 2.21), donc les diamètres des ensembles $\{F(u_1), F(u_2), F(u_3)\}$ et $\{F(v_1), F(v_2), F(v_3)\}$ par $4\delta\lambda + c$. Par suite les diamètres de $\{u_1'', u_2'', u_3''\}$ et $\{v_1'', v_2'', v_3''\}$ sont majorées par $4\delta\lambda + c + 2H$. Un argument déjà utilisé pour la preuve du lemme 2.20 montre alors que

$$|u_2'' - u_2'| \leq \frac{3}{2}(4\delta\lambda + c + 2H)$$
$$|v_1'' - v_1'| \leq \frac{3}{2}(4\delta\lambda + c + 2H) \ .$$

Si on pose $B = \frac{3}{2}(4\delta\lambda + c + 2H) + H$ et $A = 2B + c$, on a vu ce qui précède

$$|F(u_2) - u_2'| \leq B \qquad \text{et} \qquad |F(v_1) - v_1'| \leq B$$

donc

$$\begin{aligned} &\big|(F(x)|F(y))_{F(w)} - (F(y)|F(z))_{F(w)}\big| = \big||F(w) - u_2'| - |F(w) - v_1'|\big| \\ &= |u_2' - v_1'| \leq |F(u_2) - F(v_1)| + 2B \leq \lambda|u_2 - v_1| + 2B + c \\ &= \lambda|(x|y)_w - (y|z)_w| + A \ , \end{aligned}$$

et de même pour la minoration. □

§3. UN CRITÈRE DE QUASI-GÉODÉSIE

On considère une constante $\delta > 0$ et un espace géodésique hyperbolique X qui satisfait à la condition de Rips de constante δ (c'est-à-dire $d(u, [x,y] \cup [z,x]) \leq \delta$ pour tout triangle géodésique $[x,y] \cup [y,z] \cup [z,x]$ et pour tout $u \in [y,z]$ — voir la définition 1.27). Le critère de ce paragraphe est une approximation du résultat 7.2.C de [Gr5].

16.- Théorème. *On considère une constante $\kappa > 0$ et une suite $(x_i)_{0 \leq i \leq n}$ de points de X telle que*

$$|x_{i-1} - x_{i+1}| \geq \max\{|x_{i-1} - x_i|, |x_i - x_{i+1}|\} + 18\delta + \kappa$$

pour tout $i \in \{1, \ldots, n-1\}$. Alors $|x_0 - x_n| \geq \kappa n$.

Soit de plus L une constante telle que $|x_{i-1} - x_i| \leq L$ *pour tout* $i \in \{1, \ldots, n\}$. *Si on pose* $\lambda = \max\{\kappa^{-1}, L\}$, *alors* $(x_i)_{0 \leq i \leq n}$ *est un* $(\lambda, 0)$*-quasi-segment.*

La seconde affirmation résulte banalement de la première. Pour la preuve de la première (et en particulier aux numéros 17 à 19), nous adaptons des arguments de J. Cannon (voir [Ca1] et [Ca2]).

17.- Définition. Soient $[w, x]$ et $[w, y]$ deux segments géodésiques de même origine dans X, et c une constante strictement positive. On appelle *c-déviation* de $[w, x]$ et $[w, y]$, et on note $\mathrm{dev}_c([x, w], [w, y])$, la quantité

$$\sup\Big\{\max\{|u - w|, |v - w|\} \ : \ u \in [w, x], v \in [w, y] \text{ et } |u - v| \leq c\Big\} .$$

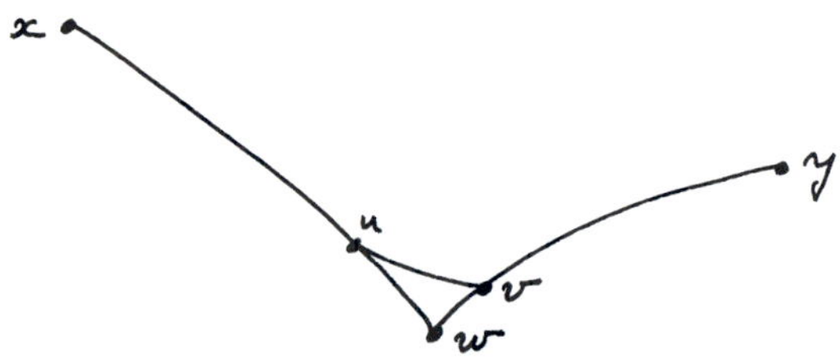

18.- Remarques. Reprenons les notations de la définition 17, mais écrivons dev_c pour $\mathrm{dev}_c([x, w], [w, y])$.

(i) On a évidemment $c \leq \mathrm{dev}_c \leq \max\{|x - w|, |y - w|\}$, et on vérifie facilement que $\mathrm{dev}_c \leq (x|y)_w + c$.

(ii) Supposons de plus $c \geq 2\delta$. On a aussi

$$|x - w| + |y - w| - 2(\mathrm{dev}_c + \delta) \leq |x - y| \leq |x - w| + |y - w| .$$

En effet, choisissons un segment $[x, y]$, et soit p le point de $[x, y]$ le plus distant de x tel que $d(p, [w, x]) \leq \delta$; alors $d(p, [w, y]) \leq \delta$. Soient $u \in [w, x]$ et $v \in [w, y]$ des points tels que $|p - u| \leq \delta$ et $|p - v| \leq \delta$. Alors $|u - v| \leq c$, donc $|u - w| \leq \mathrm{dev}_c$ et $|v - w| \leq \mathrm{dev}_c$. Par suite

$$|x - w| + |y - w| \leq |x - u| + |y - v| + 2\mathrm{dev}_c \leq |x - p| + |y - p| + 2(\mathrm{dev}_c + \delta)$$

et l'assertion en résulte car $|x - y| = |x - p| + |p - y|$.

19.- Lemme. *On considère une constante* $\kappa > 0$ *et une suite* $(x_i)_{0 \le i \le n}$ *de points de* X. *Pour tout* $i \in \{1, \dots, n\}$, *on choisit un segment géodésique* $[x_{i-1}, x_i]$ *joignant* x_{i-1} *et* x_i; *on pose* $\mathrm{dev}_0 = 0$ *et*

$$\mathrm{dev}_i = \mathrm{dev}_{3\delta}([x_{i-1}, x_i], [x_i, x_{i+1}])$$

pour tout $i \in \{1, \dots, n-1\}$. *Si on a*

$$|x_{i-1} - x_i| > \mathrm{dev}_{i-1} + \mathrm{dev}_i + 5\delta \qquad \text{pour } i \in \{1, \dots, n-1\}$$
$$|x_{i-1} - x_i| \ge 2\mathrm{dev}_{i-1} + 12\delta + \kappa \qquad \text{pour } i \in \{1, \dots, n-1\}$$

alors

$$|x_0 - x_n| \ge \kappa n \ .$$

Preuve. Pour tout $i \in \{2, \dots, n\}$, on choisit un segment géodésique $[x_0, x_i]$. Montrons d'abord que

$$\mathrm{dev}_{3\delta}([x_0, x_i], [x_i, x_{i+1}]) \le \mathrm{dev}_i + 5\delta$$

pour tout $i \in \{1, \dots, n-1\}$.

L'assertion étant banale pour $i = 1$, on peut procéder par récurrence sur i. Supposons donc $i \ge 2$, et l'assertion vraie jusqu'à $i-1$. Soient $u \in [x_0, x_i]$ et $v \in [x_i, x_{i+1}]$ des points tels que $|u - v| \le 3\delta$. Il faut montrer que $|u - x_i|$ et $|v - x_i|$ sont majorés par $\mathrm{dev}_i + 5\delta$.

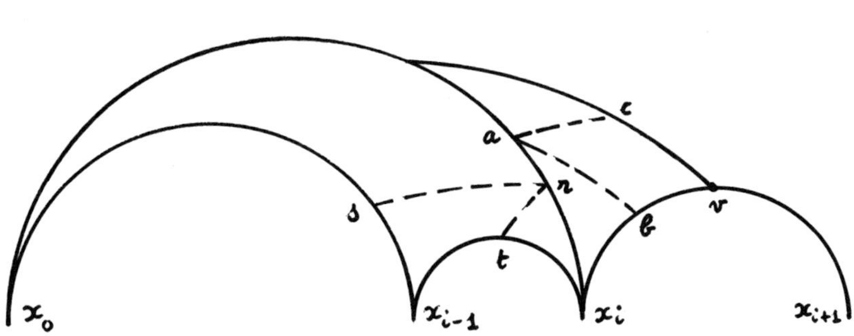

On choisit un point $r \in [x_0, x_i]$ pour lequel il existe $s \in [x_0, x_{i-1}]$ et $t \in [x_{i-1}, x_i]$ tels que $|r - s| \le \delta$ et $|r - t| \le \delta$. On choisit de même $a \in [u, x_i], b \in [x_i, v]$ et $c \in [u, v]$ tels que $|a - b| \le \delta$ et $|a - c| \le \delta$.

Supposons qu'on ait $r \in [a, x_i]$. En considérant un triangle de sommets x_i, a, b, on voit que $d(r, [x_i, b]) \leq 2\delta$; par suite $d(t, [x_i, b]) \leq 3\delta$, donc $|t - x_i| \leq \mathrm{dev}_i$. Mais $|t-s| \leq 2\delta$, donc $|t - x_{i-1}| \leq \mathrm{dev}_{i-1} + 5\delta$ par hypothèse de récurrence. On a donc $|x_{i-1} - x_i| \leq \mathrm{dev}_{i-1} + dev_i + 5\delta$, contrairement aux hypothèses du lemme.

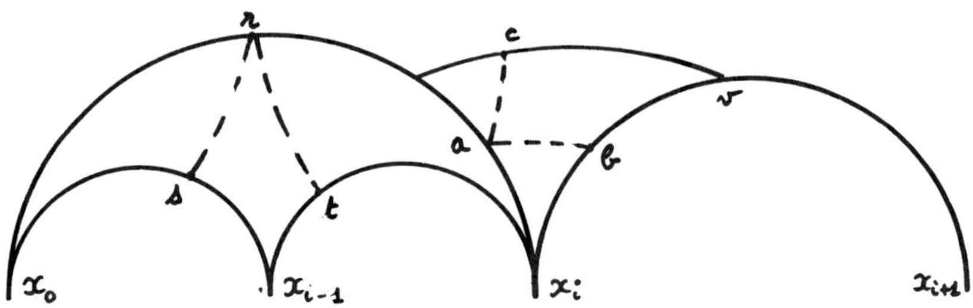

On a donc $r \in [x_0, a]$. En considérant un triangle de sommets x_i, r, t, on voit que $d(a, [t, x_i]) \leq 2\delta$; par suite $d(b, [t, x_i]) \leq 3\delta$, donc $|b - x_i| \leq \mathrm{dev}_i$. Comme $|v - b| \leq |v - c| + |c - a| + |a - b| \leq 5\delta$, on a $|v - x_i| \leq \mathrm{dev}_i + 5\delta$. Enfin

$$|u - x_i| \leq |u - c| + |c - a| + |a - b| + |b - x_i| \leq \mathrm{dev}_i + 5\delta$$

et la récurrence sur i est achevée.

L'assertion du lemme est banale pour $n = 1$, et on procède par récurrence sur n. Supposons $n \geq 2$, et $|x_0 - x_{n-1}| \geq \kappa(n-1)$. La remarque 18.ii montre que

$$|x_0 - x_n| \geq |x_0 - x_{n-1}| + |x_{n-1} - x_n| - 2\mathrm{dev}_{3\delta}([x_0, x_{n-1}], [x_{n-1}, x_n]) - 2\delta \,.$$

Or le début de la présente preuve montre que

$$\begin{aligned} &|x_{n-1} - x_n| - 2\mathrm{dev}_{3\delta}([x_0, x_{n-1}], [x_{n-1}, x_n]) - 2\delta \\ &\geq |x_{n-1} - x_n| - 2\mathrm{dev}_{n-1} - 12\delta \geq \kappa \,. \end{aligned}$$

On a donc bien $|x_0 - x_n| \geq \kappa n$.

20.- Preuve du théorème 16. Il suffit de vérifier que les hypothèses du lemme 19 sont satisfaites. On choisit $i \in \{1, \ldots, n-1\}$ et deux points $u \in [x_{i-1}, x_i], v \in [x_i, x_{i+1}]$ tels que $|u - v| \leq 3\delta$.

On associe à cette situation un tripode métrique T et une application $f : [x_{i-1}, x_i] \cup [x_i, x_{i+1}] \to T$ comme au chapitre 2. Comme f n'augmente pas les distances, $|f(u) - f(v)| \leq 3\delta$. On a donc

$$|u - x_i| = |f(u) - f(x_i)| \leq 3\delta + (x_{i-1}|x_{i+1})_{x_i}$$

et de même pour $|v - x_i|$, ou encore

$$\text{dev}_i \leq 3\delta + (x_{i-1}|x_{i+1})_{x_i} .$$

Il en résulte d'abord que, pour $i \in \{1, \ldots, n-1\}$, on a

$$\begin{aligned}
&\text{dev}_{i-1} + \text{dev}_i + 5\delta \\
&\leq 11\delta + \frac{1}{2}\Big\{|x_{i-2} - x_{i-1}| + |x_{i-1} - x_i| - |x_{i-2} - x_i| + |x_{i-1} - x_i| \\
&\qquad\qquad + |x_i - x_{i+1}| - |x_{i-1} - x_{i+1}|\Big\} \\
&\leq 11\delta + |x_{i-1} - x_i| - \frac{1}{2}\Big\{|x_{i-2} - x_i| - |x_{i-2} - x_{i-1}|\Big\} \\
&\qquad\qquad - \frac{1}{2}\Big\{|x_{i-1} - x_{i+1}| - |x_i - x_{i+1}|\Big\} \\
&\leq 11\delta + |x_{i-1} - x_i| - 18\delta - \kappa < |x_{i-1} - x_i| .
\end{aligned}$$

Il en résulte aussi que, pour $i \in \{1, \ldots, n\}$, on a

$$\begin{aligned}
2\text{dev}_{i-1} + 12\delta + \kappa &\leq 18\delta + \kappa + |x_{i-1} - x_i| + |x_i - x_{i+1}| \\
&\qquad - |x_{i-1} - x_{i+1}| \\
&\leq |x_{i-1} - x_i| .
\end{aligned}$$

On peut donc bien appliquer le lemme 19. □

§4. QUASI-SEGMENTS-LOCAUX

Grâce au théorème 16, nous allons montrer l'élaboration suivante du théorème 11.

21.- Théorème. *Etant donné trois nombres réels $\delta \geq 0$, $\lambda \geq 1$ et $c \geq 0$, il existe des constantes $H = H(\delta, \lambda, c)$ et $L = L(\delta, \lambda, c)$ ayant la propriété suivante.*

Soient X un espace géodésique δ-hyperbolique, $I = [a,b]$ un intervalle borné de $\mathbb{Z}$ ou $\mathbb{R}$, et $f : I \to X$ un (λ, c, L)-quasi-segment-local. Soit $J \subset \mathbb{R}$ un intervalle de longueur $|f(a) - f(b)|$, et soit $g : J \to X$ un segment géodésique d'origine $f(a)$ et d'extrémité $f(b)$.

Alors $\mathcal{H}(f,g) \leq H$.

Dans toute la suite de ce paragraphe, X désigne un espace géodésique δ-hyperbolique. Voici d'abord le cas particulier du théorème 21 correspondant à $I \subset \mathbb{Z}$ et $c = 0$.

22.- Lemme. *Etant donné un nombre réel $\Lambda \geq 1$, il existe des constantes $H_2 = H_2(\delta, \Lambda)$ et $L_2 = L_2(\delta, \Lambda)$ ayant la propriété suivante.*

On considère un entier $n \geq 1$, un $(\Lambda, 0, L_2)$-quasi-segment-local $(y_i)_{0 \leq i \leq n}$ et un segment géodésique $[y_0, y_n]$ joignant y_0 et y_n. Alors

$$\mathcal{H}(\{y_i\}_{0 \leq i \leq n}, [y_0, y_n]) \leq H_2 \ .$$

Preuve. Notons H_1 la constante $H(\delta, \Lambda, 0)$ du théorème 11. Choisissons un entier N tel que

$$N \geq 2\Lambda(18\delta + 1) \qquad \text{et} \qquad N \geq 4\Lambda(H_1 + 2\Lambda^2 H_1 + 4\Lambda^2\delta)$$

et posons $L_2 = 2N$. La constante H_2 sera précisée ci-dessous, de telle sorte que $H_2 \geq 2\Lambda N$.

Soit p la partie entière de $\frac{n}{N}$. On définit une suite $(z_j)_{0 \leq j \leq p}$ par $z_j = y_{Nj}$. Si $n < 2N$, alors $|y_i - y_0| \leq \Lambda 2N$ pour tout $i \in \{0, 1, \ldots, n\}$ et la conclusion du lemme est évidemment vérifiée. Nous pouvons donc supposer $p \geq 2$. Montrons que

$$|z_{j-1} - z_{j+1}| \geq \max\{|z_{j-1} - z_j|, |z_j - z_{j+1}|\} + 18\delta + 1 \qquad (*)$$

pour tout $j \in \{1, \ldots, p-1\}$. Nous ne restreignons pas la généralité de ce qui suit en supposant $j = 1$.

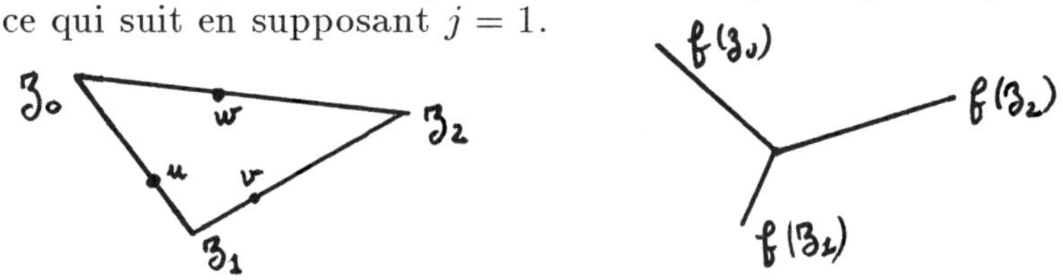

On choisit des segments géodésiques $[z_0, z_1], [z_1, z_2]$ et $[z_0, z_2]$. On associe au triangle géodésique Δ ainsi défini un tripode métrique

T et une application $f : \Delta \to T$ comme au chapitre 2. Notons $u \in [z_0, z_1], v \in [z_1, z_2]$ et $w \in [z_0, z_2]$ les images inverses par f du centre de T. Rappelons que $|u - v| \leq 4\delta$ (proposition 2.21). Le théorème 11 montre qu'il existe des entiers i, j tels que $0 \leq i \leq N \leq j \leq 2N$ et tels que

$$|y_i - u| \leq H_1 \quad \text{et} \quad |y_j - v| \leq H_1 \ .$$

Comme $|i - j| \leq 2N = L_2$, on a $\frac{1}{\Lambda}|i - j| \leq |y_i - y_j| \leq 2H_1 + 4\delta$ et a fortiori $|i - N| \leq \Lambda(2H_1 + 4\delta)$. Donc

$$|u - z_1| \leq |u - y_i| + |y_i - z_1| \leq H_1 + \Lambda^2(2H_1 + 4\delta) \ .$$

D'autre part $|z_0 - z_1| \geq \frac{1}{\Lambda}N$. Une des hypothèses sur N implique qu'on a $|u - z_1| \leq \frac{1}{4}|z_0 - z_1|$. De même $|u - z_1| = |v - z_1| \leq \frac{1}{4}|z_1 - z_2|$. On peut alors calculer

$$\begin{aligned} |z_0 - z_2| &= |z_0 - w| + |w - z_2| \\ &= |z_0 - z_1| + |z_1 - z_2| - |u - z_1| - |v - z_1| \\ &\geq |z_0 - z_1| + |z_1 - z_2| - \frac{1}{2}\min\{|z_0 - z_1|, |z_1 - z_2|\} \\ &= \max\{|z_0 - z_1|, |z_1 - z_2|\} + \frac{1}{2}\min\{|z_0 - z_1|, |z_1 - z_2|\} \\ &\geq \max\{|z_0 - z_1|, |z_1 - z_2|\} + \frac{N}{2\Lambda} \ . \end{aligned}$$

L'autre hypothèse sur N montre que l'inégalité $(*)$ a bien lieu.

Comme $(y_i)_{0 \leq i \leq n}$ est un $(\Lambda, 0, L_2)$-quasi-segment-local, on a $|z_{j-1} - z_j| \leq \Lambda N$ pour tout $j \in \{1, \ldots, p\}$. L'inégalité $(*)$ et le théorème 16 montrent donc que $(z_j)_{0 \leq j \leq p}$ est un $(\Lambda N, 0)$-quasi-segment.

Notons H_1' la constante $H(\delta, \Lambda N, 0)$ du théorème 11 et choisissons un segment $[y_0, y_{Np}]$ joignant $y_0 = z_0$ à $y_{Np} = z_p$. Alors $d(z_j, [y_0, y_{Np}]) \leq H_1'$ pour tout $j \in \{0, \ldots, p\}$. Tout point de $[y_0, y_{Np}]$ est à une distance de $[y_0, y_n] \cup [y_n, y_{Np}]$ d'au plus 4δ (voir la proposition 2.21), donc à une distance de $[y_0, y_n]$ d'au plus $4\delta + \Lambda N$, de sorte que $d(z_j, [y_0, y_n]) \leq H_1' + 4\delta + \Lambda N$. Comme N et H_1' ne dépendent que de δ et Λ, le lemme 10 montre qu'il existe une constante H_2', ne dépendant que δ et Λ, telle que

$$\mathcal{H}(\{z_j\}_{0 \leq j \leq p}, [y_0, y_n]) \leq H_2' \ .$$

Or

$$\mathcal{H}\big(\{z_j\}_{0\le j\le p}, \{y_i\}_{0\le i\le n}\big) \le \Lambda N \ .$$

Pour être sûr d'avoir $H_2 \ge 2\Lambda N$, il suffit donc de poser $H_2 = H_2' + 2\Lambda N$. □

23.- Lemme. *Etant donné des constantes* $\lambda \ge 1$, $c \ge 0$ *et* $L_2 \ge 1$, *il existe des constantes* $H = H(\lambda, c)$, $\Lambda = \Lambda(\lambda, c)$ *et* $L = L(\lambda, c, L_2)$ *ayant la propriété suivante.*

Soient X *un espace métrique et* $(x_i)_{0\le i\le a}$ *un* (λ, c, L)*-quasi-segment-local dans* X. *Alors il existe un* $(\Lambda, 0, L_2)$*-quasi-segment-local* $(y_j)_{0\le j\le b}$ *tel que*

$$y_0 = x_0, |y_b - x_a| \le H \qquad \textit{et} \qquad \mathcal{H}(\{x_i\}_{0\le i\le a}, \{y_j\}_{0\le j\le b}) \le H \ .$$

Preuve. On pose $H = \lambda^2 c + 2\lambda + c$, $\Lambda = \max\{\lambda, H\}$ et $L = L_2(\lambda c + 2)$.

Soit N l'entier tel que $\lambda c + 1 \le N < \lambda c + 2$ et soit b la partie entière de $\frac{a}{N}$; on pose $y_j = x_{Ni}$ pour tout $j \in \{0, 1, \ldots, b\}$.

Pour tout $i \in \{0, \ldots, a\}$, il existe $j \in \{0, \ldots, b\}$ tel que $|i - N_j| \le N$. Comme $N \le L$, on a $|x_i - y_j| = |x_i - x_{Nj}| \le \lambda N + c$. On a donc bien $\mathcal{H}(\{x_i\}_{0\le i\le a}, \{y_j\}_{0\le j\le b}) \le H$, et de même $|y_b - x_a| \le H$.

Soient $i, j \in \{0, \ldots, b\}$ tels que $0 < |i - j| \le L_2$. Comme $NL_2 \le L$, on a $|Ni - Nj| \le L$ et

$$\begin{aligned}\Big(\frac{N}{\lambda} - c\Big)|i - j| \le \frac{1}{\lambda}|Ni - Nj| - c \le |y_i - y_j| &\le \lambda|Ni - Nj| + c \\ &\le (\lambda N + c)|i - j| \ .\end{aligned}$$

Or $\frac{N}{\lambda} - c \ge \frac{\lambda c + 1}{\lambda} - c \ge \frac{1}{\Lambda}$ et $\lambda N + c \le \lambda^2 c + 2\lambda + c \le \Lambda$, de sorte que $(y_j)_{0\le j\le b}$ est bien un $(\Lambda, 0, L_2)$-quasi-segment-local. □

24.- Preuve du théorème 21. Considérons l'énoncé du théorème 21 dans lequel I est un intervalle de $\mathbb{Z}$, et soient δ, λ, c comme dans la donnée de ce théorème.

Notons $\Lambda = \Lambda(\delta, c)$ la constante du lemme 23, puis $H_2 = H_2(\delta, \Lambda)$ et $L_2 = L_2(\delta, \Lambda)$ les constantes du lemme 22, et enfin $H' = H(\lambda, c)$ et $L = L(\lambda, c, L_2)$ les constantes du lemme 23.

Si $(x_i)_{0 \leq i \leq a}$ est un (λ, c, L)-quasi-segment-local, on obtient comme au lemme 23 un $(\Lambda, 0, L_2)$-quasi-segment-local $(y_j)_{0 \leq j \leq b}$ tel que $y_0 = x_0$, $|y_b - x_a| \leq H'$ et $\mathcal{H}(\{x_i\}_{0 \leq i \leq a}, \{y_j\}_{0 \leq j \leq b}) \leq H'$. Le lemme 22 montre que

$$\mathcal{H}(\{y_j\}_{0 \leq j \leq b}, [y_0, y_b]) \leq H_2 \ .$$

Or on a d'autre part $\mathcal{H}([x_0, x_a], [y_0, y_b]) \leq H' + 4\delta$. Par suite

$$\mathcal{H}(\{x_i\}_{0 \leq i \leq a}, [x_0, x_a]) \leq 2H' + H_2 + 4\delta$$

et il suffit donc de poser $H = 2H' + H_2 + 4\delta$.

Nous laissons au lecteur les détails de l'énoncé avec $I \subset \mathbb{R}$. $\square$

§5. QUASI-RAYONS-LOCAUX ET QUASI-GÉODÉSIQUES-LOCALES DANS LES ESPACES PROPRES

Rappelons qu'un espace métrique est dit propre si ses boules fermées sont compactes (définition 3.17). Pour ces espaces, on peut étendre grâce au théorème d'Ascoli les théorèmes 11 et 21 aux rayons et aux géodésiques minimisantes. Plus précisément:

25.- Théorème. *Etant donné trois nombres réels $\delta \geq 0$, $\lambda \geq 1$ et $c \geq 0$, il existe des constantes $H = H(\delta, \lambda, c)$ et $L = L(\delta, \lambda, c)$ ayant la propriété suivante.*

Soit X un espace métrique propre, géodésique et δ-hyperbolique.

(i) Soit f une application de $\mathbb{R}_+$ ou de $\mathbb{N}$ dans X qui est un (λ, c, L)-quasi-rayon-local. Il existe un rayon minimisant $g : \mathbb{R}_+ \to X$ tel que $g(0) = f(0)$ et $\mathcal{H}(f, g) \leq H$.

(ii) Soit f une application de $\mathbb{R}$ ou de $\mathbb{Z}$ dans X qui est une (λ, c, L)-quasi-géodésique-locale. Il existe une géodésique minimisante $g : \mathbb{R} \to X$ telle que $\mathcal{H}(f, g) \leq H$.

Preuve. Soient H' et L les constantes fournies par le théorème 21 (où elles sont notées H et L). Nous allons montrer qu'on peut poser $H = 2H' + 1$.

Soit f comme dans l'une des assertions (i) et (ii). Pour tout entier $k \geq 1$, on considère l'ensemble $\mathcal{E}_k$ de tous les segments géodésiques d'origine $f(0)$ et d'extrémités dans la boule $B_k = \{x \in X : |x - f(0)| \leq k\}$; on munit $\mathcal{E}_k$ de la topologie de la convergence uniforme (pour donner un sens à ceci, on considère tout segment géodésique de $\mathcal{E}_k$ de longueur $\ell \leq k$ comme une application définie sur $[0, k]$ qui est constante sur $[\ell, k]$). Comme la boule B_k est compacte (X est propre), le théorème d'Ascoli montre que $\mathcal{E}_k$ est compact.

Pour tout segment géodésique $h : J \to X$, où $J = [0, b] \subset \mathbb{R}_+$ et $h(0) = f(0)$, on pose $J^{(k)} = J \cap [0, k]$ et on note $h^{(k)}$ la restriction de h à $J^{(k)}$. On a donc $h^{(k)} \in \mathcal{E}_k$.

(i) Considérons un (λ, c, L)-quasi-rayon-local f. Pour tout entier $n \geq 1$, posons $a_n = |f(n) - f(0)|$ et $J_n = [0, a_n] \subset \mathbb{R}_+$. On note

f_n la restriction de f à $[0, n]$. On choisit un segment géodésique $h_n : J_n \to X$ d'extrémités $f(0)$ et $f(n)$ tel que $\mathcal{H}(f_n, h_n) \leq H'$.

Soit $k \geq 1$. Comme $\mathcal{E}_k$ est compact, il existe une sous-suite $(h_{k,m})_{m \geq 1}$ de $(h_n)_{n \geq 1}$ telle que la suite $(h_{k,m}^{(k)})_{m \geq 1}$ soit uniformément convergente. Le procédé diagonal de Cantor fournit une sous-suite $(g_m)_{m \geq 1}$ de $(h_n)_{n \geq 1}$ ayant les propriétés suivantes: d'abord, pour tout $k \geq 1$, la suite $(g_m^{(k)})_{m \geq 1}$ converge uniformément vers un segment $g^{(k)} : [0, k] \to B_k$; ensuite $g^{(\ell)}$ prolonge $g^{(k)}$ si $\ell \geq k$. Ces segments géodésiques $g^{(k)}$ définissent un rayon $g : \mathbb{R}_+ \to X$ d'origine $f(0)$.

Reste à estimer $\mathcal{H}(f, g)$.

Soit $x \in Im(f)$. Soit n un entier assez grand pour que $x \in \mathrm{Im}\,(f_n)$. On peut choisir $y_n \in \mathrm{Im}\,(h_n)$ tel que $|x - y_n| \leq H'$. La suite $(y_n)_{n \gg 1}$ possède une sous-suite qui converge vers un point $y \in \mathrm{Im}\,(g)$, et on a encore $|x - y| \leq H'$. Donc l'image de f est dans le H'-voisinage de celle de g.

Soit d'autre part $y \in \mathrm{Im}\,(g)$. On choisit pour tout m assez grand un point $y_m \in \mathrm{Im}\,(g_m)$ de telle sorte que la suite $(y_m)_{m \gg 1}$ converge vers y, et on choisit encore un point $x_m \in \mathrm{Im}\,(f)$ tel que $|y_m - x_m| \leq H'$. Si m est assez grand, on a donc $|y - x_m| \leq H' + 1$, de sorte que l'image de g est dans le $(H' + 1)$-voisinage de celle de f.

(ii) Considérons une (λ, c, L)-quasi-géodésique-locale f. Pour tout entier $n \geq 1$, on choisit un segment géodésique $[x_{-n}, x_n]$ d'extrémités $x_{-n} = f(-n)$ et $x_n = f(n)$. Il résulte du théorème 21 qu'il existe $y_n \in [x_{-n}, x_n]$ tel que $|y_n - f(0)| \leq H'$. Soit $y \in X$ la limite d'une sous-suite convergente $(y_{n_j})_{j \geq 1}$ de $(y_n)_{n \geq 1}$; on a encore $|y - f(0)| \leq H'$.

Quitte à passer encore à une sous-suite, on montre comme ci-dessus en (i) que les segments $[x_{-n_j}, x_{n_j}]$ convergent vers une géodésique $g : \mathbb{R} \to X$ passant par y, et que $\mathcal{H}(f, g) \leq 2H' + 1$. □

CHAPITRE 6. LE BORD D'UN ARBRE

Etienne Ghys et Pierre de la Harpe

Ce chapitre est à voir comme un exemple préparant l'étude du bord d'un espace hyperbolique. On définit d'abord diverses distances sur le bord d'un arbre, puis on examine comment les isométries et quasi-isométries de l'arbre agissent sur son bord. Le dernier paragraphe est consacré aux définitions appropriées d'un certain "vocabulaire conforme".

§1. DISTANCES SUR LE BORD

Soit X un arbre métrique localement fini pour lequel toutes les arêtes sont de longueur 1 (voir chapitre 2, §1). On suppose aussi que tout sommet de X possède au moins trois voisins (en particulier X est infini).

Rappelons (définition 5.2) que les *rayons* de X sont les demi-géodésiques minimisantes de X. On convient que deux rayons sont *équivalents* s'ils ont même fin, c'est-à-dire s'ils contiennent un rayon commun. (Il s'agit de rayons géométriques, c'est-à-dire de parties de X; voir les définitions 1.25 et la remarque 5.3.iv.)

1.- Définition. Le bord ∂X de X est l'ensemble des classes d'équivalence de rayons de X.

Choisissons un sommet w de X comme *point base.* Tout élément a de ∂X est représenté par un unique rayon $[w, a[$ issu de w et dirigé vers a. On définit le produit de Gromov sur ∂X par:

$$(a|b) = \lim(x|y)$$

où x [resp. y] est un point d'un rayon tendant vers a [resp. b], et où la limite signifie que les distances $|x - w|$ et $|y - w|$ sont assez grandes. Pour tout nombre réel $\varepsilon > 0$, on définit ensuite:

$$d_\varepsilon(a, b) = \exp(-\varepsilon(a|b)) \ .$$

Propriétés immédiates:

$$(a|b) = +\infty \quad \text{et} \quad d_\varepsilon(a,b) = 0 \qquad \text{si et seulement si } a = b,$$

$$(b|a) = (a|b) \quad \text{et} \quad d_\varepsilon(a,b) = d_\varepsilon(b,a),$$

$$(a|c) = \min\{(a|b),(b|c)\} \quad \text{et} \quad d_\varepsilon(a,c) = \max\{d_\varepsilon(a,b), d_\varepsilon(b,c)\}$$

pour tous $a, b, c \in \partial X$. Ainsi, d_ε est une *distance ultramétrique* sur ∂X. On écrit d pour d_1, et on observe que $d_\varepsilon(a,b) = d(a,b)^\varepsilon$. En particulier, les distances d_ε sont topologiquement équivalentes deux à deux et définissent donc une *topologie* sur ∂X. On vérifie plus bas que cette topologie ne dépend pas du choix de w. On pourrait vérifier que ∂X s'identifie, avec sa topologie, à *l'espace des bouts* de X. Nous n'insisterons pas sur cet aspect, très lié au fait que X est un arbre. Le bord d'un espace hyperbolique (défini et étudié au chapitre suivant) est en général différent de l'espace des bouts (voir cependant la proposition 7.17).

2.- Proposition. *(i) La paire $(X, \partial X)$ a la propriété de visibilité.*

(ii) L'espace ∂X est compact et parfait (donc non dénombrable).

(iii) On suppose qu'il existe un entier $v \geq 2$ tel que chaque sommet de X a au plus $v+1$ voisins. Chaque distance d_ε fait de ∂X un espace métrique de dimension de Hausdorff finie.

Preuve et commentaires. (i) L'assertion signifie que, pour tous $a, b \in \partial X$ tels que $a \neq b$, il existe une géodésique minimisante dans X d'extrémités a et b. (Ici, cette géodésique est unique, mais cela ne fait pas partie de la définition de la visibilité.)

(ii) L'espace ∂X est homéomorphe à la limite projective $\varprojlim F_n$ où F_n est l'ensemble des points à distance n du point base, muni de la topologie discrète, et où $F_{n+1} \to F_n$ applique $x \in F_{n+1}$ sur $[w, x] \cap F_n$. (Exercice: adapter l'assertion (ii) au cas où X possède des sommets à deux voisins.)

(iii) Pour la définition des dimensions de Hausdorff, voir par exemple [Fal]. La preuve de (iii) est un exercice facile. Il est également facile de construire un exemple d'arbre X qui ne vérifie pas la condition portant sur v et pour lequel la dimension de Hausdorff de $(\partial X, d_\varepsilon)$ est infinie pour tout ε. □

Choisissons un autre sommet w' de X comme point base. Notons $(a|b)'$ le produit de Gromov et $d'_\varepsilon(a,b)$ les distances sur ∂X

définis comme plus haut, mais cette fois relativement à w'. Vu l'arbitraire du choix du point base, il faut savoir comparer les distances d_ε et d'_ε.

Une comparaison grossière montre que, si $n = |w - w'|$, on a successivement:

$$(x|y) - n \leq (x|y)' \leq (x|y) + n \quad \text{pour tous } x, y \in X,$$
$$(a|b) - n \leq (a|b)' \leq (a|b) + n,$$
$$\exp(-\varepsilon n) d_\varepsilon(a,b) \leq d'_\varepsilon(a,b) \leq \exp(\varepsilon n) d_\varepsilon(a,b) \quad \text{pour tous } a, b \in \partial X.$$

Par suite, la *classe de Lipschitz* (définie au paragraphe 4) de d_ε ne dépend pas du choix du point base.

Pour une comparaison plus fine, introduisons les sommets $w_0 = w, w_1, \ldots, w_n = w'$ de X entre w et w'. Pour $k \in \{0, 1, \ldots, n\}$, posons

$$\mathcal{U}_k = \{a \in \partial X,\ [w, a[\cap [w, w'] = [w, w_k]\}\ .$$

Ainsi, les $\mathcal{U}_k$ réalisent une partition ouverte de ∂X. Soient $a, b \in \mathcal{U}_k$. On a

$$(a|b)' = (a|b) - k + (n - k)$$
$$d'_\varepsilon(a,b) = \exp(\varepsilon(2k - n)) d_\varepsilon(a,b)\ .$$

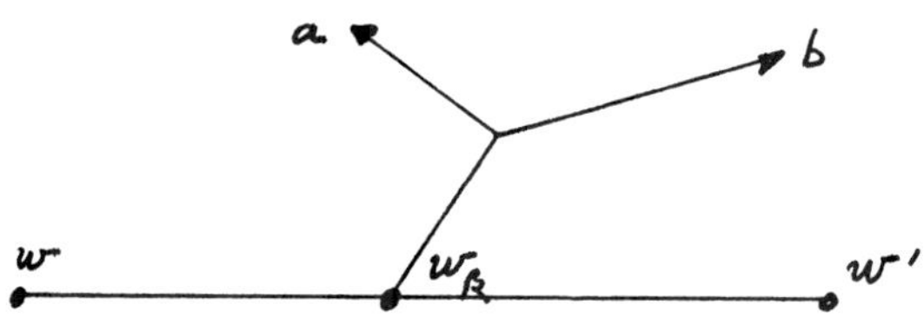

En particulier, dans $\mathcal{U}_k$, les boules (pas leurs rayons) sont les mêmes relativement à d_ε et d'_ε. En résumé, et avec le vocabulaire de §4:

3.- Proposition. *Avec les notations ci-dessus, les distances d_ε et d'_ε sur ∂X sont dans la même classe de Lipschitz et sont conformément équivalentes. Deux distances d_ε et $d'_{\varepsilon'}$, associées à deux points bases w et w' et à deux nombres $\varepsilon, \varepsilon' > 0$ sont dans la même classe de Hölder et sont conformément équivalentes.*

Preuve. Pour la seconde assertion, on observe que
$d'_{\varepsilon'} = (d'_\varepsilon)^{\varepsilon'/\varepsilon}$. □

§2. L'ACTION AU BORD DES ISOMÉTRIES ET QUASI-ISOMÉTRIES

On considère comme au paragraphe 1 un arbre X, un sommet $w \in X$, un nombre $\varepsilon > 0$ et la distance correspondante $d = d_\varepsilon$. Soit G le groupe des isométries de X. Toute isométrie $\gamma \in G$ agit naturellement sur le bord ∂X. Si on pose $w' = \gamma^{-1}(w)$ et si on note d' la distance relative à w' et ε, on obtient $d(\gamma a, \gamma b) = d'(a,b)$ pour tous $a, b \in \partial X$. Il résulte donc de la proposition 3 qu'on a:

4.- Corollaire. *Toute isométrie de l'arbre X induit sur le bord ∂X un homéomorphisme lipschitzien et conforme.*

Rappelons que les notions de *quasi-isométrie* $\varphi : X \to Y$ entre deux espaces métriques, de *quasi-géodésique* $f : \mathbb{R} \to X$ et de *quasi-rayon* $f : \mathbb{R}_+ \to X$ ont été définies au début du chapitre 5. On considère toujours l'arbre métrique X introduit en début de chapitre.

5.- Lemme. *(i) Soit $f : \mathbb{R} \to X$ une quasi-géodésique. Il existe une unique géodésique $f_0 : \mathbb{R} \to X$ telle que les images de f et f_0 soient à distance de Hausdorff finie.*

(ii) Soit de même $f : \mathbb{R}_+ \to X$ un quasi-rayon. Il existe un unique rayon $f_0 : \mathbb{R}_+ \to X$ tel que $f_0(0) = f(0)$ et tel que les images de f et f_0 soient à distance de Hausdorff finie.

(iii) Soit $\gamma : X \to X$ une quasi-isométrie et soient f, f' deux rayons de X qui définissent le même point du bord ∂X. Alors les rayons géodésiques $(\gamma f)_0$ et $(\gamma f')_0$ associés comme en (ii) aux quasi-rayons γf et $\gamma f'$ définissent le même point de ∂X.

Preuve. Ces affirmations sont des cas particuliers faciles de résultats montrés au chapitre 5. □

Il résulte du lemme précédent qu'une quasi-isométrie γ de X induit une transformation de ∂X, encore notée γ.

6.- Proposition. *Une quasi-isométrie d'un arbre induit sur son bord un homéomorphisme hölderien et quasi-conforme.*

Preuve. Choisissons un point base w de l'arbre X et un nombre $\varepsilon > 0$, d'où une distance $d = d_\varepsilon$ sur le bord ∂X. Soit γ une quasi-isométrie de X. Montrons que $\gamma : \partial X \to \partial X$ est quasi-conforme.

Choisissons aussi un point $a \in \partial X$, représenté par le rayon $[w, a[$, un point x de ce rayon dans X, et posons $p = |x - w|$. Dans ∂X, la sphère $S_{a,p}$ de centre a et de rayon $e^{-\varepsilon p}$ est formée des points b tels que $(a|b) = p$, c'est-à-dire tels que $[w, b[\cap [w, a[= [w, x]$.

Posons $w' = \gamma w$; notons $(|)'$ le produit de Gromov et $d' = d'_\varepsilon$ la distance sur ∂X correspondants à w'. Le point γa est représenté par le rayon $[w', \gamma a[$. Notons x' la projection de γx sur ce rayon et posons $p' = |x' - w'|$. Pour tout $b \in S_{a,p}$, les deux rayons $[w, a[, [w, b[$ et la géodésique $]a, b[$ passent par x. Leurs transformés par γ sont donc deux quasi-rayons et une quasi-géodésique passant par γx. Si x'_b désigne l'unique point de l'intersection $[w', \gamma a[\cap [w', \gamma b[\cap]\gamma a, \gamma b[$, il existe donc une constante k telle que $|x'_b - \gamma x| \leq k$ et $|x' - \gamma x| \leq k$, et k ne dépend que de γ (et non de w, a ou b). Comme $(\gamma a|\gamma b)' = |w' - x'_b|$, on obtient

$$p' - 2k \leq (\gamma a|\gamma b)' \leq p' + 2k$$

$$\exp(-\varepsilon(p' + 2k)) \leq d'(\gamma a, \gamma b) \leq \exp(-\varepsilon(p' - 2k))$$

et par suite

$$\frac{\sup\{d'(\gamma a, \gamma b) : \ d(a,b) = \exp(-\varepsilon p)\}}{\inf\{d'(\gamma a, \gamma b) : \ d(a,b) = \exp(-\varepsilon p)\}} \leq \exp(\varepsilon 4k) \ .$$

Il résulte enfin de la proposition 3 qu'on a aussi:

$$\limsup_{p \to \infty} \frac{\sup\{d(\gamma a, \gamma b) : \ d(a,b) = \exp(-\varepsilon p)\}}{\inf\{d(\gamma a, \gamma b) : \ d(a,b) = \exp(-\varepsilon p)\}} < \infty \ .$$

Les constantes en jeu ne dépendant pas de a, il en résulte que $\gamma : \partial X \to \partial X$ est quasi-conforme. □

Par exemple, si X est à nouveau le graphe de Cayley du groupe libre L sur un ensemble fini de générateurs, tout automorphisme γ de L définit une quasi-isométrie de X, donc une transformation quasi-conforme de ∂X. La constante de quasi-conformité n'est *pas* uniforme quand γ varie dans le groupe des automorphismes de L.

7.- Exercice. Soit L le groupe libre sur deux générateurs s, t et soit γ l'automorphisme appliquant s sur s et t sur st. Montrer que l'homéomorphisme induit par γ sur le bord ∂X du graphe correspondant n'est *pas* conforme.

Indication. Soit $a \in \partial X$ le point défini par la suite s^∞, soit $b \in \partial X$ une suite commençant par $s^n t$ et soit $b' \in \partial X$ une suite commençant par $s^n t^{-1}$; alors:

$$d(\gamma a, \gamma b)/d(\gamma a, \gamma b') = \exp(-\varepsilon) \ .$$

8.- Exercice. On se donne une partition $A \coprod B$ des arêtes d'un arbre X et deux nombres réels $\alpha > 0$ et $\beta > 0$. Notons X' l'arbre métrique associé au même graphe que X mais pour lequel les arêtes de A sont de longueur α et celles de B de longueur β. Soit $f : X \to X'$ l'application qui induit l'identité sur les ensembles sous-jacents; c'est une $(\mu, 0)$-quasi-isométrie où $\mu = \max(\alpha, \beta, \alpha^{-1}, \beta^{-1})$ (voir la définition 5.1). Vérifier que f induit une application $\partial X \to \partial X'$. On identifie ∂X et $\partial X'$ grâce à f. Montrer que les distances d_ε et d'_ε sur le bord, définies par X et X', sont dans la même classe de Hölder et dans la même classe quasi-conforme.

§3. CLASSIFICATION DES ISOMÉTRIES D'UN ARBRE

On classe ici les isométries d'un arbre en elliptiques et hyperboliques. En préalable à notre approche nous décrivons les horosphères d'un arbre, ainsi que les distances associées sur les parties convenables du bord.

Soient X un arbre métrique et a un point de son bord ∂X. Pour $x, y \in X$, les distances $|x-a|$ et $|y-a|$ ne sont *pas* définies; néanmoins leur différence $|y-a| - |x-a|$ est bien définie. Plus précisément, on pose

$$\beta_a(x,y) = |x-w| - |y-w| \in \mathbb{R}$$

où w est un point de l'intersection des rayons $[x, a[$ et $[y, a[$, et on remarque que le nombre $\beta_a(x,y)$ ne dépend pas du choix de w.

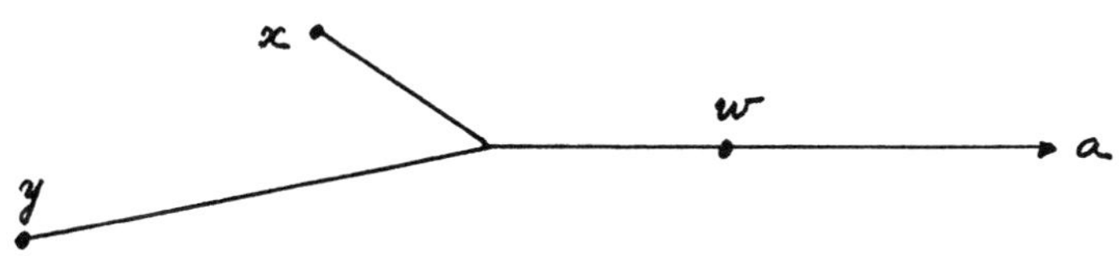

9.- Définition. L'*horosphère* de centre $a \in \partial X$ passant par $x \in X$ est l'ensemble $\{y \in X : \beta_a(x,y) = 0\}$.

Une telle horosphère coupe une géodésique tendant vers a en un unique point. Plus précisément, soient $(x_t)_{t\in\mathbb{R}}$ et $(y_t)_{t\in\mathbb{R}}$ deux géodésiques telles que $a = \lim_{t\to\infty} x_t = \lim_{t\to\infty} y_t$, soient H et H' deux horosphères de centre a, et soient p, q, r, s les nombres définis par $x_p, y_r \in H$ et $x_q, y_s \in H'$. Alors $q - p = s - r$; on pose $\Delta(H, H') = q - p \in \mathbb{R}$. Ainsi l'ensemble des horosphères de centre a est naturellement paramétré par la droite affine orientée $\mathbb{R}$.

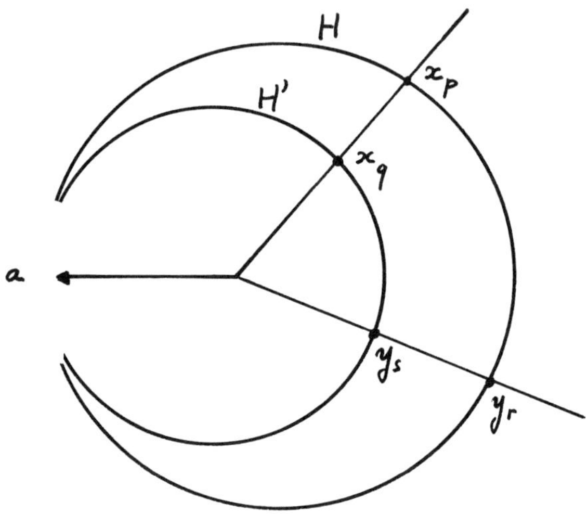

Etant donné une horosphère H de centre a et un nombre réel $\varepsilon > 0$, on définit comme suit une distance $d_{H,\varepsilon}$ sur $\partial X - \{a\}$. Soient b, c deux points de $\partial X - \{a\}$; on paramètre la géodésique $(x_t)_{t\in\mathbb{R}} =]a, b[$ et la géodésique $(y_t)_{t\in\mathbb{R}} =]a, c[$ de telle sorte que $x_0, y_0 \in H$ et $\lim_{t\to\infty} x_t = \lim_{t\to\infty} y_t = a$; on pose alors:

$$(b|c)_H = \lim_{t\to\infty} [(b|c)_{x_t} - t] \ ,$$

$$d_{H,\varepsilon}(b,c) = \exp(-\varepsilon(b|c)_H) \ .$$

On vérifie que $d_{H,\varepsilon}$ est une distance ultramétrique sur $\partial X - \{a\}$.

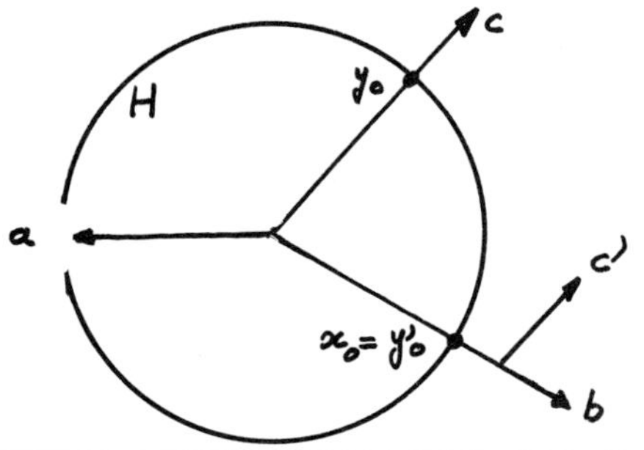

$d_H(b,c) > 1$

$d_H(b,c') < 1$

Soit d'autre part d la restriction à $\partial X - \{a\}$ de l'une des distances définies au §1 sur ∂X (relativement à un nombre positif et à un point base de X). Alors:

10.- Proposition. *Avec les notations ci-dessus:*

(i) Les distances d et $d_{H,\varepsilon}$ définissent la même topologie sur $\partial X - \{a\}$.

(ii) Elles sont de plus conformément équivalentes.

(iii) La distance $d_{H,\varepsilon}$ fait de $\partial X - \{a\}$ un espace métrique complet.

(iv) Soit H' une autre horosphère de centre a, et soit $\Delta(H,H')$ comme plus haut; alors $d_{H',\varepsilon} = \exp(-\varepsilon\Delta(H,H'))d_{H,\varepsilon}(b,c)$ pour tous $b, c \in \partial X - \{a\}$.

Preuve. Considérons un point $b \neq a$ de ∂X, la géodésique g d'extrémités a et b et le point $x = g \cap H$ (auquel on peut penser comme étant "près de a"). Alors $(b|c)_x = (b|c)_H$ pour tout point $c \in \partial X$ assez voisin de b, où $(b|c)_x$ est défini comme au début du §1. Les affirmations (i) et (ii) résultent donc de la proposition 3. La preuve de l'affirmation (iii) est laissée au lecteur (voir néanmoins la proposition 8.7) et l'affirmation (iv) résulte de ce que $(b|c)_{H'} = (b|c)_H + \Delta(H,H')$. □

Soit a un point du bord ∂X. Notons G_a l'isotropie de a dans le groupe G des isométries de X. Toute isométrie $\gamma \in G_a$ permute les horosphères centrées en a. Plus précisément, si $g = (x_t)_{t\in\mathbb{R}}$ est une géodésique telle que $\lim x_t = a$ et si $(H_t)_{t\in\mathbb{R}}$ est la paramétrisation associée des horosphères de centre a (avec $x_t = g \cap H_t$), il existe un nombre réel $\lambda(\gamma)$ tel que γ applique H_t sur $H_{t+\lambda(\gamma)}$ pour tout

$t \in \mathbb{R}$. On appelle *force* de γ relativement à a le nombre positif $\Phi_a(\gamma) = \exp(\lambda(\gamma))$.

11.- Proposition. *(i) L'application $G_a \to \mathbb{R}_+^*$ définie par la force $\gamma \mapsto \Phi_a(\gamma)$ est un morphisme de groupes.*

(ii) Toute isométrie $\gamma \in G_a$ avec $\Phi_a(\gamma) = 1$, et en particulier tout élément γ du groupe dérivé de G_a, possède un point fixe dans X.

Preuve de (ii). Soit $b \in \partial X - \{a\}$ et soit x un point commun aux géodésiques $]a, b[$ et $]a, \gamma b[$. Si $\Phi_a(\gamma) = 1$, on vérifie facilement que γ fixe x. □

12.- Proposition. *On considère un nombre $\varepsilon > 0$, un point $a \in \partial X$, la famille $(H_t)_{t \in \mathbb{R}}$ des horosphères centrées en a, et on écrit H pour H_0. Soit $\gamma \in G_a$ une isométrie de X fixant a et soit $\Phi_a(\gamma)$ sa force relativement à a. Alors:*

$$d_{H,\varepsilon}(\gamma b, \gamma c) = \Phi_a(\gamma)^\varepsilon d_{H,\varepsilon}(b, c)$$

pour tous $b, c \in \partial X - \{a\}$. En particulier:

Si $\Phi_a(\gamma) < 1$ [resp. $\Phi_a(\gamma) > 1$], alors γ est une contraction [resp. une expansion] de l'espace métrique $(\partial X - \{a\}, d_{H,\varepsilon})$ possédant un unique point fixe $a' \in \partial X - \{a\}$.

Si $\Phi_a(\gamma) = 1$, alors γ est une isométrie de cet espace métrique.

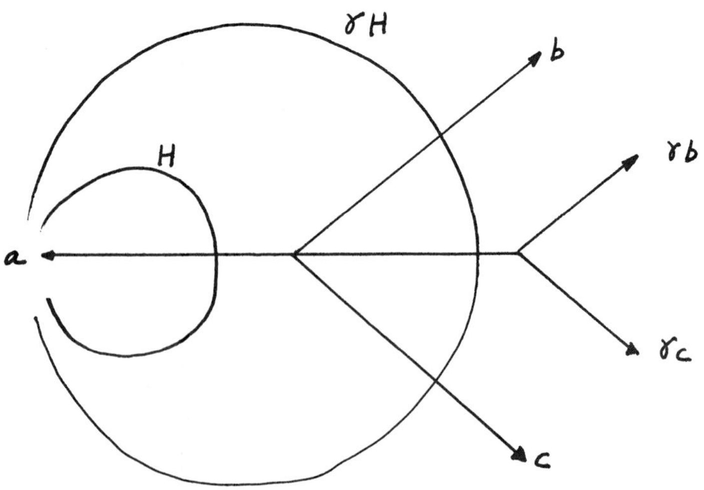

Preuve. Comme

$$(\gamma b|\gamma c)_H + \Delta(H, \gamma H) = (\gamma b|\gamma c)_{\gamma H} = (b|c)_H$$

et comme $\Delta(H, \gamma H) = \text{Log}\, \Phi_a(\gamma)$, on obtient

$$d_{H,\varepsilon}(\gamma b, \gamma c) = \Phi_a(\gamma)^\varepsilon d_{H,\varepsilon}(b, c)$$

pour tous $b, c \in \partial X - \{a\}$. □

La figure précédente illustre le cas où $\Phi_a(\gamma) < 1$.

13.- Définition. On dit qu'une isométrie γ de l'arbre X est *elliptique* si elle possède un point fixe dans X, et *hyperbolique* sinon.

14.- Proposition. *Soit γ une isométrie hyperbolique d'un arbre X. Alors γ possède exactement deux points fixes distincts a et a' dans ∂X. De plus, on peut supposer les notations telles que a et a' aient les propriétés suivantes:*

pour tout voisinage $\mathcal{U}$ de a et pour tout voisinage $\mathcal{U}'$ de a' dans ∂X, il existe un entier $k > 0$ tel que $\gamma^n(\partial X - \mathcal{U}') \subset \mathcal{U}$ et $\gamma^{-1}(\partial X - \mathcal{U}) \subset \mathcal{U}'$ pour tout entier $n \geq k$; on dit alors que a est le but *de γ et que a' est sa* source.

Preuve. Soit $x \in X$. Le plus petit sous-arbre de X contenant $x, \gamma x$ et $\gamma^2 x$ est un tripode; notons y son centre; posons $\ell' = |x - y| = |\gamma^2 x - y|$ et $\ell'' = |\gamma x - y|$. Alors $\ell' > \ell''$ (sinon il existerait un point de $[y, \gamma x]$ fixe par γ); on pose $\ell = \ell' - \ell''$. L'arbre engendré par $(\gamma^n x)_{n \in \mathbb{Z}}$ est une quasi-géodésique

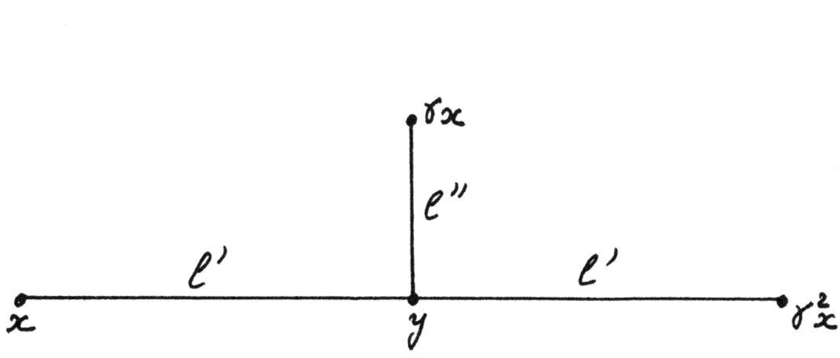

de X invariante par γ. En particulier γ possède une géodésique invariante, et possède donc aussi deux points fixes dans ∂X. La

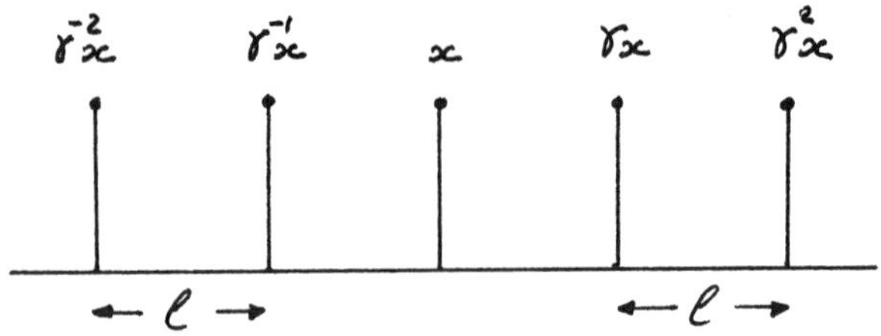

proposition 14 résulte alors de la proposition 12. Voir aussi le n°I.6.4 de [Ser]. □

§4. QUELQUES CLASSES D'HOMÉOMORPHISMES D'UN ESPACE MÉTRIQUE

Soit (X,d) un espace métrique et soit $\Phi : X \to X$ un homéomorphisme. On suppose désormais que X est *parfait*; dans ce cas, pour tout $x \in X$, il existe une suite décroissante $(\varepsilon_j)_{j\geq 1}$ de nombres réels tendant vers zéro telle qu'aucune des sphères $\{y \in X : d(y,x) = \varepsilon_j\}$ n'est vide; pour simplifier les notations, on écrit ci-dessous les limites faisant intervenir ces sphères avec $\varepsilon \to 0$ plutôt qu'avec $j \to \infty$.

15.- Définition. La dilatation conforme de Φ en un point $x \in X$ pour la distance d est le "nombre"

$$H_\Phi^d(x) = \limsup_{\varepsilon\to 0} \frac{\sup\{d(\Phi(x),\Phi(y)) : y \in X \text{ et } d(y,x) = \varepsilon\}}{\inf\{d(\Phi(x),\Phi(y)) : y \in X \text{ et } d(y,x) = \varepsilon\}} \in [1,+\infty] .$$

On dit que l'homéomorphisme Φ est:

conforme si $H_\Phi^d(x) = 1$ pour tout $x \in X$,

quasi-conforme si $\sup_{x\in X} H_\Phi^d(x) < \infty$,

K-quasi-conforme si $\sup_{x\in X} H_\Phi^d(x) \leq K$ où K est une constante donnée.

16.- Exemples. On dit que l'homéomorphisme Φ est *lipschitzien* pour d s'il existe une constante $L \geq 1$ telle que

$$\frac{1}{L} d(x,y) \leq d(\Phi(x),\Phi(y)) \leq L d(x,y)$$

pour tous $x, y \in X$. Un tel homéomorphisme est L^2-quasi-conforme.

Tout difféomorphisme de classe $\mathcal{C}^1$ du cercle ou de la droite est conforme.

On dit que l'homéomorphisme Φ est *hölderien* pour d s'il existe des constantes $\alpha > 0$ et $c > 0$ telles que:

$$\frac{1}{c} d(x,y)^{1/\alpha} \leq d(\Phi(x), \Phi(y)) \leq c d(x,y)^{\alpha}$$

pour tous $x, y \in X$. En général, un tel homéomorphisme n'est pas quasi-conforme, comme en témoigne l'exemple défini sur la droite euclidienne par

$$\Phi(x) = \begin{cases} x^{\alpha} & \text{si } x \geq 0 \\ x & \text{si } x \leq 0 \end{cases}$$

avec $0 < \alpha < 1$.

Dans le cadre de certains espaces métriques familiers, c'est une condition très forte pour un homéomorphisme d'être conforme ou même quasi-conforme. Considérons par exemple la sphère S^n de dimension $n \geq 2$ munie de la distance angulaire usuelle. Alors, un homéomorphisme quasi-conforme Φ d'une telle sphère est différentiable presque partout. Si Φ est conforme, c'est une transformation de Möbius. (Voir [Ahl], [LeV] et [Ric].)

En revanche, les notions de conformité et de quasi-conformité perdent beaucoup de leur intérêt pour des métriques "générales", comme le montre la proposition suivante. Par suite, quand on affirme qu'une transformation du bord ∂X d'un espace hyperbolique X est (quasi)-conforme pour une métrique d_ε, il est important de rappeler certaines propriétés de $(\partial X, d_\varepsilon)$, dont celle d'être de *dimension de Hausdorff finie*.

17.- Proposition. *Soit (X, d) un espace métrique. Il existe une distance d' sur X, topologiquement équivalente à d, telle que tout homéomorphisme hölderien de (X, d) soit un homéomorphisme conforme de (X, d').*

18.- Exercice. Choisir un espace (X, d) familier et vérifier que l'espace (X, d') obtenu par la construction suivante est de dimension de Hausdorff infinie.

Avant de démontrer la proposition 17, rappelons les faits suivants. Soit $f : \mathbb{R}_+ \to \mathbb{R}_+$. On dit que f est *concave* si

$$f((1-\alpha)s + \alpha t) \geq (1-\alpha)f(s) + \alpha f(t)$$

pour tous $s, t \in \mathbb{R}_+$ et $\alpha \in [0,1]$. Lorsque f est de classe $\mathcal{C}^2$, il est bien connu que f est concave si et seulement si $f'' \leq 0$.

19.- Exercice. Montrer qu'une fonction concave f telle que $f(0) = 0$ vérifie $f(s+t) \leq f(s) + f(t)$ pour tous $s, t \in \mathbb{R}_+$.

Soit (X, d) un espace métrique et soit $f : \mathbb{R}_+ \to \mathbb{R}_+$ une fonction croissante, concave, nulle en 0. Il résulte de l'exercice précédent que l'application composée

$$d_f = f \circ d : \ X \times Y \to \mathbb{R}_+$$

est une distance sur X qui est topologiquement équivalente à d.

20.- Lemme. *Pour* $0 < t < e^{-1}$, *on pose* $g(t) = \frac{1}{\operatorname{Log}(-\operatorname{Log} t)}$. *Alors:*

(i) $\lim_{t \to 0} g(t) = 0$.

(ii) Il existe $t_0 > 0$ *tel que* g *est croissante et concave dans* $]0, t_0]$ *et tel que* $g'(t_0) > 0$.

(iii) Soient c, β *des constantes avec* $c > 0$ *et* $\beta > 0$. *Alors*

$$\lim_{t \to 0} \frac{g(ct^\beta)}{g(\frac{1}{c}t)} = 1 \ .$$

Preuve. Analyse élémentaire. □

Preuve de la proposition 17. Soit $f : \mathbb{R}_+ \to \mathbb{R}_+$ une fonction continue, croissante et concave, telle que:

$f(0) = 0$,

$f(t) = g(t)$ si $0 < t < t_0$ avec g et t_0 comme ci-dessus ,

f linéaire si $t \geq t_0$.

Le lecteur vérifiera facilement, en utilisant le point (iii) du lemme précédent, que la métrique $d' = d_f$ a la propriété requise dans la proposition 17. □

21.- Définitions. Tout ce qui précède s'étend naturellement au cas d'un homéomorphisme Φ d'un espace métrique sur un autre. Soit en particulier X un espace muni de deux distances topologiquement équivalentes d et d'. On dit que d et d' sont dans la même *classe quasi-conforme*, ou *conforme*, ou de *Lipschitz*, ou de *Hölder*, si l'identité de X, vue comme un homéomorphisme $(X, d) \to (X, d')$, est du type correspondant.

CHAPITRE 7.
LE BORD D'UN ESPACE HYPERBOLIQUE

Etienne Ghys et Pierre de la Harpe

Il y a plusieurs manières de définir le bord ∂X d'un espace hyperbolique X. Au paragraphe 1, on en décrit trois qui sont équivalentes si X est géodésique et propre. On définit au paragraphe 2 une topologie sur ∂X qui en fait un espace compact. Cependant, ∂X est bien plus qu'un espace topologique; il peut être muni de métriques naturelles et d'une structure conforme. Ces métriques sont définies au paragraphe 3. Nous consacrons le paragraphe 4 à l'action au bord d'une isométrie ou quasi-isométrie de X et nous tentons au paragraphe 5 la description de quelques exemples de bords.

§1.- LE BORD EN TANT QU'ENSEMBLE

On considère un nombre $\delta \geq 0$ et un espace δ-hyperbolique X avec point base $w \in X$; on écrit $(x|y)$ le produit de Gromov de $x, y \in X$ relatif à w. On suppose que X est *géodésique* (définition 1.25) et *propre* (ses boules fermées sont compactes, définition 3.17). Rappelons (définition 5.2) qu'un *quasi-rayon* dans X est une application quasi-isométrique $f : \mathbb{R}_+ \to X$.

1.- Définition. Deux quasi-rayons dans X sont *équivalents* si leurs images sont à distance de Hausdorff finie.

Dans le cas particulier des rayons, cette définition a plusieurs reformulations commodes.

2.- Proposition. *Soient g et h deux rayons d'un espace géodésique et δ-hyperbolique X. Les propriétés suivantes sont équivalentes.*

(i) *Les rayons g et h sont équivalents, c'est-à-dire $\mathcal{H}(g,h) < \infty$.*

(ii) *On a $\sup_{t\geq 0} |h(t) - g(t)| < \infty$.*

(iii) *Il existe $t_1 \geq 0$ tel que, pour tout $t \geq t_1$, il existe $s_t \geq 0$ tel que $|h(t) - g(s_t)| \leq 8\delta$.*

(iv) *Il existe $u \in \mathbb{R}$ et $t_0 \geq \max(0,u)$ tel que $|h(t) - g(t-u)| \leq 16\delta$ pour tout $t \geq t_0$.*

Preuve (voir [Pau]). Montrons d'abord (i) $\Rightarrow$ (ii). Posons $H = \mathcal{H}(g,h)$ et choisissons $s_0 \geq 0$ tel que $|h(0) - g(s_0)| \leq H$. Pour tout $t \geq 0$, il existe $s_t \geq 0$ tel que $|h(t) - g(s_t)| \leq H$. On a

$$|s_t - s_0| = |g(s_t) - g(s_0)| \leq |h(t) - h(0)| + 2H = t + 2H$$
$$|s_t - s_0| \geq |h(t) - h(0)| - 2H = t - 2H$$

donc

$$|s_t - t| \leq s_0 + 2H \quad \text{et} \quad |h(t) - g(t)| \leq s_0 + 3H \ .$$

Montrons (ii) $\Rightarrow$ (iii). Ecrivons $D = \sup_{t \geq 0} |h(t) - g(t)|$ et posons $t_1 = D + 4\delta + 1$. Soient t et T dans $\mathbb{R}_T$ tels que $t \geq t_1$ et $T \geq t + D + 8\delta + 1$, et soit $S \geq 0$ tel que $|h(T) - g(S)| \leq D$. On complète le segment $[h(0), h(T)]$ en un triangle géodésique Δ_1 de sommets $h(0)$, $h(T)$, $g(0)$, puis on complète les segments $[g(0), g(S)]$ et $[g(0), h(T)]$ en un triangle géodésique Δ_2. Appliquons la proposition 2.21 d'abord à Δ_1, puis à Δ_2.

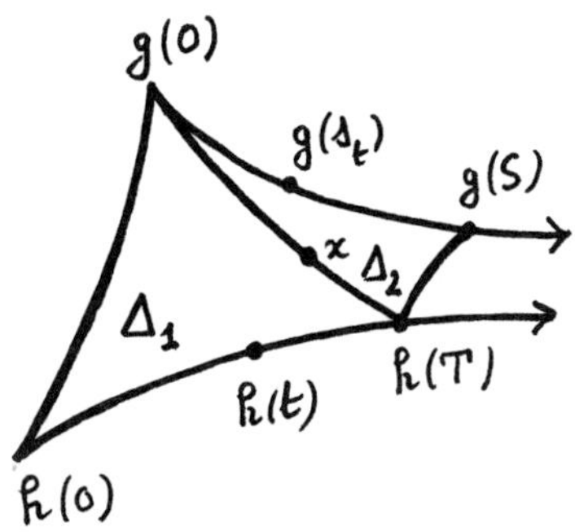

S'il existait $y \in [g(0), h(0)]$ tel que $|h(t) - y| \leq 4\delta$, on aurait

$$t = |h(t) - h(0)| \leq |h(t) - y| + |g(0) - h(0)| \leq D + 4\delta$$

contrairement au choix de t; il existe donc $x \in [g(0), h(T)]$ tel que $|x - h(t)| \leq 4\delta$. S'il existait $z \in [g(S), h(T)]$ tel que $|z - x| \leq 4\delta$, on aurait

$$T - t = |h(T) - h(t)| \leq |h(T) - g(S)| + |z - x| + |x - h(t)| \leq D + 8\delta$$

contrairement au choix de T; il existe donc $s_t \in [0, S]$ tel que $|g(s_t) - x| \leq 4\delta$. Par suite $|g(s_t) - h(t)| \leq 7\delta$.

Montrons enfin (iii) $\Rightarrow$ (iv). Ecrivons s_1 pour s_{t_1} et posons $u = t_1 - s_1$. On a $|h(t_1) - g(t_1 - u)| \leq 8\delta$. Comme $\lim_{t \to \infty} |h(t) -$

$g(t_1 - u)| = \infty$, il existe $T_1 \geq 1$ tel que $t \geq T_1$ implique $s_t \geq s_1$. On pose $t_0 = \max(t_1, T_1, s_1)$. Si $t \geq t_0$

$$\begin{aligned} |h(t) - g(t-u)| &\leq |h(t) - g(s_t)| + |s_t - (t-u)| \\ &\leq |(s_t - s_1) - (t - t_1)| + 8\delta \\ &= \big|\, |g(s_t) - g(s_1)| - |h(t) - h(t_1)| \,\big| + 8\delta \leq 24\delta \ . \end{aligned}$$

S'il existait $\varepsilon > 0$ et $t \geq t_0$ tels que $|h(t) - g(t-u)| \geq 16\delta + \varepsilon$, on aurait pour tout $T \geq t$ (voir les propositions 2.21 et 2.25)

$$\begin{aligned} |h(t_1) - g(t_1 - u)| + \varepsilon &\leq |h(t) - g(t-u)| - 8\delta \\ &\leq \frac{t}{T}|h(T) - g(T-u)| + (1 - \frac{t}{T})|h(t_1) - g(t_1 - u)| \end{aligned}$$

et par suite $\lim_{T\to\infty} |h(T) - g(T-u)| = \infty$, contrairement à ce qui précède. Donc $|h(t) - g(t-u)| \leq 16\delta$ pour tout $t \geq t_0$.

L'implication (iv) $\Rightarrow$ (i) est banale. □

3.- Corollaire. *Soit X un espace géodésique δ-hyperbolique.*

(a) Si g et h sont deux rayons équivalents de même origine, alors

$$\sup_{t \geq 0} |h(t) - g(t)| \leq 8\delta \ .$$

(b) Soient g et h deux géodésiques minimisantes dans X. Si $\mathcal{H}(g,h) < \infty$, alors il existe $u \in \mathbb{R}$ tel que $\sup_{t\in\mathbb{R}} |h(t) - g(t-u)| \leq 16\delta$.

Preuve. (a) S'il existait $\varepsilon > 0$ et $t > 0$ tels que $|h(t) - g(t)| \geq 8\delta + \varepsilon$, on aurait, comme dans la preuve de (iii) $\Rightarrow$ (iv) qui précède, $\lim_{t\to\infty} |h(t) - g(t)| = \infty$, ce qui est absurde.

(b) Vu la proposition, on ne restreint pas la généralité en supposant $|h(0) - g(0)| \leq 8\delta$. Le même argument montre alors que $|h(t) - g(t)| \leq 16\delta$ pour tout $t \in \mathbb{R}$. □

Il y a plusieurs manières de définir le bord de X. Un *premier modèle* pour ce bord est l'ensemble $\partial_q X$ des classes d'équivalence de quasi-rayons de X. Si a est la classe d'un quasi-rayon f, on dit que f tend vers a et on écrit $f \to a$ ou $f(t) \to a$.

Un *second modèle* est l'ensemble $\partial_{r,w} X$ des classes d'équivalence de rayons de X issus d'un point base w; on écrit aussi $\partial_r X$ s'il n'y a

pas d'ambiguïté sur le point base. On note $[w, a[$ l'image d'un rayon issu de w tendant vers $a \in \partial_r X$; il y a en général plusieurs rayons de ce type, même si la notation ne l'indique pas! (L'argument du corollaire précédent montre toutefois que, si g et h sont deux rayons issus de w tendant vers a, alors $\sup_{t \geq 0} |g(t) - h(t)| \leq 8\delta$.)

Une suite $(x_i)_{i \geq 1}$ de points de X *tend vers l'infini* si $\lim_{i,j \to \infty}(x_i|x_j) = \infty$. La notion ne dépend pas du choix de w. Deux suites $(x_i)_{i \geq 1}$ et $(y_j)_{j \geq 1}$ qui tendent vers l'infini sont *équivalentes* si $\lim_{i,j \to \infty}(x_i|y_j) = \infty$. Un *troisième modèle* pour le bord de X est l'ensemble $\partial_s(X)$ des classes d'équivalence de suites tendant vers l'infini. Si a est la classe d'une suite $(x_i)_{i \geq 1}$, on écrit $x_i \to a$. (Exercice: pour $X = \mathbb{R}^2$, montrer que la relation définie ci-dessus entre suites tendant vers l'infini n'est pas une relation d'équivalence.)

4.- Proposition. *Avec les notations ci-dessus, il y a des bijections naturelles entre les ensembles $\partial_q X$, $\partial_r X$, $\partial_s X$.*

Preuve. D'abord, on sait que tout quasi-rayon est à distance de Hausdorff finie d'un rayon (§5.5), de sorte que $\partial_q X$ et $\partial_r X$ sont "le même" ensemble. Il reste donc à vérifier que $\partial_r X$ et $\partial_s X$ sont identifiables.

A toute application $g : \mathbb{R}_+ \to X$, on associe la suite $(x_i)_{i \geq 1}$ définie par $x_i = g(i)$. On vérifie d'une part que $(x_i)_{i \geq 1}$ tend vers l'infini si g est un rayon, et d'autre part que deux rayons g, h équivalents fournissent deux suites équivalentes. D'où une application naturelle $\partial_r X \to \partial_s X$.

Réciproquement, soit $(x_i)_{i \geq 1}$ une suite de X tendant vers l'infini, vers un point $x \in \partial_s X$. Pour tout $i \geq 1$, choisissons un segment géodésique $[x_0, x_i]$ de x_0 à x_i. Grâce au théorème d'Ascoli, on montre comme au théorème 5.25 qu'il existe une sous-suite $(y_i)_{i \geq 1}$ de $(x_i)_{i \geq 1}$ telle que les segments $[x_0, y_i]$ convergent vers un rayon g. D'où une application $\partial_s X \to \partial_r X$ dont on vérifie sans peine qu'elle est bien définie et que c'est l'inverse de l'application $\partial_r X \to \partial_s X$ définie plus haut. □

5.- Définition. On identifie désormais les trois modèles décrits ci-dessus à un même ensemble noté ∂X qu'on appelle le *bord de X*.

Chaque modèle a ses avantages. Par exemple, pour montrer que toute quasi-isométrie de X induit une transformation de ∂X, on utilise le modèle $\partial_q X$. Pour la preuve ci-dessous que ∂X est compact,

c'est $\partial_r X$ qui convient bien. Enfin $\partial_s X$ a la vertu de garder un sens même si X n'est ni géodésique ni propre.

Il y a d'autres constructions de bords de l'espace métrique (X, d). Soit $\mu : X \to \mathbb{R}_+^*$ une fonction continue et soit d_μ la distance définie par $d_\mu(x, y) = \mathrm{Inf} \int_C \mu ds$, où l'infimum est pris sur toutes les courbes C de x à y paramétrées par la longueur d'arc s, et où l'intégrale désigne la μ-longueur d'une telle courbe. Le μ-bord de X est $\overline{X}_\mu - \overline{X}$, où $\overline{X}_\mu$ est l'espace complété de (X, d_μ) et $\overline{X}$ celui de (X, d). Dans les bons cas et en choisissant bien μ, on retrouve le bord ∂X de la définition 5 (corollaire 7.2.M de [Gr5], et [Flo]).

Il y a aussi une construction du bord qui utilise les fonctions de Busemann (n°7.5 de [Gr5]).

6.- Proposition. *On suppose toujours X géodésique et propre. La paire $(X, \partial X)$ a la propriété de visibilité.*

Preuve. (Voir la preuve de la proposition 6.2 pour la définition de cette propriété.) Soient $a, b \in \partial X$ tels que $a \neq b$. On choisit des rayons g et h issus du point base w tendant respectivement vers a et b. Soit $f : \mathbb{R} \to X$ l'application définie par $f(-t) = g(t)$ et $f(t) = h(t)$ pour tout $t \geq 0$. En approximant l'image de f par un arbre, on voit que f est une quasi-géodésique. La proposition résulte de ce qu'il existe une géodésique à distance de Hausdorff finie de f (théorème 5.25). □

7.- Exercice. Le bord d'un espace hyperbolique X est évidemment vide si X est de diamètre fini. Montrer que la réciproque est vraie si X est géodésique et propre. Pour le cas des espaces non propres, examiner l'espace 0-hyperbolique (non localement compact) obtenu en munissant de la distance arboricole la réunion sur les entiers $n \geq 1$ des segments $[0, ne^{i\pi/n}]$ du plan complexe.

§2.- LE BORD EN TANT QU'ESPACE TOPOLOGIQUE

Comme au §1, l'espace X est supposé δ-hyperbolique, géodésique, propre, et muni d'un point base w. On pense ici à son bord ∂X selon le modèle des suites, et on se propose d'introduire une topologie sur ∂X qui en fait un compact.

Le produit de Gromov de deux points de ∂X est défini par

$$(a|b) = \sup \liminf_{i,j\to\infty} (x_i|y_j)$$

où le supremum est pris sur toutes les suites $(x_i)_{i\geq 1}$ tendant vers a et $(y_j)_{j\geq 1}$ tendant vers b.

8.- Remarque. Soient $a, b \in \partial X$. Pour toute suite $x_i \to a$ et $y_j \to b$, on a:

$$(a|b) - 2\delta \leq \liminf (x_i|y_j) \leq (a|b) \ .$$

Preuve. Soit $\gamma > 0$. Il existe des suites x_i^γ et y_j^γ tendant respectivement vers a et b telles que

$$(a|b) - \gamma \leq \liminf (x_i^\gamma|y_j^\gamma) \leq (a|b) \ .$$

Or

$$(x_i, y_j) \geq \min \left\{ (x_i, x_i^\gamma), (x_i^\gamma, y_j^\gamma), (y_j^\gamma, y_j \right\} - 2\delta \ .$$

Dans l'accolade, deux des termes tendent vers l'infini et un est borné si $a \neq b$. Par conséquent,

$$\liminf (x_i, y_j) \geq \liminf (x_i^\gamma, y_j^\gamma) - 2\delta \geq (a|b) - \gamma - 2\delta \ .$$

Ceci étant vrai pour tout $\gamma > 0$, on a bien l'inégalité cherchée. □

Pour tout nombre rationnel $r > 0$, posons:

$$V_r = \{(a, b) \in \partial X \times \partial X \ : \ (a|b) \geq r\} \ .$$

Etant donné $r \in \mathbb{Q}_+^*$, choisissons $s \in \mathbb{Q}_+^*$ tel que $s \geq r + 6\delta$. La définition même de l'hyperbolicité, ainsi que la remarque précédente montrent immédiatement que, si $(a, b) \in V_s$ et $(b, c) \in V_s$, alors $(a, c) \in V_r$. Il en résulte que la famille $(V_r)_{r\in\mathbb{Q}_+^*}$ constitue un système

fondamental d'entourages pour une structure uniforme séparée sur ∂X (voir [BTG], chap. II, §1) qui est métrisable (id, chap. IX, §4, prop. 2). Nous munissons toujours ∂X de la topologie correspondante.

9.- Proposition. *L'espace topologique ∂X est compact.*

Preuve. Comme ∂X est métrisable, il suffit de vérifier que ∂X est séquentiellement compact.

Soit a_n une suite d'éléments de ∂X. Pour chaque n, choisissons un rayon g_n d'origine w et tendant vers a_n. Nous savons que la suite $x_i^n = g_n(i)$ tend vers a_n. Puisque X est propre, nous pouvons supposer (quitte à extraire une sous-suite) que g_n converge uniformément sur tout compact vers un rayon g d'origine w. Soient $x_i = g(i)$ et a le point de ∂X correspondant à $(x_i)_{i\geq 1}$ (ou, ce qui revient au même, au rayon g). Nous allons montrer que la suite a_n (ou la suite qu'il a fallu en extraire) converge vers a.

Soit R un entier arbitrairement grand. Il existe $n_0(R)$ tel que, pour $n \geq n_0(R)$, on ait:

$$|x_R^n - x_R| \leq 1 .$$

Evaluons $(x_i^n|x_j)$ pour $i, j \geq R$. On a

$$\begin{aligned}(x_i^n|x_j) &= \frac{1}{2}\left(|x_i^n| + |x_j| - |x_i^n - x_j|\right) \\ &= \frac{1}{2}(i + j - |x_i^n - x_j|) .\end{aligned}$$

Or

$$\begin{aligned}|x_i^n - x_j| &\leq |x_i^n - x_R^n| + |x_R^n - x_R| + |x_R - x_j| \\ &\leq i - R + 1 + j - R .\end{aligned}$$

Par conséquent,

$$(x_i^n|x_j) \geq R - \frac{1}{2} .$$

Toujours en utilisant la remarque 8, on trouve donc:

$$(a_n|a) \geq R - \frac{1}{2} - 2\delta \qquad \text{pour } n \geq n_0(R) .$$

Ceci montre bien que la suite a_n converge vers a dans ∂X. □

§3. LE BORD EN TANT QU'ESPACE MÉTRIQUE

Nous faisons toujours les mêmes hypothèses sur l'espace δ-hyperbolique X, propre, géodésique et pointé en w. Nous avons vu au §2 que le bord ∂X est métrisable. Le but de ce paragraphe est de construire explicitement une famille de métriques sur ∂X dont les propriétés conformes seront étudiées au §4.

On se donne un nombre réel $\varepsilon > 0$ et on pose, pour $a, b \in \partial X$:

$$\varrho_\varepsilon(a,b) = \exp(-\varepsilon(a|b)) \ .$$

Le produit de Gromov sur ∂X vérifie les propriétés suivantes:

$$(a|b) = (b|a) \quad \text{pour tous } a,b \in \partial X \ ,$$

$$(a|b) = \infty \quad \text{si et seulement si } a = b \ ,$$

$$(a|c) \geq \min\{(a|b),(b|c)\} - \delta \quad \text{pour tous } a,b,c \in \partial X \ .$$

Il en résulte que ϱ_ε vérifie

(i) $\varrho_\varepsilon(a,b) = \varrho_\varepsilon(b,a)$,

(ii) $\varrho_\varepsilon(a,b) = 0$ si et seulement si $a = b$,

(iii) $\varrho_\varepsilon(a,c) \leq (1+\varepsilon')\max\{\varrho_\varepsilon(a,b),\varrho_\varepsilon(b,c)\}$ pour tous $a,b,c \in \partial X$

où l'on a posé $\varepsilon' = \exp(\varepsilon\delta) - 1$

L'inégalité "quasi-ultramétrique" (iii) ne garantit cependant pas que ϱ_ε vérifie l'inégalité triangulaire... Nous allons donc modifier (légèrement) ϱ_ε pour définir une distance.

Une *chaîne* entre deux points a et b de ∂X est une suite finie $a = a_0, a_1 \ldots, a_n = b$ de points de ∂X; on note $C_{a,b}$ l'ensemble de ces chaînes. On définit

$$\varrho_\varepsilon(a_0,a_1,\ldots,a_n) = \sum_{i=1}^{n} \varrho_\varepsilon(a_{i-1},a_i) \ ,$$

$$d_\varepsilon(a,b) = \inf\{\varrho_\varepsilon(c) \ ; \ c \in C_{a,b}\} \ .$$

10.- Proposition. *Si $\varepsilon' < \sqrt{2} - 1$, d_ε est une distance sur ∂X et on a*

$$(1-2\varepsilon')\varrho_\varepsilon(a,b) \leq d_\varepsilon(a,b) \leq \varrho_\varepsilon(a,b)$$

pour tous $a, b \in \partial X$*. En particulier,* d_ε *est compatible avec la topologie introduite au §2.*

Preuve. Il s'agit d'une adaptation de [BTG], chapitre 9, §1, n°4. Le seul point non banal à démontrer est l'inégalité

$$(1 - 2\varepsilon')\varrho_\varepsilon(a,b) \leq d_\varepsilon(a,b) \ .$$

Ce point résulte de l'affirmation suivante: pour tout entier $n \geq 1$ et pour toute chaîne $a = a_0, a_1, \ldots, a_n = b$ de longueur n de a à b, on a

$$(1 - 2\varepsilon')\varrho_\varepsilon(a,b) \leq \sum_{i=1}^{n} \varrho_\varepsilon(a_{i-1}, a_i) \ .$$

On montre cette affirmation par récurrence sur n. Si $n = 1$, il n'y a rien à démontrer, et on suppose désormais $n \geq 2$.

Posons $R = \sum_{i=1}^{n} \varrho(a_{i-1}, a_i)$. L'inégalité est vraie si $R \geq 1 - 2\varepsilon'$ puisque $\varrho_\varepsilon(a,b) \leq 1$. Supposons donc $R < 1 - 2\varepsilon'$. Soit p le plus grand des indices q tels que $\sum_{i=1}^{q} \varrho_\varepsilon(a_{i-1}a_i) \leq \frac{1}{2}R$. On a donc

$$\sum_{i=1}^{p} \varrho_\varepsilon(a_{i-1}, a_i) \leq \frac{1}{2}R \quad \text{et} \quad \sum_{i=p+2}^{n} \varrho_\varepsilon(a_{i-1}, a_i) \leq \frac{1}{2}R \ .$$

Par hypothèse de récurrence, on a

$$\varrho_\varepsilon(a, a_p) \leq \frac{R}{2(1-2\varepsilon')} \quad \text{et} \quad \varrho(a_{p+1}, b) \leq \frac{R}{2(1-2\varepsilon')} \ .$$

D'autre part, $\varrho_\varepsilon(a_p, a_{p+1}) \leq R$. Par suite:

$$\begin{aligned} \varrho_\varepsilon(a,b) &\leq (1+\varepsilon')^2 \max\{\varrho_\varepsilon(a,a_p), \varrho_\varepsilon(a_p, a_{p+1}), \varrho_\varepsilon(a_{p+2}, b)\} \\ &\leq \frac{(1+\varepsilon')^2}{1-2\varepsilon'} \max\{\frac{1}{2}, 1-2\varepsilon'\}R \ . \end{aligned}$$

Comme $(1+\varepsilon')^2(1-2\varepsilon') \leq 1$ pour tout $\varepsilon' \geq 0$ et comme $\frac{(1+\varepsilon')^2}{2} \leq 1$ si $\varepsilon' \leq \sqrt{2} - 1$, on obtient bien

$$\varrho_\varepsilon(a,b) \leq \frac{1}{1-2\varepsilon'} \sum_{i=1}^{n} \varrho_\varepsilon(a_{i-1}, a_i) \ .$$

L'argument valant pour tout $n \geq 2$, ceci achève la preuve. □

11.- Proposition. *Si X est quasi-isométrique au graphe de Cayley d'un groupe hyperbolique, chacune des distances d_ε fait de ∂X un espace métrique de dimension de Hausdorff finie.*

Preuve. Supposons plus généralement qu'il existe des constantes $k > 0$ et $C > 0$ avec la propriété suivante: pour tout entier $n \geq 1$, il existe une famille finie $(x_i^{(n)})_{i \in I_n}$ de points de la sphère $\mathbb{S}(n) = \{x \in X : |x - w| = n\}$, de cardinal $|I_n| \leq Ce^{kn}$, telle que les boules $B_i^{(n)}$ de rayon 1 centrées en les points $x_i^{(n)}$ recouvrent $\mathbb{S}(n)$. Pour $i \in I_n$, posons

$$\mathcal{U}_i^{(n)} = \{a \in \partial X \ : \ \text{il existe un rayon } [w, a[\text{ qui rencontre } B_i^{(n)}\} \ .$$

Soient $a, b \in \mathcal{U}_i^{(n)}$. En approximant par un arbre l'ensemble $[w, a[\cup [w, b[$, on voit que $(a|b) \geq n - C_1$ pour une constante convenable C_1. Par suite, $\varrho_\varepsilon(a, b) \leq \exp(-\varepsilon(n - C_1))$ et le d_ε-diamètre de $\mathcal{U}_i^{(n)}$ est majoré par $C_2 \exp(-\varepsilon n)$, où C_2 est une autre constante convenable. Si s est un nombre satisfaisant $k - \varepsilon s < 0$, on a donc

$$\lim_{n \to \infty} \sum_{i \in I_n} \left(\operatorname{diam}_\varepsilon(\mathcal{U}_i^{(n)})\right)^s \leq \lim_{n \to \infty} Ce^{kn} C_2 e^{-s\varepsilon n} = 0 \ .$$

Par suite, la d_ε-dimension de Hausdorff de ∂X est majorée par s. □

12.- Problème de codage. Soit X un espace δ-hyperbolique géodésique. Montrer qu'il existe un arbre métrique T et une application continue surjective $\partial T \to \partial X$. On suppose de plus que X est un graphe métrique connexe dont les arêtes sont toutes de longueur 1, et qu'il existe un entier v tel que tout sommet de X ait au plus $v + 1$ voisins. Montrer de plus qu'on peut obtenir une application $\partial T \to \partial X$ à fibres finies. (Il y a des indications au n°7.6 de [Gr5].)

§4. L'ACTION AU BORD DES ISOMÉTRIES ET QUASI-ISOMÉTRIES D'UN ESPACE HYPERBOLIQUE

Soit X un espace hyperbolique, géodésique, propre, avec point base w. Soit ε un nombre réel assez petit (comme à la proposition 10) et soit d_ε la distance correspondante sur le bord ∂X. On suppose dans ce paragraphe que ∂X est parfait, ce qui est le cas si X est le graphe de Cayley d'un groupe hyperbolique non élémentaire (au sens du numéro 15 ci-dessous). On écrit comme si, pour tous $a \in \partial X$ et $r > 0$, la sphère $\{b \in \partial X : d_\varepsilon(a,b) = r\}$ n'était jamais vide (voir le début du §6.4).

Etant donné un homéomorphisme ψ de ∂X et un point $a \in \partial X$, rappelons que la dilatation conforme de ψ en a pour la distance d_ε est donnée par (définition 6.15)

$$H_\psi^\varepsilon(a) = \limsup_{r\to 0} \frac{\sup\{d_\varepsilon(\psi(a),\psi(b)) : b \in \partial X \text{ et } d_\varepsilon(a,b) = r\}}{\inf\{d_\varepsilon(\psi(a),\psi(b)) : b \in \partial X \text{ et } d_\varepsilon(a,b) = r\}} .$$

Introduisons de plus

$$\widetilde{H}_\psi^\varepsilon(a) = \limsup_{r\to 0} \frac{\sup\{\varrho_\varepsilon(\psi(a),\psi(b)) : b \in \partial X \text{ et } \varrho_\varepsilon(a,b) = r\}}{\inf\{\varrho_\varepsilon(\psi(a),\psi(b)) : b \in \partial X \text{ et } \varrho_\varepsilon(a,b) = r\}} .$$

Rappelons aussi que ψ est dit K-quasi-conforme pour d_ε si $H_\psi^\varepsilon(a) \leq K$ pour tout $a \in \partial X$.

13.- Proposition. *Il existe une constante K_ε telle que toute isométrie Φ de X induise sur ∂X un homéomorphisme $\partial\Phi$ lipschitzien et K_ε-quasi-conforme. De plus K_ε tend vers 1 lorsque ε tend vers 0.*

Preuve. (Comparer avec le corollaire 6.4). On vérifie comme au chapitre 6 que $\partial\Phi$ est lipschitzien.

Posons $w' = \Phi^{-1}(w)$ et $R = |w - w'|$; notons $(a|b)'$ le produit de Gromov de $a, b \in \partial X$ relatif à w' et de même pour ϱ'_ε et d'_ε. Soient a, b_1, b_2 trois points de ∂X. Dans le cas où X est un arbre, les inégalités

$$(a|b_1) > R \quad \text{et} \quad (a|b_2) > R$$

entraînent

$$(a|b_1) - (a|b_1)' = (a|b_2) - (a|b_2)' .$$

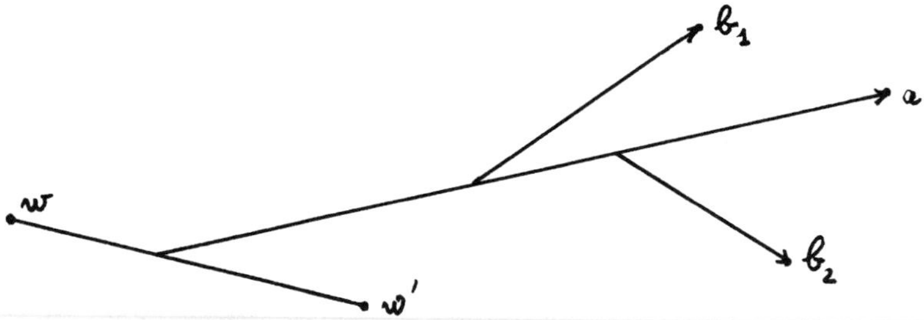

Dans le cas général, on choisit un segment $[w, w']$ et des rayons $[w, a[$, $[w, b_1[$ et $[w, b_2[$. D'après le théorème 2.12, on peut approcher

$$[w, a[\cup [w, b_1[\cup [w, b_2[\cup [w, w'[$$

par un arbre. Il en résulte qu'il existe une constante C (ne dépendant que de δ) ayant la propriété suivante: si

$$(a|b_1) > R + C \quad \text{et} \quad (a|b_2) > R + C \ ,$$

alors

$$\big|[(a|b_1) - (a|b_1)'] - [(a|b_2) - (a|b_2)']\big| \leq C \ .$$

On en déduit que

$$\exp(-\varepsilon C)\,\frac{\varrho_\varepsilon(a, b_1)}{\varrho_\varepsilon(a, b_2)} \leq \frac{\varrho'_\varepsilon(a, b_1)}{\varrho'_\varepsilon(a, b_2)} \leq \exp(\varepsilon C)\,\frac{\varrho_\varepsilon(a, b_1)}{\varrho_\varepsilon(a, b_2)} \ .$$

Par suite:

$$\widetilde{H}^\varepsilon_{\partial\Phi}(a) \leq \exp(2\varepsilon C)$$

et

$$H^\varepsilon_{\partial\Phi}(a) \leq \exp(2\varepsilon C)(1 - 2\varepsilon)^{-4}$$

par la proposition 10. □

14.- Proposition. *Soient X, Y deux espaces δ-hyperboliques, géodésiques, propres, à bords $\partial X, \partial Y$ parfaits, et soit $\Phi : X \to Y$ une quasi-isométrie.*

Alors Φ induit une application $\partial X \to \partial Y$, encore notée Φ, qui est hölderienne et quasi-conforme.

De plus, s'il existe une quasi-isométrie $\psi : Y \to X$ telle que

$$\sup_{x \in X} |\psi\Phi(x) - x| < \infty \quad \textit{et} \quad \sup_{y \in Y} |\Phi\psi(y) - y| < \infty$$

(par exemple si $\Phi : X \to Y$ est un homéomorphisme quasi-isométrique), alors $\Phi : \partial X \to \partial Y$ est un homéomorphisme.

Preuve. L'application $\Phi : \partial X \to \partial Y$ est hölderienne vu la propriété (i) de la proposition 5.15, et quasi-conforme vu la propriété (ii). (Voir aussi la proposition 6.6.)

De plus, s'il existe une application $\psi : Y \to X$ ayant les propriétés de l'énoncé, alors les compositions de $\Phi : \partial X \to \partial Y$ et $\psi : \partial Y \to \partial X$ sont les transformations identiques de ∂X et ∂Y. □

§5. QUELQUES EXEMPLES

Soit Γ un groupe hyperbolique. La proposition 5.15 montre que le bord $\partial\Gamma$ est bien défini à homéomorphisme quasi-conforme près; deux systèmes finis de générateurs S, S' de Γ donnent en effet bien lieu à des graphes de Cayley $\mathcal{G}, \mathcal{G}'$ quasi-isométriques dont les bords sont quasi-conformément équivalents. On note $\partial\Gamma$ le bord de l'un quelconque de ces graphes $\mathcal{G}$.

15.- Proposition-définition. *Soit Γ un groupe hyperbolique.*

(i) Si Γ est fini, son bord est vide.

(ii) Si Γ contient un sous-groupe cyclique infini d'indice fini, son bord a précisément deux éléments.

(iii) Dans les autres cas, le bord de Γ a au moins trois éléments (et nous verrons au corollaire 18 que le bord est alors infini).

Dans les cas (i) et (ii), on dit que le groupe Γ est élémentaire.

Preuve. L'assertion (i) est évidente. Supposons donc Γ infini, donné avec un système S de générateurs. Pour tout entier $n \geq 1$, on peut choisir un élément γ_n de longueur exactement $2n$ par rapport à S; soit γ'_n le milieu d'un segment géodésique joignant e à γ_n. On a

$$|e - \gamma'_n| = |\gamma'_n - \gamma_n| = n \quad \text{et} \quad (\gamma_n|e)_{\gamma'_n} = 0 \ .$$

Posons

$$\beta'_n = \gamma'^{-1}_n \quad \text{et} \quad \beta_n = \gamma'^{-1}_n \gamma_n$$

de sorte que

$$|\beta'_n - e| = |\beta_n - e| = n \quad \text{et} \quad (\beta_n|\beta'_n)_e = 0 \ .$$

Soit a [respectivement a'] un point de $\partial\Gamma$ limite d'une sous-suite de $(\beta_n)_{n\geq 1}$ [resp. $(\beta'_n)_{n\geq 1}$]. Il est évident que $a \neq a'$, donc que $\partial\Gamma$ contient au moins deux éléments.

Supposons désormais que $\partial\Gamma$ contient exactement deux éléments a et b. Il reste à montrer que Γ contient un sous-groupe d'indice fini isomorphe à $\mathbb{Z}$. Soit $g : \mathbb{Z} \to \Gamma$ une géodésique joignant a à b. D'après le corollaire 3.b, tout élément de Γ envoie g sur une géodésique dont la distance de Hausdorff à g est au plus 16δ. Il en résulte que tout point de Γ est à distance au plus 16δ d'un point de g, donc que Γ est quasi-isométrique à $\mathbb{Z}$. L'assertion résulte donc de l'exercice 1.16. $\square$.

Rappelons que $\partial\Gamma$ est un ensemble de Cantor si Γ est un groupe libre non abélien de type fini (chapitre 6).

Examinons maintenant le cas du groupe fondamental d'une surface close M de genre au moins 2. Soit g une métrique riemannienne à courbure négative sur M et soit Y le revêtement universel de M.

Pour tout $y \in Y$, notons $S^1_{g,y}$ le "cercle visuel" des vecteurs tangents à Y en y qui sont de longueur 1. L'application $h_{g,y} : S^1_{g,y} \to \partial Y$ qui applique un vecteur ξ sur la classe du rayon issu de y et tangent à ξ est un homéomorphisme. Un exercice intéressant consiste à montrer que $h_{g,y}$ est K_ε-quasi-conforme si l'on munit $S^1_{g,y}$ de la métrique angulaire et ∂Y de la métrique d_ε que nous avons construite. De plus $\lim_{\varepsilon\to 0} K_\varepsilon = 1$.

Si on compare les homéomorphismes associés à des points y, y', on obtient un homéomorphisme $h_{g,y} \circ h^{-1}_{g,y'}$ du cercle qui est en fait de classe C^1. (Ceci n'est vrai que pour les *surfaces* à courbure négative.) Si l'on compare maintenant les homéomorphismes associés à des points et des métriques différentes, $h_{g',y'} \circ h^{-1}_{g,y}$ est un homéomorphisme K-quasi-conforme du cercle où K dépend de g et g'.

Comme le groupe fondamental Γ de M est quasi-isométrique à Y, on voit donc que $\partial\Gamma$ est un cercle dont la classe de quasi-conformité est bien définie.

Soit Γ_1 et Γ_2 les groupes fondamentaux de deux surfaces closes M_1, M_2 de genres au moins deux, et soit Γ le produit libre $\Gamma_1 * \Gamma_2$. Soit M le polyèdre obtenu en collant M_1 et M_2 par un point commun c. On choisit un point base $w \in M$. Tout point de $\partial\Gamma$ est

représentable par un rayon géodésique dans M issu de w. (Dans ce cas particulier, non entendons par rayon géodésique une application $\mathbb{R}_+ \to M$ qui est *localement* isométrique, au sens de la géométrie différentielle classique!)

Pour fixer les idées, supposons le point base w dans M_1 et distinct du point de collage c. Identifions au cercle $\mathbb{S}^1$ l'ensemble des vecteurs unités tangents à M en w. Tout point de $\mathbb{S}^1$ définit un rayon dans M_1, et ces rayons contribuent à $\partial\Gamma$ en y définissant une première copie T_1 du cercle.

Soit ξ un point de $\mathbb{S}^1$, soit g_ξ le rayon géodésique correspondant de M_1, et soit $t_0 > 0$ tel que $g_\xi(t_0) = c$; les points ξ pour lesquels il existe au moins un tel t_0 forment dans $\mathbb{S}^1$ un ensemble dénombrable dense. Il existe dans M une famille g_η de rayons qui coïncident avec g_ξ pour $t \leq t_0$ et qui sont dans M_2 pour $t \geq t_0$; le paramètre η décrit le cercle unité tangent à M_2 en c. Cette famille contribue à $\partial\Gamma$ par un cercle $T_{2,\xi}$ "de la deuxième génération". Il convient d'imaginer $T_{2,\xi}$ comme un cercle entourant le point $\xi \in T_1$, et de rayon d'autant plus petit que t_0 est grand.

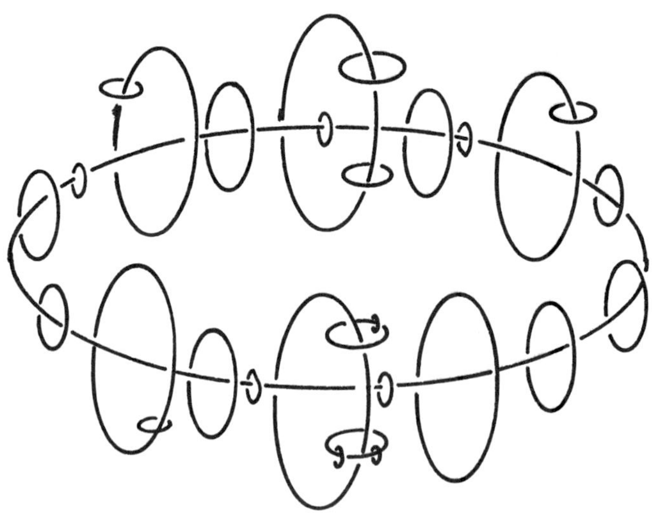

Si g_ξ passe plusieurs fois par c, il y a autant de cercles disjoints entourant ξ.

Dans chaque cercle $T_{2,\xi}$, il y a un ensemble dénombrable dense de points correspondant à des rayons qui peuvent à nouveau bifurquer dans M_1, et cetera.

En fin de compte, $\partial\Gamma$ est une limite projective d'espaces $T_{(j)}$ relativement à des applications continues surjectives $\Phi_j : T_{(j+1)} \to T_{(j)}$. L'application Φ_j a un nombre infini dénombrable de fibres homéomorphes à des réunions de cercles (pour tout $r > 0$, il n'y a qu'un nombre fini de tels cercles de rayons supérieurs à r), et les autres fibres sont réduites à un point chacune. Par exemple $T_{(1)} = T_1$ et $T_{(2)}$ est la réunion dénombrable des $T_{2,\xi}$ et de T_1.

16.- Exercice. Soient $\Gamma_1, \Gamma_2, M_1, M_2$ comme ci-dessus, et soit c_j une géodésique fermée simple de $M_j (j = 1, 2)$. On suppose c_1 et c_2 de même longueur, et on considère le polyèdre M obtenu en recollant isométriquement l'image de c_1 dans M_1 à celle de c_2 dans M_2; on note c la courbe obtenue dans M. Le groupe fondamental Γ de M est un produit amalgamé $\Gamma_1 *_{\mathbb{Z}} \Gamma_2$. On considère un point base $w \in (M_1 - c) \subset M$.

Soit ξ un point du cercle $\mathbb{S}^1$ des vecteurs unités tangents à M en w. Si le rayon géodésique correspondant g_ξ de M_1 ne rencontre pas c, alors ξ définit un point de $\partial\Gamma$. Les autres ξ correspondent à des rayons pouvant bifurquer dans M, donc à des intervalles d'un premier cercle $T_{(1)}$ qu'il faut dédoubler dans $\partial\Gamma$. L'exercice consiste à préciser une écriture en limite projective $\partial\Gamma = \varprojlim T_{(j)}$, où $T_{(j)}$ correspond aux rayons dans M traversant $j-1$ fois entre M_1 et M_2.

Les considérations qui suivent permettent de comparer la *notion de bout* d'un espace localement compact avec le bord que nous avons introduit. Puisque ces résultats ne sont pas essentiels pour la suite, nous nous contentons d'en esquisser les preuves. Pour la théorie des bouts, on peut consulter [ScW].

L'énoncé suivant nous a été communiqué par F. Paulin; voir aussi [Pav].

17.- Proposition. *Soit X un espace métrique qui est géodésique, propre et hyperbolique. Soient ∂X le bord de X et $bt(X)$ l'espace de ses bouts. Il existe une surjection continue de ∂X sur $bt(X)$ dont*

les fibres sont les composantes connexes de ∂X.

Esquisse de preuve. Soit $g : \mathbb{R}_+ \to X$ un rayon géodésique. Puisque ce rayon quitte tout compact de X, il définit un bout. On s'assure facilement que ce bout ne dépend que du point du bord de X défini par g et que l'application $\pi : \partial X \to bt(X)$ ainsi obtenue est continue. Soit $(x_n)_{n\geq 1}$ une suite de points de X définissant un bout ε de X. Si a est une limite d'une sous-suite de $(x_n)_{n\geq 1}$ dans ∂X, on vérifie que $\pi(a) = \varepsilon$. Ainsi l'application π est surjective. Puisque $bt(X)$ est totalement discontinu, les composantes connexes de ∂X sont contenues dans les fibres de π.

Il nous reste à voir que les fibres de π sont connexes. Supposons qu'il existe une partition d'une fibre $\pi^{-1}(\varepsilon)$ en deux fermés non vides F_1 et F_2; choisissons deux ouverts disjoints Ω_1 et Ω_2 dans ∂X contenant respectivement F_1 et F_2. On choisit un point base $w \in X$, et on note $\widehat{\Omega}_j$ la réunion des rayons issus de w et aboutissant en un point de $\Omega_j (j = 1, 2)$. Si B_R désigne la boule de centre w et de rayon R et si R est assez grand, on vérifie que $\widehat{\Omega}_1 - B_R$ et $\widehat{\Omega}_2 - B_R$ sont disjoints et à distance strictement positive l'un de l'autre. Soit g_1 [respectivement g_2] un rayon issu de w et aboutissant en un point de F_1 [resp. F_2]. Par hypothèse, les suites $(g_1(n))_{n\geq 1}$ et $(g_2(n))_{n\geq 1}$ définissent le même bout. Pour tout $N \geq 1$, il existe donc un entier $n_N \geq 1$ et un chemin $\ell_N : [0, 1] \to X$ reliant $g_1(n_N) \in \widehat{\Omega}_1$ et $g_2(n_N) \in \widehat{\Omega}_2$ en évitant la boule B_N. Puisque $\widehat{\Omega}_1 - B_N$ et $\widehat{\Omega}_2 - B_N$ sont à distance positive pour N assez grand, il existe $t_N \in [0, 1]$ tel que $x_N = \ell_N(t_N)$ n'appartient ni à $\widehat{\Omega}_1$ ni à $\widehat{\Omega}_2$; on choisit un segment géodésique $[w, x_N]$ de W à x_N. Comme les longueurs de ces segments tendent vers l'infini, il existe une suite extraite de $([w, x_N])_{N\geq 1}$ qui converge vers un rayon g issu de w. Il est clair que ce rayon g définit le même bout ε que g_1 et g_2, mais ne peut être ni dans F_1 ni dans F_2. Ceci étant absurde, il en résulte que $\pi^{-1}(\varepsilon)$ est connexe. □

18.- Corollaire. *Si le bord d'un groupe hyperbolique Γ a au moins trois points distincts, il est infini non dénombrable.*

Preuve. Si $\partial\Gamma$ est fini, la proposition 17 montre que $\partial\Gamma = bt(\Gamma)$. Or on sait que l'espace des bouts d'un groupe est soit un ensemble à 0,1 ou 2 points, soit un ensemble de Cantor. Le corollaire en résulte. □

19.- Théorème. *Soit Γ un groupe quasi-isométrique à un*

groupe libre sur un ensemble fini de générateurs. Alors Γ contient un sous-groupe libre d'indice fini.

Esquisse de preuve. Puisque Γ est quasi-isométrique à un groupe libre, Γ est hyperbolique et son bord est homéomorphe à un ensemble de Cantor. Il résulte du corollaire 18 que Γ a une infinité de bouts.

Supposons d'abord que Γ est sans torsion, et montrons dans ce cas que Γ est un groupe libre.

Le théorème de Stallings, associé au théorème de Grusko, implique que Γ peut s'écrire sous forme d'un produit libre $\Gamma_1 * \Gamma_2 * \ldots * \Gamma_n$ où les Γ_i sont des groupes de type fini à 1 bout ou à 2 bouts. On choisit pour tout $i \in \{1, \ldots, n\}$ un système fini S_i de générateurs pour Γ_i. Alors la réunion $S = \bigcup_{i=1}^n S_i$ est un système de générateurs pour Γ et les plongements $(\Gamma_i, d_{S_i}) \to (\Gamma, d_S)$ sont isométriques. Il en résulte que les Γ_i sont hyperboliques et que leurs bords (plongés dans $\partial\Gamma$) sont totalement discontinus, de sorte que le bord de Γ_i s'identifie à l'espace des bouts de Γ_i pour $i \in \{1, \ldots, n\}$. Le bord de Γ_i a donc 1 ou 2 éléments, et Γ_i est élémentaire au sens du numéro 15; comme Γ_i est sans torsion, Γ_i est cyclique infini et Γ est isomorphe au groupe libre $\mathbb{Z} * \mathbb{Z} * \ldots * \mathbb{Z}$ (n facteurs).

Dans le cas où Γ possède des éléments de torsion, les idées sont les mêmes, mais il faut surmonter certaines difficultés techniques.

Tout d'abord, Γ étant hyperbolique, Γ est de présentation finie. Un résultat de Dunwoody [Dun] montre que Γ est accessible. En d'autres termes (voir le lemme 7.1 du [ScW]), le groupe Γ est isomorphe au groupe fondamental d'un graphe de groupes où les groupes placés sur les arêtes sont finis et où ceux placés sur les sommets ont au plus un bout. Ceci est l'analogue de la décomposition de Γ en produit libre des Γ_i, et représente un "produit amalgamé —HNN extension itéré". On procède alors comme précédemment en montrant que les groupes attachés aux sommets sont isométriquement plongés dans Γ (pour un bon choix de système de générateurs), puis en montrant que ces mêmes groupes ne peuvent pas avoir un bout et qu'ils sont donc finis. On conclut en observant que le groupe fondamental d'un graphe de groupes dont les groupes aux sommets sont finis contient un sous-groupe libre d'indice fini. Pour tous ces faits, voir [ScW] et [Ser]. □

CHAPITRE 8. L'ACTION AU BORD DES ISOMÉTRIES

Etienne Ghys et Pierre de la Harpe

L'essentiel de ce chapitre consiste à décrire la dynamique d'une isométrie d'un espace hyperbolique X. Le paragraphe 1 est préparatoire. On y construit des fonctions de Busemann et on y montre comment elles permettent de définir des métriques naturelles sur le bord de X privé d'un point. Ces métriques sont l'outil principal utilisé au paragraphe 2 pour classer les isométries en trois types: elliptique, hyperbolique et parabolique. Dans le troisième paragraphe, on se restreint au cas d'un groupe hyperbolique Γ. On déduit alors des résultats purement algébriques. Par exemple: le centralisateur d'un élément d'ordre infini de Γ contient un sous-groupe cyclique d'indice fini.

§1. FONCTIONS DE BUSEMANN ET MÉTRIQUES SUR $\partial X - \{a\}$

On se donne un espace δ-hyperbolique X qui est géodésique et propre. On pense au bord de X selon le modèle des classes de rayons (voir chapitre 7, §1) et on choisit un point a de ∂X. Dans ce contexte, on va reprendre les considérations du §3 du chapitre 6 concernant les arbres.

Soit $h : \mathbb{R}_+ \to X$ un rayon d'origine $y = h(0) \in X$ et d'extrémité $a = \lim_{t\to+\infty} h(t)$. Pour tout $x \in X$, on pose d'abord:

$$\beta_a(x,h) = \limsup_{t\to+\infty}(|x - h(t)| - t)$$

puis:

$$\beta_a(x,y) = \sup\left\{\beta_a(x,k)\ :\ k \text{ est un rayon de y vers a}\right\} .$$

La fonction $\beta_a\ :\ X \times X \to \mathbb{R}$ est la *fonction de Busemann* du point a.

1.- Lemme. *Soient $a \in \partial X$, $x, y \in X$ et h un rayon de y vers a. Il existe $t_0 \geq 0$ tel que:*

$$\left|\beta_a(x,y) - (|x - h(t)| - t)\right| \leq 40\delta$$

pour tout $t \geq t_0$.

Preuve. Soit g un rayon de x vers a. Vu la proposition 7.2, il existe $u \in \mathbb{R}$ et $t_0 \geq \max(0,u)$ tels que $|h(t) - g(t-u)| \leq 16\delta$ pour tout $t \geq t_0$. Pour $t, t' \geq t_0$, on a donc

$$\begin{aligned}&\big|(|x-h(t')|-t')-(|x-h(t)|-t)\big|\\ &\leq \big|(|x-g(t'-u)|-t')-(|x-g(t-u)|-t)\big| + 32\delta = 32\delta\ .\end{aligned}$$

Par suite, pour tout t assez grand:

$$\big|\beta_a(x,h) - (|x-h(t)|-t)\big| \leq 32\delta\ .$$

On a donc

$$\big|\beta_a(x,y) - (|x-h(t)|-t)\big| \leq 40\delta$$

grâce au corollaire 7.3. □

Notons que $\beta_a(x,y)$ donne un sens à l'expression $|x-a|-|y-a|$, qui est du type $\infty - \infty$. On peut penser à $\beta_a(x,y)$ comme à la distance entre les horosphères H_x et H_y de centre a passant par x et y (voir le paragraphe 6.3), avec $\beta_a(x,y) > 0$ si x est à l'extérieur de l'horoboule limitée par H_y. Conformément à cette interprétation, on a la proposition suivante. (Noter que (iii) est une relation approchée de cocycle, et que β_a serait un cobord si on avait vraiment $\beta_a(x,y) = |x-a|-|y-a|$.)

2.- Proposition. *Soit β_a la fonction de Busemann d'un point $a \in \partial X$ et soient $x, x', y, y', z \in X$.*

(i) $\lim_{x\to a} \beta_a(x,y) = -\infty$ *et* $\lim_{x\to b} \beta_a(x,y) = +\infty$ *pour tout* $b \in \partial X - \{a\}$.

(ii) $|\beta_a(x,y) + \beta_a(y,x)| \leq 120\delta$.

(iii) $|\beta_a(x,y) + \beta_a(y,z) - \beta_a(x,z)| \leq 200\delta$.

(iv) $|\beta_a(x',y') - \beta_a(x,y)| \leq |x-x'| + |y-y'| + 400\delta$.

Preuve. L'assertion (i) résulte du lemme 1.

Pour (ii), on choisit un rayon g de x vers a et un rayon h de y vers a. La proposition 7.2 montre qu'il existe $u \in \mathbb{R}$ tel que $|h(t) - g(t-u)| \leq 16\delta$ pour t assez grand. Le lemme précédent montre que,

pour t assez grand:

$$\begin{aligned}\beta_a(x,y) &= |x-h(t)|-t && \text{à } 40\delta \text{ près}\\ &= |x-g(t-u)|-t=-u && \text{à } 56\delta \text{ près}\end{aligned}$$

et, de même:

$$\begin{aligned}\beta_a(y,x) &= |y-g(t-u)|-(t-u) && \text{à } 40\delta \text{ près}\\ &= |y-h(t)|-(t-u)=u && \text{à } 56\delta \text{ près}\ .\end{aligned}$$

Par suite:

$$\beta_a(x,y)+\beta_a(y,x)=0 \qquad \text{à } 112\delta \text{ près.}$$

Pour (iii), choisissons de plus un rayon k de z vers a. Soient s,t,u des nombres assez grands pour que l'on ait d'une part

$$\begin{aligned}\beta_a(x,y) &= |x-h(t)|-t && \text{à } 40\delta \text{ près,}\\ \beta_a(y,z) &= |y-k(u)|-u && \text{à } 40\delta \text{ près,}\\ \beta_a(x,z) &= |x-k(u)|-u && \text{à } 40\delta \text{ près,}\end{aligned}$$

et, d'autre part,

$$\begin{aligned}|g(s)-h(t)| &\leq 16\delta\ ,\\ |g(s)-k(u)| &\leq 16\delta\ .\end{aligned}$$

Alors

$$\begin{aligned}\beta_a(x,y)+\beta_a(y,z)-\beta_a(x,z) = |x-g(s)|&-t+|y-h(t)|-u\\ &-|x-g(s)|-u\end{aligned}$$

à $(120+64)\delta$ près et le second membre de cette "égalité" vaut précisément $s-t+t-u-s+u=0$.

Vérifions enfin (iv). Le lemme 1 implique que, pour tout $z\in X$:

$$\big|\beta_a(x,z)-\beta_a(x',z)\big| \leq |x-x''|+80\delta\ .$$

En utilisant (ii), on trouve donc:

$$\begin{aligned}\big|\beta_a(x,y)-\beta_a(x',y')\big| &\leq \big|\beta_a(x,y)-\beta_a(x',y)\big|\\ &\qquad+\big|\beta_a(y,x')-\beta_a(y',x')\big|+240\delta\\ &\leq |x-x'|+|y-y'|+400\delta\ ,\end{aligned}$$

ce qui achève la preuve. □

Etant donné $a \in \partial X$ et $w \in X$, on définit le *produit de Gromov relatif à a et w* de deux points $x, y \in X$ par:

$$(x|y)_{a,w} = \frac{1}{2}\big(\beta_a(x,w) + \beta_a(y,w) - |x-y|\big) .$$

3.- Lemme. *(i) Soit ℓ un rayon de w vers a et soient $x, y \in X$. Alors*

$$\big|(x|y)_{a,w} - ((x|y)_{\ell(t)} - t)\big| \leq 80\delta$$

pour tout t assez grand.

(ii) On a:

$$(x|z)_{a,w} \geq \min\big\{(x|y)_{a,w},\ (y|z)_{a,w}\big\} - 161\delta$$

pour tous $x, y, z \in X$.

Preuve. L'assertion (i) résulte des définitions de $(x|y)_{a,w}$ et $(x|y)_{\ell(t)}$, et du lemme 1. L'assertion (ii) est une conséquence immédiate de (i). □

Le lemme 3.(i) montre que $(x|y)_{w,a}$ donne un sens à l'expression $(x|y)_a - |w-a|$, du type $\infty - \infty$.

On étend ensuite ce produit de Gromov relatif à a et w aux points du bord distincts de a en posant:

$$(b|c)_{a,w} = \sup \liminf_{t\to\infty} \big(h(t)|k(t)\big)_{a,w}$$

pour tous $b, c \in \partial X - \{a\}$, où le supremum est pris sur toutes les géodésiques minimisantes $h, k : \mathbb{R} \to X$ de a vers b, c respectivement.

4.- Lemme. *Soient $b, c \in \partial X - \{a\}$ et h, k deux géodésiques minimisantes de a vers b, c respectivement. Alors, il existe $t_0 \in \mathbb{R}$ tel que*

$$\big|(b|c)_{a,w} - (h(t)|k(t))_{a,w}\big| \leq 400\delta$$

pour tout $t \geq t_0$.

Preuve. Soient $x, x', y, y' \in X$. On a évidemment

$$\big|(x|y)_w - (x'|y')_w\big| \leq |x-x'| + |y-y'| .$$

Il résulte du lemme 3 qu'on a

$$\left|(x|y)_{a,w} - (x'|y')_{a,w}\right| \leq |x - x'| + |y - y'| + 160\delta \ .$$

Soient h' et k' deux autres géodésiques de a vers b et c respectivement. La proposition 7.3 montre qu'il existe $u, v \in \mathbb{R}$ tels que, pour tous $t, t' \in \mathbb{R}$:

$$|h'(t) - h(t - u)| \leq 16\delta \quad \text{ et } \quad |k'(t) - k(t - v)| \leq 16\delta \ .$$

Choisissons $t, t' \in \mathbb{R}$ et posons:

$$x_1 = h(t) \ , \ x' = h'(t') \ , \ x_2 = h(t' - u)$$
$$y_1 = k(t) \ , \ y' = k'(t') \ , \ y_2 = k(t' - v)$$

(voir figure 1).

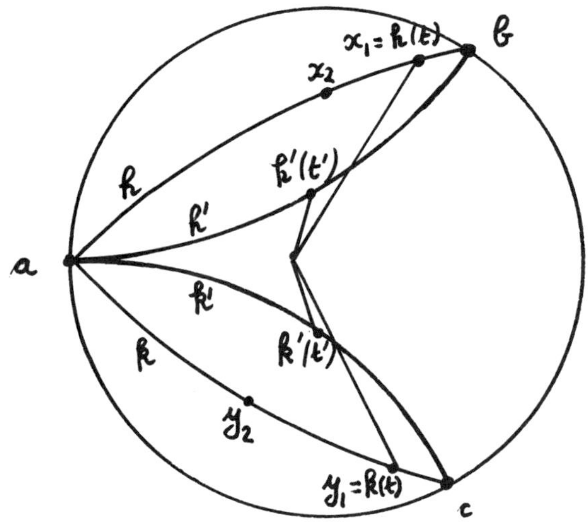

Figure 1.

Vu ce qui précède, on a:

$$\left|(x', y')_{a,w} - (x_2|y_2)_{a,w}\right| \leq 192\delta \ .$$

Si t et t' sont assez grands, le lemme 3.i et la remarque 7.8 montrent que

$$\left|(x'|y')_{a,w} - (x_1|y_1)_{a,w}\right| \leq 162\delta \ .$$

Par suite:

$$\left|(x_2|y_2)_{a,w} - (x_1|y_1)_{a,w}\right| \leq 400\delta \ ,$$

ce qui montre le lemme. □

5.- Lemme. *Avec les notations ci-dessus, on a:*

(i) $(b|c)_{a,w} = \infty$ *si et seulement si* $b = c$,

(ii) $(c|b)_{a,w} = (b|c)_{a,w}$,

(iii) $(b|d)_{a,w} \geq \min\{(b|c)_{a,w}, (c|d)_{a,w}\} - 1200\delta$

pour tous $b, c, d \in \partial X - \{a\}$.

Preuve. Montrons (i) et supposons d'abord $b = c$. Si h est une géodésique de a vers b, on trouve:

$$(h(t)|h(t))_{a,w} = \beta_a(h(t), w)$$

qui tend vers l'infini avec t par la proposition 2.i. Donc $(b|b)_{a,w} = \infty$.

Supposons au contraire $b \neq c$. Choisissons deux géodésiques h et k de a vers b et c respectivement, ainsi qu'un rayon g de w vers a. Soit $t \in \mathbb{R}$. Si s est assez grand, le lemme 3 montre que

$$\begin{aligned}(h(t)|k(t))_{a,w} &\leq (h(t)|k(t))_{g(s)} - s + 80\delta \\ &\leq \frac{1}{2}\{|h(t)-g(s)| - s + |k(t)-g(s)| - s - |h(s)-k(t)|\} \\ &\qquad + 80\delta \\ &\leq \frac{1}{2}\{|h(t)-g(0)| + |k(t)-g(0)| - |h(t)-k(t)|\} + 80\delta \\ &\leq (h(t)|k(t))_w + 80\delta \ .\end{aligned}$$

Donc

$$(b|c)_{a,w} \leq \liminf_{t\to\infty}(h(t)|k(t))_w + 80\delta \ .$$

Or la limite inférieure est majorée par $(b|c)_w$. Donc $(b|c)_{a,w}$ est fini.

L'assertion (ii) est banale. L'assertion (iii) résulte du lemme 3.i (deux facteurs 80δ), du lemme 3.ii (un facteur 161δ) et du lemme 4 (deux facteurs 400δ), d'où un facteur de $(160+161+800)\delta \leq 1200\delta$. □

On procède ensuite comme au paragraphe 3 du chapitre 7 et, plus précisément, comme suit. Soit $\varepsilon > 0$. Pour tous $b, c \in \partial X - \{a\}$,

on pose

$$\varrho_{\varepsilon,a,w}(b,c) = \exp(-\varepsilon(b|c)_{a,w})$$

et

$$d_{\varepsilon,a,w}(b,c) = \inf\Big\{\sum_{i=1}^{n} \varrho_{\varepsilon,a,w}(b_{i-1},b_i)\Big\}$$

où l'infimum est pris sur tous les entiers $n \geq 1$ et sur toutes les chaînes $b_0 = b, \ldots, b_n = c$ de $\partial X - \{a\}$. Si $\varepsilon' = \exp(-1200\delta\varepsilon) - 1$, on obtient le résultat suivant:

6.- Proposition. *On reprend les notations précédentes, et on suppose ε assez petit.*

(i) $d_{\varepsilon,a,w}$ est une distance sur $\partial X - \{a\}$, et

$$(1-2\varepsilon')\varrho_{\varepsilon,a,w}(b,c) \leq d_{\varepsilon,a,w}(b,c) \leq \varrho_{\varepsilon,a,w}(b,c)$$

pour tous $b, c \in \partial X - \{a\}$.

(ii) Il existe une constante $K_\varepsilon \geq 1$ ne dépendant que de ε (et δ), qui tend vers 1 lorsque ε tend vers 0, et qui a la propriété suivante. Pour tout $w' \in X$:

$$\frac{1}{K_\varepsilon}\exp(-\varepsilon\beta_a(w,w')) \leq \frac{d_{\varepsilon,a,w'}(b,c)}{d_{\varepsilon,a,w}(b,c)} \leq K_\varepsilon \exp(-\varepsilon\beta_a(w,w'))$$

pour tous $b, c \in \partial X - \{a\}$.

Preuve. L'assertion (i) se montre comme au chapitre 7.

Montrons (ii). Soient $x, y \in X$. La proposition 2 montre que la quantité

$$(x|y)_{a,w'} - (x|y)_{a,w} = \frac{1}{2}\Big\{\beta_a(x,w') - \beta_a(x,w) + \beta_a(y,w') - \beta_a(y,w)\Big\}$$

est égale d'abord à

$$\frac{1}{2}\Big\{\beta_a(w,x) + \beta_a(x,w') + \beta_a(w,y) + \beta_a(y,w'\Big\}$$

à 120δ près, puis à $\beta_a(w,w')$ à 320δ près. Avec le lemme 4, cela montre que

$$(b|c)_{a,w'} - (b|c)_{a,w} = \beta_a(w,w')$$

à 1120δ près. Par suite:

$$\begin{aligned} d_{\varepsilon,a,w'}(b,c) &\leq \varrho_{\varepsilon,a,w'}(b,c) = \exp(-\varepsilon(b|c)_{a,w'}) \\ &\leq \exp(1120\delta\varepsilon)\exp(-\varepsilon\beta_a(w,w'))\exp(-\varepsilon(b|c)_{a,w}) \\ &\leq \frac{1}{1-2\varepsilon'}\exp(1120\delta)\exp(-\varepsilon\beta_a(w,w'))d_{\varepsilon,a,w}(b,c) \ . \end{aligned}$$

De même

$$\begin{aligned} d_{\varepsilon,a,w'}(b,c) &\geq (1-2\varepsilon')\exp(-\varepsilon(b|c)_{a,w'}) \\ &\geq (1-2\varepsilon')\exp(-1120\varepsilon\delta)\exp(-\varepsilon\beta_a(w,w'))d_{\varepsilon,a,w}(b,c) \ . \end{aligned}$$

Il suffit de poser:

$$K_\varepsilon = \frac{\exp(1120\varepsilon\delta)}{1-2\varepsilon'} = \frac{\exp(1120\delta\varepsilon)}{1-2\exp(-1200\varepsilon\delta)}$$

pour achever la preuve. □

7.- Proposition. *La distance $d_{\varepsilon,a,w}$ sur $\partial X - \{a\}$ est compatible avec la topologie induite sur $\partial X - \{a\}$ par celle de ∂X et fait de $\partial X - \{a\}$ un espace métrique complet.*

Preuve. Soient $b, b_1, b_2 \in \partial X - \{a\}$ et choisissons des géodésiques $]a,b[$, $]a,b_1[$, $]a,b_2[$ et un rayon $]a,w]$. Dans le théorème 2.12.ii, on peut choisir $k = 3$ et $c = 16\delta$. Il existe donc un arbre métrique T et une application

$$\Phi \ : \ ]a,b[\ \cup \ ]a,b_1[\ \cup \ ]a,b_2[\ \cup \ ]a,w] \longrightarrow T$$

qui est une isométrie à $24\,\delta$ près. Il résulte de ce fait et des lemmes 3 et 4 qu'il est possible de choisir une constante $C > 0$, indépendante de a, b, b_1, b_2, δ, ayant la propriété suivante. Si l'on calcule des distances ou des produits de Gromov relatifs à des points de

$$[a,b] \ \cup \ [a,b_1] \ \cup \ [a,b_2] \ \cup \ [a,w]$$

on commet une erreur inférieure à $C\delta$ en remplaçant ces points par leurs images par Φ et en calculant les quantités correspondantes dans T.

Pour tout $b \in \partial X - \{a\}$, posons

$$\mathcal{U}(b) = \Big\{ b' \in \partial X - \{a\} : (b'|b)_{a,w} \geq C\delta \Big\} \ .$$

Nous allons comparer dans $\mathcal{U}(b)$ la distance $d_{\varepsilon,a,w}$ avec la distance $d_{\varepsilon,w}$ introduite au chapitre 7.

Soient $b_1, b_2 \in \mathcal{U}(b)$; soient T, Φ un arbre et une application presque isométrique comme précédemment. On a donc:

$$(\Phi(b_i)|\Phi(b))_{\Phi(a),\Phi(w)} \geq 0 \qquad i = 1,2 .$$

L'arbre T est donc du type indiqué à la figure 2.

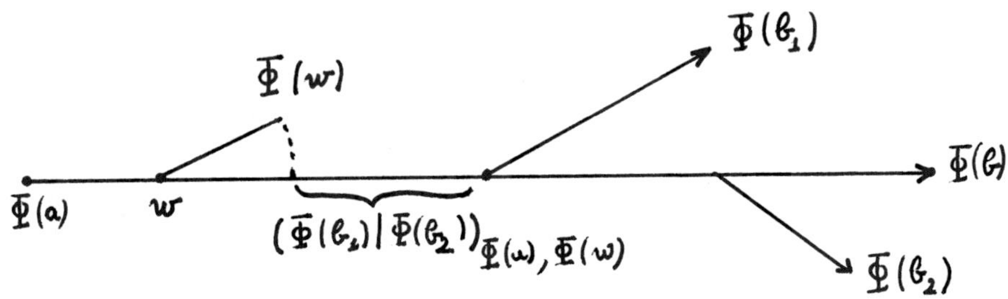

Figure 2.

On note ω le centre du tripode de "sommets" $\Phi(a), \Phi(w), \Phi(b)$. D'après la figure précédente:

$$\big(\Phi(b_1)|\Phi(b_2)\big)_{\Phi(w)} - \big(\Phi(b_1)|\Phi(b_2)\big)_{\Phi(a),\Phi(w)} = 2|\Phi(w) - \omega| .$$

Donc

$$\big|(b_1|b_2)_w - (b_1|b_2)_{a,w} - 2|\Phi(w) - \omega|\big| \leq 2C\delta .$$

Si on note A la constante $2|\Phi(w)-\omega|$, on a donc la propriété suivante. Si $b_1, b_2 \in \mathcal{U}(b)$, alors

$$(1-2\varepsilon')\exp(-2\varepsilon C\delta)\exp(\varepsilon A) \leq \frac{d_{\varepsilon,a,w}(b_1,b_2)}{d_{\varepsilon,w}(b_1,b_2)} \leq \frac{\exp(2\varepsilon C\delta)}{1-2\varepsilon'}\exp(\varepsilon A) ;$$

ceci résulte des propositions 6 et 7.10, et de l'inégalité que nous venons de démontrer. En particulier, dans $\mathcal{U}(b)$ les métriques $d_{\varepsilon,a,w}$ et $d_{\varepsilon,w}$ sont dans un rapport borné.

Observons maintenant que, par définition de $d_{\varepsilon,a,w}$ et par la proposition 6, le voisinage $\mathcal{U}(b)$ contient la boule de rayon $r_0 = (1 -$

$2\varepsilon')\exp(-\varepsilon C\delta)$ (indépendant de b) et de centre b pour la métrique $d_{\varepsilon,a,w}$.

En résumé, la métrique $d_{\varepsilon,a,w}$ a la propriété suivante. Il existe $r_0 > 0$ tel que, pour tout $b \in \partial X - \{a\}$, il existe une constante $K(b) > 0$ avec $\frac{1}{K(b)} d_{\varepsilon,w} \leq d_{\varepsilon,a,w} \leq K(b) d_{\varepsilon,w}$ dans la $d_{\varepsilon,a,w}$-boule de centre b et de rayon r_0. La complétude de $d_{\varepsilon,w}$ sur ∂X entraîne donc celle de $d_{\varepsilon,a,w}$ sur $\partial X - \{a\}$. De même, cette propriété entraîne que la topologie définie par $d_{\varepsilon,a,w}$ coïncide avec celle induite par $d_{\varepsilon,w}$ sur $\partial X - \{a\}$. □

§2. CLASSIFICATION DES ISOMÉTRIES ET DE LEURS DYNAMIQUES

Dans ce paragraphe, X désigne toujours un espace δ-hyperbolique géodésique et propre. Avant d'étudier individuellement les isométries de X, nous commençons par dégager une notion très utile.

8.- Proposition-Définition. *Soit G un groupe d'isométries de X et soit x un point de X. L'ensemble des points de ∂X qui sont limites de points de l'orbite Gx ne dépend pas du choix de x. C'est* l'ensemble limite *de G.*

Preuve. Soit a un point de ∂X, limite d'une suite $(\gamma_i x)_{i \geq 1}$ avec $\gamma_i \in G$. Soit $y \in X$ un autre point de X; choisissons un point base w. Comme G opère par isométries sur X:

$$(\gamma_i x|\gamma_j x)_w - |x-y| \leq (\gamma_i x|\gamma_j y)_w \leq (\gamma_i x|\gamma_j x) + |x-y|$$

pour tous $i, j \geq 1$. Puisque $\gamma_i x$ tend vers un point du bord, $(\gamma_i x|\gamma_j x)_w$ tend vers l'infini. Il en résulte que $(\gamma_i x|\gamma_j y)_w$ tend lui aussi vers l'infini. En d'autres termes, les suites $(\gamma_i x)_{i\geq 1}$ et $(\gamma_i y)_{i\geq 1}$ sont équivalentes et définissent le même point du bord. L'orbite Gy a donc les mêmes points limites que Gx dans ∂X. □

9.- Proposition-Définition. *Soit γ une isométrie de X. Les propriétés suivantes sont équivalentes:*

(i) γ possède une orbite bornée,

(ii) toutes les orbites de γ sont bornées,

(iii) l'ensemble limite du groupe engendré par γ est vide.

On dit alors que γ est elliptique.

Preuve. L'implication (i) $\Rightarrow$ (ii) résulte du fait que γ est une isométrie et l'implication (ii) $\Rightarrow$(iii) est banale. Quant à (iii) $\Rightarrow$ (i), cela résulte du fait qu'une suite non bornée de X contient une sous-suite convergeant vers un point du bord. □

Etudions maintenant le cas où l'ensemble limite n'est pas vide.

10.- Proposition. *Soit γ une isométrie de X. Supposons que l'ensemble limite du groupe engendré par γ contienne un point $a \in \partial X$. Alors, l'extension de γ à ∂X laisse fixe le point a.*

Preuve. Soit x un point de X et soit $(n_i)_{i\geq 1}$ une suite d'entiers telle que $\gamma^{n_i}x$ tende vers a. Nous avons vu à la proposition 8 que a est aussi la limite de $\gamma^{n_i}y$ pour tout y et, en particulier, pour $y = \gamma x$. Par suite:

$$a = \lim \gamma^{n_i} x = \lim \gamma^{n_i}\gamma x = \lim \gamma^{n_i+1} x \ ,$$

$$\gamma a = \lim \gamma\gamma^{n_i} x = \lim \gamma^{n_i+1} x \ .$$

Le point a est donc laissé fixe par γ. □

Pour comprendre la structure des isométries non elliptiques, nous sommes donc amenés à considérer le groupe G_a des isométries de X qui laissent fixe le point a de ∂X. Nous allons suivre la même méthode que dans l'étude des isométries des arbres.

Fixons un nombre $\varepsilon > 0$ et un point base $w \in X$, de sorte que $\partial X - \{a\}$ est muni de la métrique $d = d_{\varepsilon,a,w}$ du paragraphe précédent. Nous supposons par ailleurs que $\partial X - \{a\}$ contient au moins deux points.

11.- Proposition. *(i) Il existe une constante $K_\varepsilon \geq 1$ ne dépendant que de ε (et de δ), qui tend vers 1 quand ε tend vers 0, et qui a la propriété suivante. Pour tout $\gamma \in G_a$, il existe une constante $\Lambda_{a,\varepsilon}(\gamma)$ telle que*

$$\frac{1}{K_\varepsilon}\Lambda_{a,\varepsilon}(\gamma) \leq \frac{d(\gamma b, \gamma c)}{d(b,c)} \leq K_\varepsilon \Lambda_{a,\varepsilon}(\gamma)$$

pour tous $b, c \in \partial X - \{a\}$, tels que $b \neq c$. En particulier, l'homéomorphisme γ de $\partial X - \{a\}$ est lipschitzien (et c'est même une "quasi-similitude" de $\partial X - \{a\}$ pour la métrique d).

(ii) On a

$$K_\varepsilon^{-3} \leq \frac{\Lambda_{a,\varepsilon}(\gamma_1\gamma_2)}{\Lambda_{a,\varepsilon}(\gamma_1)\Lambda_{a,\varepsilon}(\gamma_2)} \leq K_\varepsilon^3$$

pour tous $\gamma_1, \gamma_2 \in G_a$.
(iii) De plus

$$\lim_{n\to\infty} \Lambda_{a,\varepsilon}(\gamma^n)^{\frac{1}{n}} = \lim_{n\to-\infty} \Lambda_{a,\varepsilon}(\gamma^n)^{\frac{1}{n}}$$

pour tout $\gamma \in G_a$.

Preuve. Si $w' = \gamma w$, on a évidemment

$$d_{\varepsilon,a,w'}(\gamma b, \gamma c) = d_{\varepsilon,a,w}(b,c)$$

pour tous $b, c \in \partial X - \{a\}$. L'assertion (i) résulte de la proposition 6, qui montre plus précisément que $\Lambda_{a,\varepsilon}(\gamma) = \exp(\varepsilon\beta_a(w,\gamma w))$. L'assertion (ii) est alors immédiate, et elle implique (iii) par un argument classique (voir, par exemple, l'exercice 99 de [PoS]). □

12.- Définition. Soit $\gamma \in G_a$. On appelle *force* de γ en a, et on note $\Phi_a(\gamma)$ la valeur commune des limites de la proposition 11.iii, c'est-à-dire l'unique nombre $\Phi_a(\gamma) > 0$ tel que

$$\lim_{n\to\pm\infty} \left(\frac{d(\gamma^n b, \gamma^n c)}{d(b,c)}\right)^{1/n} = \Phi_a(\gamma)$$

pour tous $b, c \in \partial X - \{a\}$.

13.- Remarque. (i) Il résulte de la proposition 11 que $\Phi_a(\gamma^n) = \Phi_a(\gamma)^n$ pour tout $n \in \mathbb{Z}$. Nous ignorons si Φ_a est un morphisme de G_a vers $\mathbb{R}_+^*$. Au numéro 8.3.A de [Gr5], M. Gromov indique comment construire un exemple *non localement compact* où Φ_a n'est pas un morphisme.

(ii) Précisons que la force $\Phi_a(\gamma)$ ne dépend pas du choix du point base w comme il ressort de la proposition 6.ii. Cependant, $\Phi_a(\gamma)$ dépend du choix de la constante $\varepsilon > 0$. Ceci n'apparaît pas dans la notation pour deux raisons. Tout d'abord le nombre ε est pensé comme arbitrairement petit mais fixe. Par ailleurs, on a

$$(*) \qquad \frac{1}{K_\varepsilon} \leq \frac{\Phi_a(\gamma)}{\exp(\varepsilon\beta_a(w,\gamma w))} \leq K_\varepsilon.$$

En effet, comme nous l'avons déjà remarqué dans la preuve de la proposition 11.i,

$$\Lambda_{a,\varepsilon}(\gamma) = \exp\left(\varepsilon\beta_a(w, \gamma w)\right) .$$

D'autre part, toujours par la proposition 11.ii,

$$\frac{1}{K_\varepsilon}\,\Lambda_{a,\varepsilon}(\gamma) \;\le\; \left(\frac{d(\gamma^n b, \gamma^n c)}{d(b,c)}\right)^{1/n} \;\le\; K_\varepsilon \Lambda_{a,\varepsilon}(\gamma)$$

pour tous points $b, c \in \partial X - \{a\}$ et pour tout entier $n \geq 1$. Les inégalités (*) en résultent après passage à la limite.

14.- Théorème. *Soient a un point de ∂X et γ une isométrie de X fixant a. Il existe sur $\partial X - \{a\}$ une métrique d_γ, compatible avec la topologie induite par celle de ∂X, faisant de $\partial X - \{a\}$ un espace métrique complet, et telle que*

$$d_\gamma(\gamma b, \gamma c) = \Phi_a(\gamma) d_\gamma(b, c)$$

pour tous $b, c \in \partial X - \{a\}$, où $\Phi_a(\gamma)$ est la force de γ en a.

Preuve. On se donne toujours $\varepsilon > 0$ et $w \in X$, et on pose

$$d_\gamma(b, c) = \limsup_{n \to \pm\infty} \frac{1}{\Phi_a(\gamma)^n}\, d(\gamma^n b, \gamma^n c) .$$

Le théorème résulte alors des propositions 6 et 7. □

15.- Définition. Une isométrie γ de X est dite *hyperbolique* s'il existe un point a du bord ∂X fixe par γ tel que la force de γ en a soit différente de 1. Le point a est la *source* de γ si $\Phi_a(\gamma) < 1$ et le *but* sinon.

16.- Théorème. *Soit γ une isométrie hyperbolique de X fixant un point $a \in \partial X$, telle que $\Phi_a(\gamma) \neq 1$.*

(i) Il existe un unique point $b \in \partial X - \{a\}$ fixe par γ.

(ii) On suppose $\Phi_a(\gamma) < 1$. Soient $\mathcal{U}$ et $\mathcal{V}$ deux voisinages de a et b dans ∂X. Il existe un entier $n_0 \geq 1$ tel que $\gamma^n(\partial X - \mathcal{U}) \subset \mathcal{V}$ et $\gamma^{-n}(\partial X - \mathcal{V}) \subset \mathcal{U}$ pour tout $n \geq n_0$.

(iii) L'isométrie γ^n est hyperbolique pour tout $n \neq 0$.

(iv) Si $\Phi_a(\gamma) < 1$, alors $\Phi_b(\gamma) > 1$.

Preuve. On suppose $\Phi_a(\gamma) < 1$ (et on argumente avec γ^{-1} sinon). L'assertion (i) est immédiate car γ est une contraction de l'espace métrique complet $\partial X - \{a\}$. Cette même raison, ainsi que la compacité locale de $\partial X - \{a\}$ entraîne (ii): un voisinage du point fixe attire tout compact et un voisinage de l'infini dans $\partial X - \{a\}$ attire négativement tout compact ne contenant pas le point fixe.

(iii) Nous avons déjà observé que $\Phi_a(\gamma^n) = \Phi_a(\gamma)^n$.

(iv) Si on avait $\Phi_a(\gamma) < 1$ et $\Phi_b(\gamma) < 1$, alors a et b seraient des points fixes attracteurs, ce qui contredirait (ii). □

Les isométries qui ne sont ni elliptiques ni hyperboliques sont appelées *paraboliques*. Nous savons qu'elles fixent au moins un point a du bord de X et que leur force en a est égale à 1. Le théorème suivant précise leur structure.

17.- Théorème. *Soit γ une isométrie parabolique de X.*

(i) Il existe un unique point a de ∂X fixe par γ_0.

(ii) Pour tout voisinage $\mathcal{U}$ de a dans ∂X et tout compact $K \subset \partial X - \{a\}$, il existe un entier $n_0 \geq 0$ tel que $\gamma^n(K) \subset \mathcal{U}$ pour $|n| \geq n_0$.

Avant de démontrer ce théorème, nous explicitons une propriété très générale des isométries.

18.- Lemme. *Soit γ une isométrie d'un espace métrique localement compact E. Deux cas sont possibles et s'excluent mutuellement:*

(1) toutes les orbites de γ sont bornées,

(2) pour tous compacts K_1, K_2 de E, il existe n_0 tel que $\gamma^n(K_1) \subset E - K_2$ pour $|n| \geq n_0$.

Preuve. Soit G le groupe des isométries de E, muni de la topologie de la convergence uniforme sur les parties compactes de E; le groupe G est localement compact. Soit H_γ l'adhérence dans G du groupe engendré par γ. On sait qu'un tel groupe, dit monothétique, est ou bien compact ou bien cyclique infini (théorème 2.4.1 de [Rud]). Dans le premier cas, toutes les orbites de γ sont évidemment bornées dans X. Dans le second cas, toutes les orbites $(\gamma^n x)_{n\in\mathbb{Z}}$ tendent vers l'infini, et on a donc le deuxième terme de l'alternative. □

19.- Preuve du théorème 17. Soit a un point fixe de γ dans ∂X. Il résulte du théorème 14 et du fait que γ n'est pas hyperbolique qu'il existe une distance d sur $\partial X - \{a\}$, complète et compatible avec la topologie de ∂X, telle que γ soit une isométrie de $(\partial X - \{a\}, d)$.

D'après le lemme précédent, il nous reste donc à montrer que les orbites de γ dans $\partial X - \{a\}$ ne sont pas bornées.

Supposons, par l'absurde, qu'il existe un compact $K \subset \partial X - \{a\}$ invariant par γ. Soit $\widehat{K} \subset X$ la réunion des géodésiques de X joignant a à un point de K. Evidemment, $\widehat{K}$ est invariant par γ.

Par ailleurs, considérons un point $w \in \widehat{K}$ et l'horosphère

$$H_0 = \{y \in X \ : \ |\beta_a(w,y)| \leq 40\delta\} \ .$$

Le lemme 1 montre que $w \in H_0$, en particulier que H_0 n'est pas vide. Puisque la force de γ^n en a est 1, cette horosphère est presque préservée par γ. Plus précisément, la remarque 13.ii montre qu'il existe une constante C telle que

$$|\beta_a(w, \gamma^n w)| \leq C$$

pour tout entier $n \in \mathbb{Z}$.

On remarque alors que l'ensemble

$$\widehat{K} \cap \{y \in X \ : \ |\beta_a(w,y)| \leq C\}$$

est borné et non vide. Comme cet ensemble contient l'orbite $(\gamma^n x)_{n \in \mathbb{Z}}$, ceci montre que γ a une orbite bornée dans X et donc que γ est elliptique. Mais ceci est impossible car nous avons supposé γ parabolique. □

Nous résumons une partie des résultats obtenus à ce point sous la forme d'un corollaire.

20.- Corollaire. *Soit γ une isométrie de X et soit $L \subset \partial X$ l'ensemble limite du groupe engendré par γ. Alors L a au plus 2 points. De plus:*

(i) L est vide si et seulement si γ est elliptique,

(ii) L ne contient qu'un point si et seulement si γ est parabolique,

(iii) L contient deux points si et seulement si γ et hyperbolique.

Les isométries hyperboliques sont certainement celles qui méritent le plus d'attention. Nous consacrons les numéros 21 à 24 à une caractérisation de ces isométries et à deux critères permettant de les "reconnaître".

21.- Proposition. *Soit γ une isométrie de X. Les conditions suivantes sont équivalentes.*

(i) γ est hyperbolique.

(ii) Il existe un point x de X tel que l'orbite $n \in \mathbb{Z} \longmapsto \gamma^n x \in X$ est une quasi-géodésique.

(iii) Pour tout point x de X, l'orbite de x est une quasi-géodésique.

Preuve. Montrons (i) $\Rightarrow$(ii). Soit γ une isométrie hyperbolique et soient a, b ses points fixes dans ∂X. Soit $g : \mathbb{R} \to X$ une géodésique minimisante joignant a à b; on note w le point $g(0)$.

Pour tout $n \in \mathbb{Z}$, la géodésique $\gamma^n(g)$ a les mêmes points à l'infini que g; elle est donc située à une distance de Hausdorff inférieure à 16δ de g (corollaire 7.3). Pour tout $n \in \mathbb{Z}$, choisissons $t_n \in \mathbb{R}$ tel que $|g(t_n) - \gamma^n w| \leq 16\delta$. Estimons t_n.

Par la remarque 13, on a d'une part

$$\operatorname{Log} \Phi_a(\gamma^n) = n \operatorname{Log} \Phi_a(\gamma)$$

et d'autre part

$$|\operatorname{Log} \Phi_a(\gamma^n) - \varepsilon \beta_a(w, \gamma^n w)| \leq \operatorname{Log} K_\varepsilon \ .$$

Par la proposition 2.iv, on a aussi

$$|\beta_a(w, \gamma^n w) - \beta_a(w, g(t_n))| \leq 416\delta \ .$$

Or $|\beta_a(w, g(t_n)) - t_n| \leq 40\delta$ par le lemme 1. Donc $\sup_{n\in\mathbb{Z}} |t_n - n \operatorname{Log} \Phi_a(\gamma)| < \infty$. Si $\operatorname{Log} \Phi_a(\gamma)$ était nul, l'orbite $(\gamma^n w)_{n\in\mathbb{Z}}$ serait bornée et γ serait elliptique, contrairement à l'hypothèse. Donc $\operatorname{Log} \Phi_a(\gamma) \neq 0$ et l'application

$$n \in \mathbb{Z} \longmapsto \gamma^n w \in X$$

est une quasi-géodésique.

L'implication (ii) $\Rightarrow$ (iii) est facile. Si l'orbite de x est une quasi-géodésique, il en est de même pour celle de y car

$$|\gamma^n x - \gamma^p x| - 2|x - y| \leq |\gamma^n y - \gamma^p y| \leq |\gamma^n x - \gamma^p x| + 2|x - y|$$

pour tous $n, p \in \mathbb{Z}$.

Montrons enfin que (iii) entraîne (i). Si l'orbite de x est une quasi-géodésique, ses points à l'infini sont fixes par γ. En particulier, γ n'est pas parabolique. Par ailleurs, γ n'est pas non plus elliptique puisque l'orbite de x n'est pas bornée. □

22.- Corollaire. *Soit γ une isométrie de X et soit x un point de X. On suppose que*

$$|\gamma^2 x - x| > |\gamma x - x| + 18\delta \ .$$

Alors γ est hyperbolique.

Preuve. L'hypothèse signifie précisément que la suite de n-ième terme $x_n = \gamma^n x$ vérifie le critère du théorème 5.16. L'orbite de x est donc une quasi-géodésique. □

23.- Définition. Soit γ une isométrie de X. Le *déplacement minimum* de γ est le nombre $d(\gamma) = \inf_{x \in X} |x - \gamma x|$.

24.- Proposition. *Soit γ une isométrie de X. Si le déplacement minimum de γ est strictement supérieur à 26δ, alors γ est hyperbolique.*

Preuve. On choisit un point $x \in X$ et des segments $[x, \gamma x]$, $[\gamma x, \gamma^2 x]$ et $[x, \gamma^2 x]$. On peut alors trouver un tripode (isocèle) T, de centre c, et une application f de $[x, \gamma x] \cup [\gamma x, \gamma^2 x] \cup [x, \gamma^2 x]$ vers T, isométrique sur chacun des côtés, telle que f est une isométrie à 4δ près (proposition 2.21).

Soit y le milieu de $[x, \gamma x]$. Supposons d'abord que

$$\big|c - f(\gamma x)\big| \geq \frac{1}{2}\big|f(\gamma x) - f(x)\big| - 9\delta \ .$$

On aurait alors (voir figure 3):

$$|f(y) - f(\gamma y)| \leq 18\delta \ .$$

Il en résulterait que $|y - \gamma y| \leq 26\delta$ ce qui est impossible puisque $d(\gamma) > 26\delta$.

On a donc:

$$\big|c - f(\gamma x)\big| < \frac{1}{2}\big|f(\gamma x) - f(x)\big| - 9\delta \ .$$

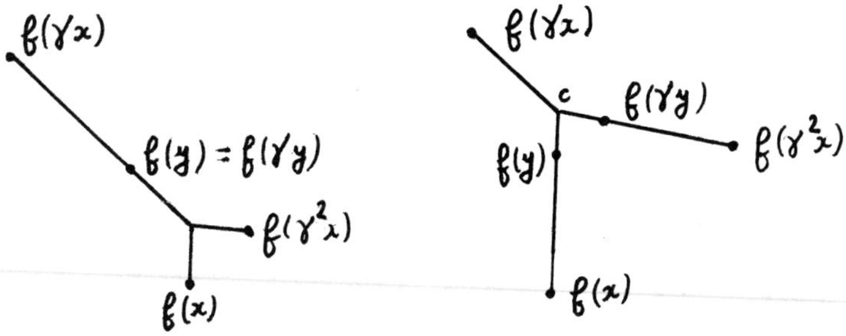

Figure 3.

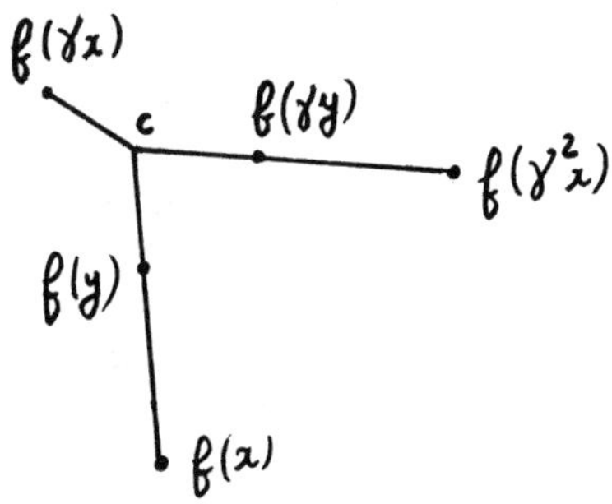

Figure 4.

Il en résulte que (voir figure 4)

$$|f(x) - f(\gamma^2 x)| > |f(x) - f(\gamma x)| + 18\delta$$

et donc que

$$|x - \gamma^2 x| > |x - \gamma x| + 18\delta \ .$$

Le corollaire 22 montre donc que γ est hyperbolique. □

L'action d'un groupe d'isométries de X sur son ensemble limite (numéro 8 ci-dessus) a plusieurs propriétés remarquables (numéro 8.2 de [Gr5]). Voici la plus simple; elle fournit l'un des ingrédients utiles à [HaJ] et [CoM].

25.- Proposition. *Soit G un groupe d'isométries de X, soit $L(G)$ son ensemble limite et soit A un fermé de ∂X invariant par*

G. On suppose que A n'est ni vide ni réduit à un point. Alors $L(G)$ est dans A.

Preuve. Soit B une partie de ∂X; on note $I(B)$ l'ensemble des points de X qui sont sur une géodésique minimisante ayant ses deux points à l'infini dans B. Supposons la partie B ni vide ni réduite à un point, de sorte que $I(B)$ n'est pas vide. Soit $(x_i)_{i\geq 1}$ une suite de points de $I(B)$ tendant vers un point a de ∂X. Alors $a \in \overline{B}$. En effet, pour tout $i \geq 1$, on peut choisir une géodésique minimisante ℓ_i (vue comme partie de X) contenant x_i, dont les extrémités b'_i et b''_i sont dans B. Quitte à passer à une suite extraite, on peut supposer que $(b'_i)_{i\geq 1}$ [respectivement $(b''_i)_{i\geq 1}$] converge vers un point b' [resp. b''] de $\overline{B}$ et que $(\ell_i)_{i\geq 1}$ converge vers une géodésique minimisante ℓ d'extrémités b' et b''. La suite $(x_i)_{i\geq 1}$ converge alors d'une part vers $a \in \partial X$, et d'autre part vers un point de $\ell \cup \{b', b''\}$. On a donc $a \in \{b', b''\} \subset \overline{B}$.

Soit A comme dans l'énoncé. Alors $I(A)$ est une partie non vide de X invariante par G. Soit $x \in I(A)$; rappelons que $L(G)$ est l'ensemble des points de ∂X qui sont limites de points de l'orbite Gx. Vu ce qui précède, on a donc $L(G) \subset \overline{A} = A$. □

26.- Corollaire. *Soit G un groupe d'isométries de X et $L(G)$ son ensemble limite. On suppose que G n'a aucun point fixe dans ∂X. Alors l'action de G sur $L(G)$ est minimale (toutes ses orbites sont denses).*

27.- Observation. Soit Γ un groupe hyperbolique agissant sur lui-même par multiplication à gauche. L'ensemble limite $L(\Gamma)$ coïncide avec $\partial\Gamma$. En particulier, Γ agit minimalement sur $\partial\Gamma$.

§3. LE CAS D'UN GROUPE HYPERBOLIQUE

Dans ce paragraphe, nous considérons un groupe hyperbolique Γ muni d'un système fini symétrique S de générateurs. Soit X le graphe de Cayley de Γ relatif à S. Nous savons que Γ agit par isométries sur l'espace hyperbolique X. Nous supposons Γ non élémentaire. Ainsi $\partial\Gamma$ est infini (numéros 7.15 et 7.18) et la discussion du paragraphe précédent s'applique. En particulier, les éléments de Γ peuvent a priori être divisés en trois catégories: elliptique, parabolique et hyperbolique. Notons que ces notions ne dépendent pas du choix de

S. En effet, le bord de X ainsi que l'action de Γ sur ce bord ne dépendent pas de S (proposition 7.14) et nous avons vu comment reconnaître le type d'une isométrie par son comportement au bord.

(Si Γ est élémentaire, les notions d'éléments paraboliques et hyperboliques n'ont pas été définies. Convenons qu'un élément d'ordre infini d'un groupe élémentaire est hyperbolique. Le lecteur vérifiera facilement que, avec cette convention, les énoncés du présent paragraphe sont aussi valables pour les groupes élémentaires.)

28.- Proposition. *Soit γ un élément du groupe hyperbolique Γ. Alors γ est elliptique si et seulement si γ est d'ordre fini.*

Preuve. L'orbite du point $e \in \Gamma$ de X par γ est précisément $(\gamma^n)_{n\in\mathbb{Z}}$. Si cette orbite est bornée, elle est périodique, car les boules de Γ sont finies. Réciproquement, un élément d'ordre fini est évidemment elliptique. □

La seconde catégorie d'éléments est en fait vide!

29.- Théorème. *Un groupe hyperbolique ne contient pas d'élément parabolique.*

Nous allons en fait montrer un résultat plus fort:

30.- Théorème. *Soit Γ un groupe hyperbolique infini et soit a un point du bord $\partial\Gamma$. Soit Γ_a le sous-groupe des éléments de Γ laissant le point a fixe. Alors, deux cas sont possibles et s'excluent.*

(i) Γ_a est fini.

(ii) Il existe un point b de $\partial\Gamma$, différent de a, laissé fixe par tous les éléments de Γ_a. Dans ce cas, Γ_a contient un sous-groupe d'indice fini qui est infini cyclique et formé d'éléments hyperboliques. De plus, $\Gamma_a = \Gamma_b$.

Le théorème 30 est en effet plus fort que le théorème 29: ce que nous savons des isométries paraboliques est incompatible avec (i) et (ii).

Les théorèmes 29 et 30 sont des conséquences assez faciles du lemme suivant.

31.- Lemme. *Soit Γ un groupe hyperbolique infini; soient C une constante positive et a un point du bord de Γ. Alors il n'existe qu'un*

nombre fini d'éléments de Γ_a *dont la force en a vérifie:* $\exp(-C) \leq \Phi_a(\gamma) \leq \exp(C)$.

Preuve. Soient $\gamma_1, \gamma_2, \ldots, \gamma_n$ n éléments distincts de Γ_a vérifiant

$$\exp(-C) \leq \Phi_a(\gamma_i) \leq \exp(C) \qquad (i = 1, \ldots, n) .$$

Soit $g : \mathbb{R}_+ \to X$ un rayon d'origine $e \in \Gamma \subset X$ convergeant vers a. Posons $g_i = \gamma_i \circ g$ $(i = 1, \ldots, n)$. Comme tous ces rayons convergent vers le même point à l'infini, il existe des nombres réels $t_0 \geq 0$ et $u_1, \ldots, u_n$ tels que

$$|g(t) - g_i(t - u_i)| \leq 16\delta$$

pour tout $t \geq t_0$. La définition même de la force, le fait que $g_i = \gamma_i \circ g$ et le fait que $\exp(-C) \leq \Phi_a(\gamma_i) \leq \exp(C)$ montrent qu'il existe une constante D, ne dépendant que de C et δ et ne dépendant pas de n, telle que

$$|u_i| \leq D \qquad i = 1, \ldots, n .$$

Considérons maintenant un point $x \in \Gamma$ du type $g(k)$ avec k entier supérieur à t_0. Les inégalités précédentes montrent que

$$|\gamma_i x - x| \leq D + 16\delta .$$

Soit N le nombre d'éléments d'une boule de rayon $D + 16\delta$ dans Γ (et de centre quelconque). On a donc $n \leq N$. Ceci établit la finitude de l'ensemble considéré dans le lemme. □

32.- Preuve du théorème 29. Soit γ un élément non hyperbolique de Γ_a. Pour tout $n \neq 1$, γ^n est aussi un élément de Γ_a de force en a égale à 1. Il résulte du lemme que $\{\gamma^n\}$ est fini et que γ est elliptique. □

33.- Preuve du théorème 30. La preuve précédente montre que Γ_a ne contient qu'un nombre fini d'éléments elliptiques. Si le groupe Γ_a est infini, il contient au moins un élément hyperbolique γ. Considérons le logarithme de la force

$$\operatorname{Log} \Phi_a \; : \; \Gamma_a \longrightarrow \mathbb{R} .$$

Nous savons (proposition 11) que c'est un "quasi-morphisme" dans le sens que

$$|\operatorname{Log} \Phi_a(\gamma_1\gamma_2) - \operatorname{Log} \Phi_a(\gamma_1) - \operatorname{Log} \Phi_a(\gamma_2)|$$

est borné indépendamment de $\gamma_1, \gamma_2 \in \Gamma_a$. Nous savons par ailleurs (lemme 31) que l'image inverse par $\operatorname{Log} \Phi_a$ d'un intervalle borné est finie. Il en résulte que, si γ est un élément hyperbolique de Γ_a, le groupe engendré par γ est d'indice fini dans Γ_a.

Soit b l'unique point fixe de γ dans $\partial X - \{a\}$. Il nous reste à montrer que tous les éléments de Γ_a fixent b. Supposons, par l'absurde, qu'un élément γ' de Γ_a ne fixe pas b. Alors γ et $\gamma'\gamma\gamma'^{-1}$ seraient deux contractions de $\partial X - \{a\}$ ayant des points fixes distincts. La méthode bien connue du "ping-pong" (voir [Ha1]) montrerait alors que, pour n assez grand, γ^n et $\gamma'\gamma^n\gamma'^{-1}$ engendrent un semi-groupe libre. Ceci est bien sûr impossible car Γ_a, contenant un sous-groupe cyclique d'indice fini, ne peut avoir une croissance exponentielle. □

Nous pouvons maintenant démontrer une partie du théorème 38 du panorama.

34.- Théorème. *Soit γ un élément d'ordre infini du groupe hyperbolique Γ. Alors le groupe engendré par γ est d'indice fini dans le centralisateur de γ.*

Preuve. Soit Z le centralisateur de γ. Comme γ n'a que deux points fixes à l'infini, l'un attractif, l'autre répulsif, le groupe Z fixe ces points. La conclusion résulte du théorème 30. □

Nous venons de voir qu'un groupe hyperbolique ne contient pas d'élément parabolique. Nous avons aussi vu qu'un tel groupe ne contient qu'un nombre fini de classes de conjugaison d'éléments de torsion (proposition 4.13). Le lemme suivant permet de construire effectivement des éléments hyperboliques. Sa démonstration, malheureusement un peu technique, est reléguée à la fin du paragraphe.

35.- Lemme. *Soient γ_1, γ_2 deux isométries d'un espace δ-hyperbolique X et soit x un point de X. On suppose que*

(i) $|x - \gamma_j x| > 2(\gamma_1 x | \gamma_2 x)_x + 24\delta \quad (j = 1, 2)$,

(ii) γ_1 et γ_2 ne sont pas hyperboliques.

Alors, l'isométrie $\gamma_1^{-1}\gamma_2$ est hyperbolique.

36.- Corollaire. *Soit Γ_1 un sous-groupe du groupe hyperbolique Γ. Si tous les éléments Γ_1 sont d'ordre fini, alors Γ_1 est fini.*

Preuve. Soit Γ_1 un sous-groupe infini de Γ et soit $L \subset \partial\Gamma$

l'ensemble limite de Γ_1, évidemment non vide.

Si L ne contient qu'un point a, ce point est fixe par Γ_1 et Γ_1 est contenu dans Γ_a. Nous avons vu (preuve du théorème 29) que Γ_a ne contient qu'un nombre fini d'éléments elliptiques. Donc Γ_1 contient des éléments hyperboliques, qui sont d'ordre infini.

Si L contient deux points distincts a et b, on peut trouver deux suites α_n et β_n dans Γ_1 convergeant vers a et b respectivement. On a:

$$|\alpha_n - e| \longrightarrow \infty \qquad |\beta_n - e| \longrightarrow +\infty$$

$$(\alpha_n|\beta_n)_e \text{ borné.}$$

Le lemme 35 montre alors que, pour n assez grand, l'un des éléments α_n, β_n ou $\alpha_n^{-1}\beta_n$ est hyperbolique. Par suite, Γ_1 contient aussi des éléments d'ordre infini.

Il en résulte qu'un sous-groupe infini de Γ contient toujours des éléments d'ordre infini. □

Le théorème suivant complète la preuve du théorème 38 du panorama. Notons qu'un sous-groupe d'un groupe hyperbolique (même s'il est de type fini) n'est *pas* nécessairement hyperbolique [Rip].

37.- Théorème. *Soit Γ_1 un sous-groupe d'un groupe hyperbolique. On a nécessairement l'un des trois cas suivants:*

(i) Γ_1 est fini.

(ii) Γ_1 contient un sous-groupe infini cyclique d'indice fini.

(iii) Γ_1 contient un sous-groupe libre à deux générateurs.

Preuve. Si Γ_1 est infini, le corollaire précédent montre qu'il contient au moins un élément hyperbolique γ_1. Soient a et b les points fixes de γ_1 dans $\partial\Gamma$. Nous savons que $\Gamma_a = \Gamma_b$ et que Γ_a contient un sous-groupe infini cyclique d'indice fini. Si $\Gamma_1 \subset \Gamma_a$, alors Γ_1 relève de la description (ii). Il en est de même si Γ_1 préserve la paire $\{a, b\}$, comme on le voit en considérant le sous-groupe $\Gamma_1 \cap \Gamma_a$ d'indice au plus 2 dans Γ_1. Sinon, il existe un élément γ de Γ_1 tel que $\gamma(a) \notin \{a, b\}$ et $\gamma(b) \notin \{a, b\}$. L'élément hyperbolique $\gamma_2 = \gamma\gamma_1\gamma^{-1}$ a donc des points fixes $\gamma(a)$ et $\gamma(b)$ distincts de a, b. Une application du "lemme du ping-pong" (voir [Ha1]) montre alors que, si n est assez grand, γ_1^n et γ_2^n engendrent dans Γ_1 un groupe libre à deux

générateurs. □

38.- Corollaire. Soit Γ_1 un sous-groupe d'un groupe hyperbolique Γ; on suppose que Γ_1 ne contient pas de sous-groupe cyclique d'indice fini. Soit $L(\Gamma_1) \subset \partial\Gamma$ l'ensemble limite de Γ_1 (numéro 8) et soit $S(\Gamma_1)$ l'ensemble des points de $\partial\Gamma$ fixes par un hyperbolique de Γ_1. Alors $S(\Gamma_1)$ est dense dans $L(\Gamma_1)$.

Preuve: voir les numéros 26 et 27. □

Pour terminer ce chapitre, nous démontrons le lemme 35.

39.- Preuve du lemme 35. *Premier pas.* Soit F un sous-ensemble de X contenant x et au plus 7 autres points. Le théorème 2.12 montre qu'il existe un arbre métrique T et une application $\Phi : F \to T$ telle que

$$|y-x| = |\Phi(y) - \Phi(x)|$$
$$|y-z| - 6\delta \leq |\Phi(y) - \Phi(z)| \leq |y-z|$$

pour tous $y, z \in F$. On a donc aussi

$$(y|z)_w - 6\delta \leq \big(\Phi(y)|\Phi(z)\big)_{\Phi(w)} \leq (y|z)_w + 3\delta$$

pour tous $y, z, w \in F$. On pose désormais:

$$F = \{\gamma_1^{-1}\gamma_2 x,\, \gamma_1^{-1}x,\, \gamma_1 x,\, x,\, \gamma_2 x,\, \gamma_2^{-1}x\,, \gamma_2^{-1}\gamma_1 x\}$$

et on se propose d'estimer $|\gamma_1^{-1}\gamma_2 x - \gamma_2^{-1}\gamma_1 x| - |\gamma_1^{-1}\gamma_2 x - x|$.

Deuxième pas. Comme γ_1 est une isométrie, l'hypothèse (i) du lemme pour $j = 1$ s'écrit de deux manières:

$$(1) \qquad |x - \gamma_1 x| > 2(\gamma_1 x|\gamma_2 x)_x + 24\delta\ ,$$

$$(2) \qquad |\gamma_1^{-1}x - x| > 2(x|\gamma_1^{-1}\gamma_2 x)_{\gamma_1^{-1}x} + 24\delta\ .$$

Considérons d'abord dans T le tripode dont les sommets sont les images par Φ de $x, \gamma_1 x$ et $\gamma_2 x$, et notons a, r_1 et r_2 les longueurs des pieds correspondants (figure 5).
L'égalité (1) implique

$$\begin{aligned} a + r_1 = |x - \gamma_1 x| &> 2(\gamma_1 x|\gamma_2 x)_x + 24\delta \\ &\geq 2\big(\Phi(\gamma_1 x)|\Phi(\gamma_2 x)\big)_{\Phi(x)} + 18\delta = 2a + 18\delta\ , \end{aligned}$$

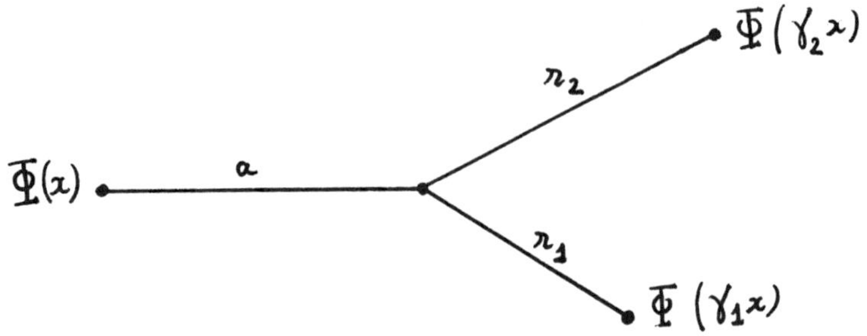

Figure 5.

c'est-à-dire

$$(3) \qquad r_1 > a + 18\delta \ .$$

Grâce à (2), on obtient de même

$$(4) \qquad b_1 > s_1 + 18\delta$$

en considérant dans T le tripode de la figure 6.

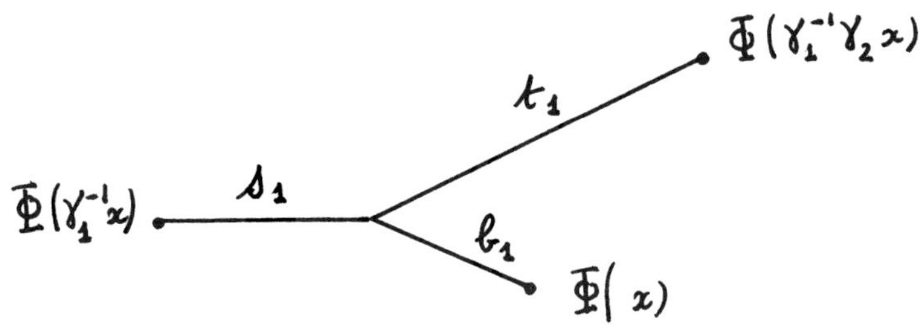

Figure 6.

Comme $a + r_1 = |x - \gamma_1 x| = |x - \gamma_1^{-1} x| = b_1 + s_1$, il résulte de (3) et (4) qu'on a aussi

$$2a < a + r_1 - 18\delta = b_1 + s_1 - 18\delta < 2(b_1 - 18\delta) \ ,$$

c'est-à-dire

$$(5) \qquad a < b_1 - 18\delta \ .$$

En permutant les indices 1 et 2, on obtient de même

$$(6) \qquad r_2 > a + 18\delta \ ,$$

$$(7) \qquad b_2 > s_2 + 18\delta \ ,$$

$$(8) \qquad a < b_2 - 18\delta \ .$$

Troisième pas. Comme γ_1 n'est pas hyperbolique, le corollaire 22 montre qu'on a

$$(9) \qquad |\gamma_1^{-1}x - \gamma_1 x| \leq |\gamma_1 x - x| + 18\delta = |\gamma_1^{-1}x - x| + 18\delta \ .$$

Considérons maintenant dans T le tripode isodèle dont les sommets sont les images par Φ de $x, \gamma_1 x, \gamma_1^{-1}x$, et notons c_1, u_1, u_1 les longueurs des pieds correspondants (figure 7).

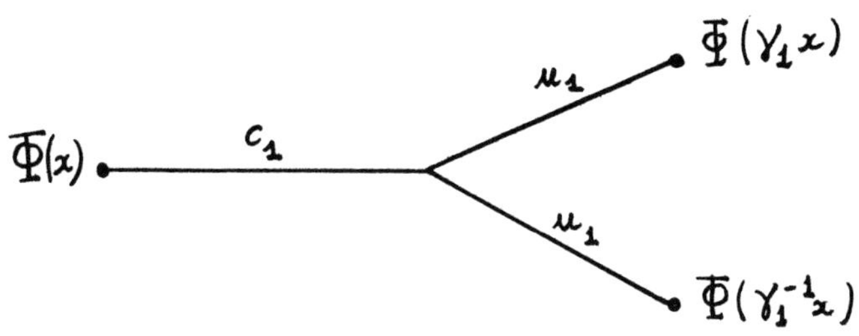

Figure 7.

Il résulte de (9) et du premier pas que

$$2u_1 \leq c_1 + u_1 + 18\delta \ ,$$

c'est-à-dire que

$$(10) \qquad u_1 \leq c_1 + 18\delta \ .$$

Comme $c_1 + u_1 = |x - \gamma_1 x| = a + r_1$, il résulte de (3) et (10) que

$$2a < a + r_1 - 18\delta = c_1 + u_1 - 18\delta \leq 2c_1 \ ,$$

c'est-à-dire que

$$(11) \qquad a < c_1 \ .$$

De même, avec des notations évidentes:

$$(12) \qquad u_2 \leq c_2 + 18\delta \ ,$$

$$(13) \qquad a < c_2 \ .$$

Quatrième pas. Esquissons dans T le sous-arbre engendré par les images par Φ des points

$$x,\ \gamma_1 x,\ \gamma_1^{-1} x,\ \gamma_2 x,\ \gamma_1^{-1}\gamma_2 x \ .$$

Vu (5) et (11), on a $a < \min(b_1, c_1)$. Selon que $a < b_1 \leq c_1$ ou que $a < c_1 < b_1$, on a donc l'une des deux situations de la figure 8.

De même, on obtient deux esquisses possibles en permutant les indices 1 et 2.

Considérons alors (figure 9) le tripode dans T engendré par les images par Φ de $x, \gamma_1^{-1}\gamma_2 x$ et $\gamma_2^{-1}\gamma_1 x$.

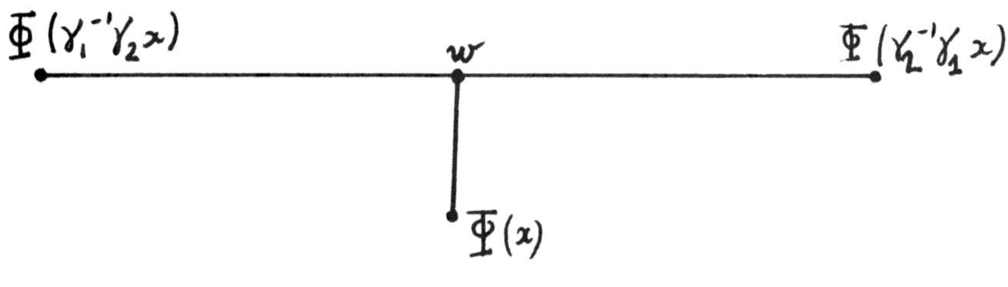

Figure 9.

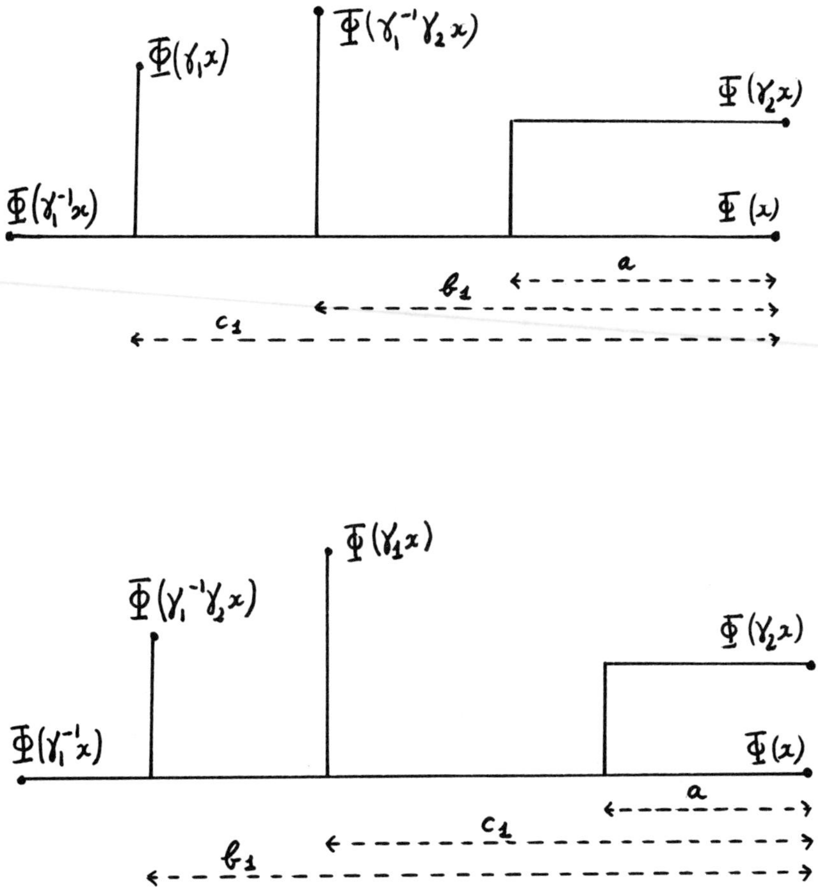

Figure 8.

Si w désigne le centre de ce tripode, on a donc

$$|\Phi(x) - w| = a \ . \tag{14}$$

Par suite

$$\begin{aligned}
|\Phi(\gamma_1^{-1}\gamma_2 x) - \Phi(\gamma_2^{-1}\gamma_1 x)| - |\Phi(\gamma_1^{-1}\gamma_2 x) - \Phi(x)|& \\
= |\Phi(x) - \Phi(\gamma_2^{-1}\gamma_1 x)| - a & \qquad \text{par (14)} \\
= b_2 + t_2 - a & \qquad \text{par définition de } b_2 \text{ et } t_2 \\
> 18\delta & \qquad \text{par (8)}
\end{aligned}$$

et

$$|\gamma_1^{-1}\gamma_2 x - \gamma_2^{-1}\gamma_1 x| - |\gamma_1^{-1}\gamma_2 x - x| > 18\delta$$

par le premier pas. Il résulte donc du corollaire 22 que $\gamma_1^{-1}\gamma_2$ est hyperbolique. □

CHAPITRE 9. LA PROPRIÉTÉ DE MARKOV POUR LES GROUPES HYPERBOLIQUES

Etienne Ghys et Pierre de la Harpe

Les résultats de ce chapitre sont dus à J.W. Cannon dans le cas du groupe fondamental d'une variété compacte à courbure négative constante [Ca1]. Ces résultats ont été élargis et placés dans le contexte des groupes hyperboliques par M. Gromov [Gr5]. Par la suite, J.W. Cannon, D.B.A. Epstein, D.F. Holt, M.S. Paterson et W. Thurston ont étendu ces notions à des groupes plus généraux qu'ils appellent "automatiques" [CET]. Ce chapitre contient une description de la "situation hyperbolique"; il peut aussi être considéré comme une introduction à [CET]. Certains des résultats qui suivent apparaissent déjà dans [Gil].

Nous remercions N.A. Shah, du Tata Institute, pour nous avoir signalé une erreur dans une première version. Les rédacteurs, optimistes, avaient cru que le théorème 13 résultait immédiatement de la proposition 25. Ils s'étaient laissé piéger par l'affirmation de [Gr5, page 240], qui est un peu rapide: "The proof is identical to that of 8.5.B_1".

§1. GRAMMAIRES ET GROUPES DE MARKOV

L'usage du nom "Markov" en mathématiques dépasse largement le sens strict qu'on lui donne en probabilités. Rappelons qu'une *chaîne de Markov* (finie) est la donnée d'un ensemble fini E d'*états* et, pour chaque couple (i,j) d'états, d'une probabilité de transition $p_{i,j}$. On suppose que $\sum_{j\in E} p_{i,j} = 1$ et on s'intéresse alors à l'évolution d'un processus aléatoire qui, au temps $t = 0$, se trouve dans un certain état initial $i_0 \in E$ et qui, étant à l'état i au temps (entier) t, passe à l'état j au temps $t+1$ avec une probabilité $p_{i,j}$. On symbolise souvent une telle chaîne par son graphe dont les sommets sont les éléments de E et dans lequel une arête joint l'état i à l'état j si $p_{i,j} \neq 0$. Cette arête peut aussi porter une *étiquette* sur laquelle on indique la valeur de $p_{i,j}$. L'idée principale est que, pour étudier l'avenir du processus, il suffit de connaître son état présent. L'histoire préalable du système "n'influe pas" sur son avenir.

Cette même idée peut servir de base à une "théorie linguistique" extrêmement naïve et primitive.

1.- Définition. Une *grammaire de Markov* $\mathcal{G}$ est formée des trois ingrédients suivants:

(1) un ensemble fini E d'*états* dont un élément particulier $*$ s'appelle l'*état initial*,

(2) un ensemble fini A d'*arêtes* et deux applications $\alpha : A \to E$ (origine) et $\omega : A \to E$ (extrémité),

(3) un ensemble fini S, l'*alphabet* de $\mathcal{G}$, constitué de *lettres* et une application d'*étiquetage* $\lambda : A \to S$.

Une grammaire de Markov produit un *langage*, c'est-à-dire qu'elle permet de déclarer *syntaxiquement correctes* certaines suites finies de lettres et, en revanche, de rejeter les autres comme *incorrectes*.

Précisément, notons $\mathcal{L}$ l'ensemble des suites finies d'éléments de S (ou monoïde libre sur S). On considère aussi l'ensemble des chemins finis d'origine $*$, c'est-à-dire l'ensemble des suites finies $a_1, a_2, \ldots, a_n$ d'éléments de A telles que $\alpha(a_1) = *$ et $\alpha(a_{i+1}) = \omega(a_i)$ $i = 1, 2, \ldots, n-1$. Etant donné un tel chemin, la suite $(\lambda(a_1), \lambda(a_2), \ldots, \lambda(a_n))$ définit un élément de $\mathcal{L}$. L'ensemble $\mathcal{L}(\mathcal{G}) \subset \mathcal{L}$ des suites ainsi formées sera appelé le *langage engendré* par $\mathcal{G}$.

2.- Exemple. La grammaire de Markov symbolisée par le diagramme de la figure 1 engendre les suites de lettres a et b formées par un bloc de a suivi d'un bloc de b.

3.-Exercice. Montrer qu'il n'existe pas de grammaire de Markov d'alphabet $\{a, b\}$ dont le langage soit constitué des suites de a et de b contenant un nombre pair de lettres a.

L'intérêt d'un tel modèle pour les langues naturelles est évidemment nul, car il est beaucoup trop simpliste. Il faut parfois remonter bien loin dans un texte (allemand par exemple ...) pour savoir comment orthographier le mot suivant. Heureusement, nous allons voir que ces "langages rustres" permettent de décrire efficacement les groupes hyperboliques.

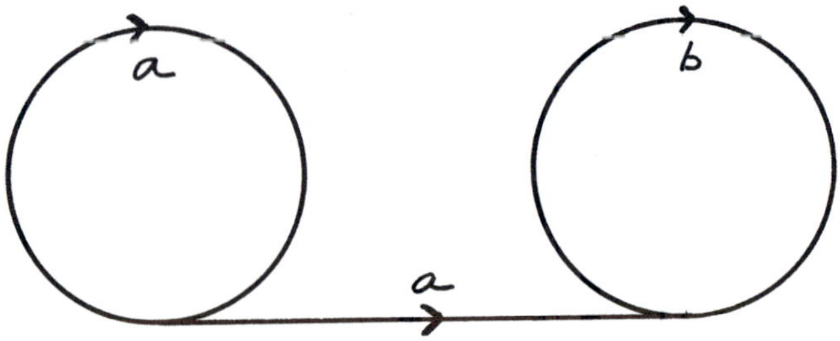

Figure 1.

Soit Γ un groupe de type fini et soit S un système fini de générateurs. (On suppose toujours S symétrique, comme au chapitre 1.) On considère l'application naturelle π de $\mathcal{L}$ dans Γ qui associe à une suite $(s_1, s_2, \ldots, s_n)$ de $\mathcal{L}$ l'élément $s_1 s_2 \ldots s_n$ de Γ.

4.- Définition. Un groupe de type fini Γ est un *groupe de Markov* s'il existe une grammaire de Markov $\mathcal{G}$ dont l'alphabet S est un ensemble générateur de Γ, telle que la restriction de l'application $\pi : \mathcal{L} \to \Gamma$ au langage $\mathcal{L}(\mathcal{G})$ est bijective.

Dans une telle situation, tout élément de Γ s'écrit donc comme un produit d'éléments de S sous une forme canonique, dictée par une certaine grammaire de Markov. Nous dirons parfois que la grammaire $\mathcal{G}$ *régit* le groupe Γ.

Notons qu'une même grammaire de Markov peut régir deux groupes non isomorphes, comme on peut le vérifier en considérant le groupe $\mathbb{Z}^3$ et le groupe de Heisenberg de l'exemple 1.5. Ces exemples révèlent une faiblesse de la théorie exposée ici, faiblesse à laquelle remédie la théorie des groupes automatiques de [CET].

5.- Définition. Un groupe de type fini Γ est *fortement Markov* si, pour *tout* système fini S de générateurs de Γ, il existe une grammaire de Markov $\mathcal{G}$ dont l'alphabet est S et telle que l'application $\pi : \mathcal{L}(\mathcal{G}) \to \Gamma$ est non seulement bijective mais de plus *préserve les longueurs naturelles* de part et d'autre.

6.- Exemple. Un groupe fini est fortement Markov.

Soit, en effet, Γ un groupe fini et soit S un système de générateurs (toujours supposé symétrique). Munissons S d'un ordre total quelconque. Si γ est un élément de longueur n par rapport à S, on peut choisir parmi les représentations de γ sous la forme $s_1 s_2 \ldots s_n$ la plus petite dans l'ordre lexicographique dérivé de l'ordre choisi sur S. De cette façon, chaque élément de Γ s'écrit de manière "canonique" comme un produit de générateurs, et certaines suites finies de générateurs ont été "sélectionnées". Remarquons que, si la suite $s_1, \ldots, s_n$ a été sélectionnée, il en est de même de $s_1, \ldots, s_{n-1}$. On construit alors un arbre fini, basé en l'élément neutre de Γ, dont les arêtes sont étiquetées par S, et dont les sommets sont les éléments de Γ ou, si l'on veut, les suites sélectionnées. Si la suite $(s_1, \ldots, s_n)$ est sélectionnée, on joint $s_1 s_2 \ldots s_{n-1}$ à $s_1 s_2 \ldots s_n$ par une arête étiquetée s_n. On obtient ainsi une grammaire de Markov dont le langage est formé précisément des suites sélectionnées.

A titre d'exemple, considérons le groupe $\Gamma = \mathbb{Z}/4\mathbb{Z} \times \mathbb{Z}/4\mathbb{Z}$ et $S = \{(\pm 1, 0), (0, \pm 1)\}$. On choisit l'ordre suivant sur S:

$$(-1, 0) \leq (1, 0) \leq (0, -1) \leq (0, 1) \ .$$

L'arbre fini associé est alors celui de la figure 2.

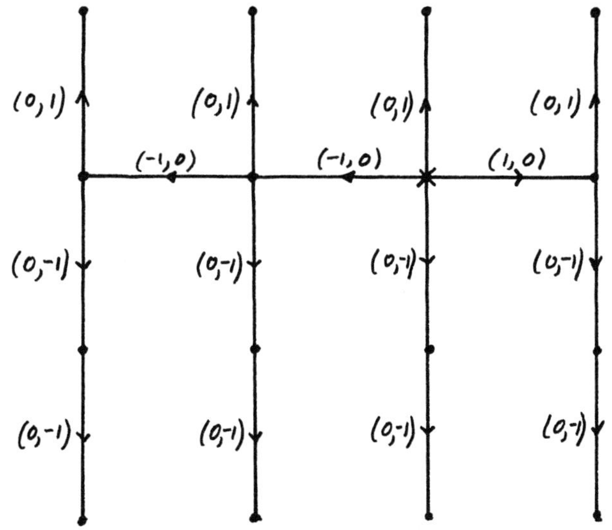

Figure 2.

7.- Exemple. Soient $S = \{+1, -1\}$ et $\mathcal{G}$ la grammaire de Markov symbolisée par le diagramme de la figure 3.

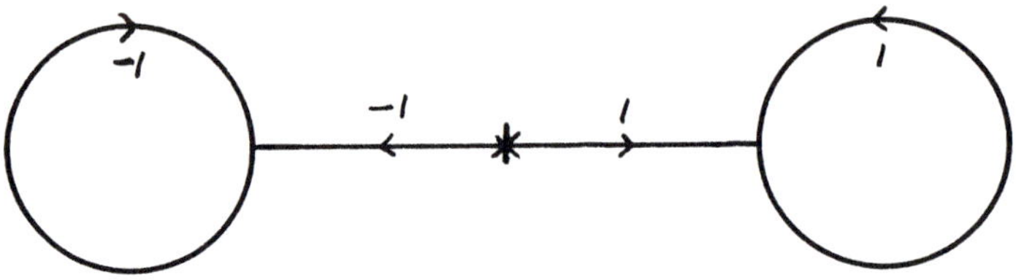

Figure 3.

Le langage engendré est formé des suites suivantes:

1) la suite vide,

2) les suites du type $(+1, +1, \ldots, +1)$,

3) les suites du type $(-1, -1, \ldots, -1)$.

Ceci montre à l'évidence que $\mathbb{Z}$ est un groupe de Markov (pour le système de générateurs $\{+1, -1\}$). Nous verrons plus loin que $\mathbb{Z}$ est en fait fortement Markov.

8.- Exemple. Soit $\Gamma = L(a, b)$ le groupe libre à deux générateurs a et b et soit $S = \{a, a^{-1}, b, b^{-1}\}$. La grammaire de la figure 4 engendre précisément les mots réduits en a et b, ce qui montre que Γ est un groupe de Markov.

De manière plus générale, on a le résultat suivant.

9.- Proposition. *Un produit libre de deux groupes de Markov est un groupe de Markov.*

Preuve. Soient Γ_1 et Γ_2 deux groupes de Markov et $\mathcal{G}_1, \mathcal{G}_2$ deux grammaires régissant respectivement Γ_1 et Γ_2, relatives aux systèmes de générateurs S_1 et S_2, et dont les états initiaux sont

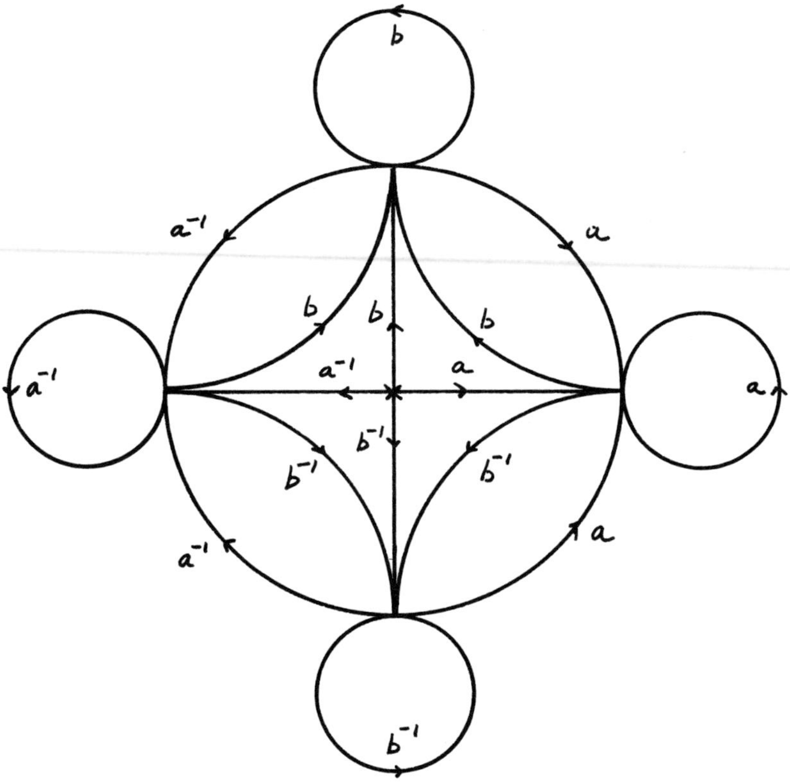

Figure 4.

$*_1$ et $*_2$. Soit N (comme "neutre") un symbole auxiliaire et $\mathcal{G}$ la grammaire représentée par le graphe de la figure 5.

Les états de $\mathcal{G}$ sont constitués de la réunion disjointe de ceux de $\mathcal{G}_1$ et $\mathcal{G}_2$ additionnée d'un état supplémentaire $*$ qui est aussi l'état initial de $\mathcal{G}$. L'alphabet de $\mathcal{G}$ est la réunion disjointe des alphabets de $\mathcal{G}_1$ et $\mathcal{G}_2$, réunion à laquelle on ajoute le symbole N. Les états de $\mathcal{G}_1$ [respectivement $\mathcal{G}_2$] sont reliés entre eux par des arêtes étiquetées comme dans $\mathcal{G}_1$ [respectivement $\mathcal{G}_2$]. Deux arêtes, étiquetées N, joignent $*$ aux états $*_1$ et $*_2$. Enfin, chaque état de $\mathcal{G}_1$ [respectivement $\mathcal{G}_2$] est relié à $*_2$ [respectivement $*_1$] par une arête portant l'étiquette N.

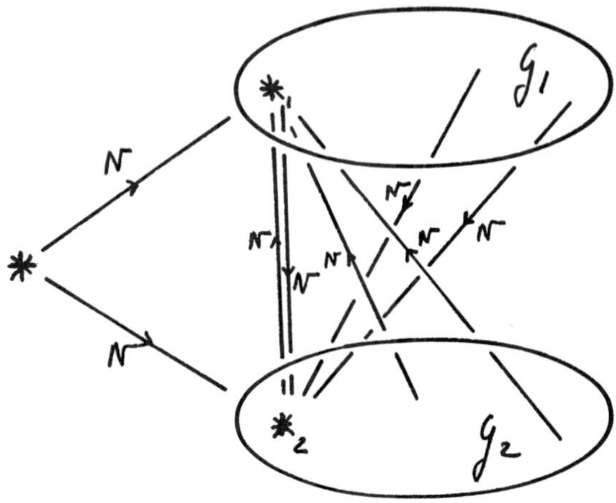

Figure 5.

Le lecteur aura compris que le langage engendré par $\mathcal{G}$ fait presque l'affaire; il suffit maintenant de nous débarrasser du symbole N. On procède de la façon suivante. Pour chaque paire (a, b) d'arêtes qui sont consécutives (i.e. l'origine de b est l'extrémité de a) et telles que l'étiquette de a est N et celle de b n'est pas N, on crée une nouvelle arête joignant l'origine de a à l'extrémité de b, étiquetée de la même façon que b. Une fois ceci effectué, on supprime toutes les arêtes de $\mathcal{G}$ étiquetées N. Il est facile de se convaincre que l'on a ainsi obtenu une grammaire de Markov régissant le groupe $\Gamma_1 * \Gamma_2$ pour le système de générateurs $S_1 \coprod S_2$. □

De la même façon, on a le résultat suivant.

10.- Proposition. *Une extension d'un groupe de Markov par un autre groupe de Markov produit un groupe de Markov.*

Preuve. On considère une suite exacte:

$$1 \longrightarrow \Gamma_1 \xrightarrow{\ i\ } \Gamma \xrightarrow{\ p\ } \Gamma_2 \longrightarrow 1$$

et l'on suppose que l'on dispose de deux grammaires de Markov $\mathcal{G}_1$ et

$\mathcal{G}_2$ régissant Γ_1 et Γ_2 associées aux systèmes de générateurs S_1 et S_2, d'états initiaux $*_1$ et $*_2$. Soit $\sigma : \Gamma_2 \to \Gamma$ une section (ensembliste) de p. Soit encore N un symbole auxilliaire et soit $\mathcal{G}$ la grammaire suivante (voir figure 6).

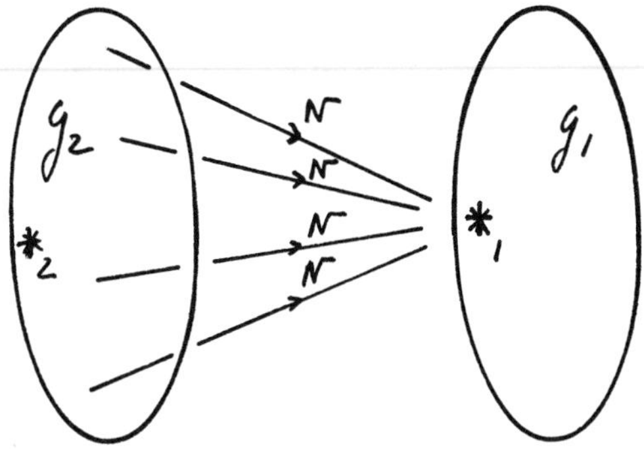

Figure 6.

L'ensemble d'états de $\mathcal{G}$ est la réunion disjointe de ceux de $\mathcal{G}_1$ et $\mathcal{G}_2$. L'état initial est $*_2$. L'alphabet de $\mathcal{G}$ est la réunion disjointe de $i(S_1)$, de $\sigma(S_2)$ et du symbole N. Si deux états de $\mathcal{G}_1$ [respectivement $\mathcal{G}_2$] sont reliés par une arête étiquetée s, les états correspondants de $\mathcal{G}$ sont reliés par une arête étiquetée $i(s)$ [respectivement $\sigma(s)$]. Des arêtes étiquetées N joignent tous les états de $\mathcal{G}_2$ à l'état $*_1$. De la même façon que dans la proposition précédente, on se "débarrasse" des symboles N et l'on obtient alors une autre grammaire de Markov qui régit évidemment le groupe Γ. □

Les deux dernières propositions, jointes aux exemples 6 et 7, fournissent déjà une large classe d'exemples. Rappelons qu'un groupe de type fini est appelé polycyclique s'il est obtenu par extensions successives de groupes cycliques (finis ou infinis). Un groupe nilpotent de type fini est polycyclique.

11.- Corollaire. *Tout groupe polycyclique est un groupe de Markov.*

Un groupe résoluble de type fini est-il de Markov? En fait, il n'est pas facile de trouver des exemples de groupes qui ne sont *pas* de Markov, bien qu'il s'agisse probablement du cas général. Voici cependant un exemple.

12.- Proposition. *Soit* Γ *un groupe infini de type fini dont tous les éléments sont de torsion (voir le chapitre 12 pour la construction d'exemples de tels groupes). Alors* Γ *n'est pas un groupe de Markov.*

Preuve. Soit $\mathcal{G}$ une grammaire de Markov régissant un groupe Γ. Si Γ est infini, $\mathcal{G}$ possède nécessairement un cycle, c'est-à-dire un chemin orienté ℓ dont l'origine coïncide avec l'extrémité. Soit c un chemin d'origine l'état initial et d'extrémité l'un des sommets de ℓ, que l'on peut considérer comme l'origine de ℓ. S'il n'existait pas de tel chemin, on pourrait ôter les sommets de ℓ des états de $\mathcal{G}$ sans altérer le langage engendré par $\mathcal{G}$ et recommencer l'opération. Pour tout entier $n \geq 1$, le chemin c suivi de n copies de ℓ est alors un chemin d'origine l'état initial. Les éléments de Γ associés à tous ces chemins doivent être tous distincts et, en particulier, l'élément de Γ associé à ℓ ne peut être de torsion. □

§2. GRAMMAIRES DE MARKOV POUR LES SUITES RÉDUITES DES GROUPES HYPERBOLIQUES

Le résultat suivant est fondamental.

13.- Théorème. *Les groupes hyperboliques sont fortement Markov.*

Ce n'est qu'à la fin du §3 que nous achèverons la preuve de ce théorème. Avant de la commencer, explicitons un corollaire qui est le théorème 1.39.

14.- Corollaire. *Soit Γ un groupe hyperbolique et soit S un système fini symétrique de générateurs de Γ. On désigne par $\sigma_S(n)$ le nombre d'éléments de Γ dont la longueur par rapport à S est exactement n. Alors la fonction de comptage $\zeta_S(t)$ définie par la série formelle*

$$\zeta_S(t) = \sum_{n=0}^{\infty} \sigma_S(n) t^n$$

est en fait une fraction rationnelle de la variable t.

Preuve. Soit $\mathcal{G}$ une grammaire de Markov d'alphabet S telle que l'application $\pi : \mathcal{L}(\mathcal{G}) \to \Gamma$ de la définition 4 est bijective et préserve les longueurs. Notons E l'ensemble des états et $*$ l'état initial de $\mathcal{G}$. Soit M la matrice carrée dont les lignes et les colonnes sont indexées par E et dont le coefficient $M(i,j)$ est le nombre d'arêtes orientées dans $\mathcal{G}$ d'origine l'état i et d'extrémité l'état j. Le coefficient de la n-ième puissance de M situé à l'intersection de la ligne i et de la colonne j, coefficient noté $M^n(i,j)$, est évidemment le nombre de chemins orientés de longueur n d'origine i et d'extrémité j dans le graphe défini par $\mathcal{G}$. La fonction de comptage peut donc s'écrire

$$\zeta_S(t) = \sum_{n=0}^{\infty} \sum_{j \in E} M^n(*,j) t^n \ .$$

Soient $P(t) = c_0 + c_1 t + \ldots + c_k t^k$ le polynôme minimal de M et $\overline{P}(t) = c_k + c_{k-1} t + \ldots + c_0 t^k$ son polynôme réciproque. On a

$$c_0 M^n + c_1 M^{n+1} + \ldots + c_k M^{n+k} = 0$$

pour tout entier $n \geq 0$. Il en résulte que $\overline{P}(t)\zeta_S(t)$ est un polynôme en t. $\square$

La preuve du théorème 13 n'est pas courte, et nous visons d'abord un but plus modeste. Soit Γ un groupe hyperbolique et soit S un ensemble fini symétrique de générateurs de Γ. Plutôt que d'établir l'existence d'une grammaire de Markov régissant les éléments de Γ au sens de la définition 5, nous montrons d'abord qu'il en existe une régissant les suites réduites d'éléments de S (voir le corollaire 26 ci-dessous).

Pour un temps, on considère en toute généralité un groupe Γ engendré par un ensemble fini S tel que $e \notin S$ et $S^{-1} = S$. Rappelons que la longueur de γ par rapport à S est le plus petit entier $n \geq 0$ tel que γ soit produit d'une suite de n éléments de S, et qu'on note $\ell_S(\gamma)$ cette longueur (§1.2).

15.- Définition. Les notations étant comme ci-dessus, on appelle *suite réduite* une suite $(s_1, \ldots, s_n)$ d'éléments de S telle que la longueur du produit $\gamma = s_1 s_2 \ldots s_n \in \Gamma$ soit n. Une telle suite est alors une *décomposition réduite* de γ.

On peut associer à toute suite $\sigma = (s_1, \ldots, s_n)$ une application g de l'intervalle $\{0, 1, \ldots, n\}$ de $\mathbb{Z}$ dans Γ définie par $g(0) = e$ et $g(j) = s_1 s_2 \ldots s_j$. La suite σ est alors réduite si et seulement si g est un segment géodésique dans l'espace Γ muni de la métrique des mots définie par S.

16.- Question. L'ensemble $\mathcal{R}$ des suites réduites définies par Γ et S constitue un langage, c'est-à-dire une partie de l'ensemble $\mathcal{L}$ de toutes les suites finies d'éléments de S. C'est une question naturelle que de demander s'il y a des critères pour que ce langage soit produit par une grammaire de Markov. On trouve ci-dessous un tel critère à la proposition 25.

17.- Remarque. L'ensemble $\mathcal{R}$ a la propriété qu'il contient la suite vide et que toute suite initiale $(s_1, \ldots, s_p)$ d'une suite réduite $(s_1, \ldots, s_p, s_{p+1}, \ldots, s_{p+q})$ est encore une suite réduite. Les éléments de $\mathcal{R}$ s'organisent donc en un *arbre simplicial enraciné et étiqueté* $T(\mathcal{R})$ dont les constituants s'énumèrent comme suit:

(i) Les sommets de l'arbre sont les éléments de $\mathcal{R}$.

(ii) La racine (ou point base) de l'arbre est la suite vide.

(iii) L'arbre contient une arête orientée d'origine une suite σ et d'extrémité une suite σ' si et seulement si σ s'obtient à partir de σ' en effaçant la dernière lettre.

(iv) L'étiquette d'une arête joignant $\sigma = (s_1, \ldots, s_n)$ à $\sigma' = (s_1, \ldots, s_n, s)$ est l'élément $s \in S$.

Réciproquement, tout arbre simplicial enraciné T, muni d'une fonction associant à toute arête un élément de S, produit un langage $\mathcal{R}(T)$ tel que toute suite initiale d'une suite de $\mathcal{R}(T)$ est encore dans $\mathcal{R}(T)$. (La description d'un langage $\mathcal{R}$ par un arbre T n'est qu'une manière organisée de dresser la liste de tous les mots de $\mathcal{R}$.)

La question 16 se reformule donc ainsi: sous quelles conditions un arbre simplicial enraciné et étiqueté T produit-il un langage qu'on peut aussi engendrer par une grammaire de Markov?

Etant donné un tel arbre T, on associe à tout sommet x de T le sous-arbre T_x dont les sommets sont les sommets y de T pour lesquels tout chemin de la racine de T à y passe par x, une arête de T étant dans T_x si et seulement si son origine et son extrémité sont dans T_x. L'arbre T_x est évidemment enraciné (avec racine x) et étiqueté.

18.- Définition. Soit T un arbre simplicial enraciné et étiqueté. On dit que deux sommets x et y de T ont *même type* s'il existe un isomorphisme de T_x sur T_y qui applique la racine x de T_x sur la racine y de T_y et qui respecte les étiquettes des arêtes.

19.- Proposition. *Soit T un arbre simplicial enraciné et étiqueté. S'il n'y a qu'un nombre fini de types de sommets dans T, alors le langage produit par T est aussi produit par une grammaire de Markov.*

Preuve. Notons S l'ensemble servant à étiqueter les arêtes de T, et définissons une grammaire de Markov $\mathcal{G}$ comme suit. L'ensemble E de ses états est l'ensemble des types de sommets de T, et

l'état initial $* \in E$ est le type de la racine de T. Soit $i \in E$ un état représenté par un sommet x de T; pour chaque arête (x, y) dans T de source x et d'étiquette s, on introduit une arête dans $\mathcal{G}$ d'origine i et d'extrémité le type de y, arête qu'on étiquette par s (ceci ne dépend pas du choix de x dans le type i). Il est évident que les langages produits par $\mathcal{G}$ et T coïncident. □

20.- Exemple. Considérons le groupe libre Γ sur deux générateurs a, b, et notons S l'ensemble symétrique $\{a, a^{-1}, b, b^{-1}\}$. Dans ce cas, les suites réduites sont en bijection naturelle avec le groupe lui-même. L'arbre simplicial enraciné étiqueté défini par les suites réduites n'est autre que le graphe de Cayley $\mathcal{G}(\Gamma, S)$ enraciné en l'élément neutre e de Γ, les arêtes étant ici orientées (elles s'éloignent de e) et munies d'étiquettes (l'arête de w à w' porte l'étiquette $w^{-1}w' \in S$); voir la figure 1.4.

Cet arbre possède cinq types de sommets. Le premier type est représenté par la racine e de T. Chacun des autres types est associé à l'un des générateurs $s \in S$, le type d'un sommet étant la dernière lettre du mot réduit associé. La grammaire de Markov produite par la preuve de la proposition 19 apparaît à l'exemple 8.

L'étape suivante consiste à comprendre quand deux sommets de T ont même type, lorsque T est associé aux suites réduites fournies par une paire (Γ, S).

21.- Définition. Soit Γ un groupe engendré par un ensemble fini S (tel que $e \notin S$ et $S^{-1} = S$) et soit C un entier positif; on note B_C la boule fermée dans Γ de centre e et de rayon C pour la métrique d_S. On appelle *position locale* d'ordre C d'un élément $\gamma \in \Gamma$ l'application

$$p(\gamma) : B_C \longrightarrow \{-C, -C+1, \ldots, 0, 1, \ldots, C\}$$

définie par $p(\gamma)(\alpha) = d_S(e, \gamma\alpha) - d_S(e, \gamma)$.

Dans la définition suivante, (QPG) veut faire penser à "quasi-prolongement des segments géodésiques".

22.- Définition. Soient Γ et S comme plus haut. On dit que la paire (Γ, S) possède la *propriété* (QPG) s'il existe des entiers $K > 0$ et $L > 0$ tels que la condition suivante soit satisfaite.

Soit $(\gamma_0, \gamma_1, \ldots, \gamma_p, \gamma_{p+1}, \ldots, \gamma_{p+q})$ une suite d'éléments de Γ telle que $q \geq K$, et telle que chacune des suites $(\gamma_0, \ldots, \gamma_p, \gamma_{p+1}, \ldots, \gamma_{p+K})$ et $(\gamma_{p+1}, \ldots, \gamma_{p+q})$ soit un segment géodésique (pour la métrique d_S). Soit $(\alpha_0, \alpha_1, \ldots, \alpha_N)$ un segment géodésique dans Γ tel que $\alpha_0 = \gamma_0$ et $\alpha_N = \gamma_{p+q}$. Alors chacun des γ_j est à une distance inférieure ou égale à L de l'un au moins des α_i (voir figure 7).

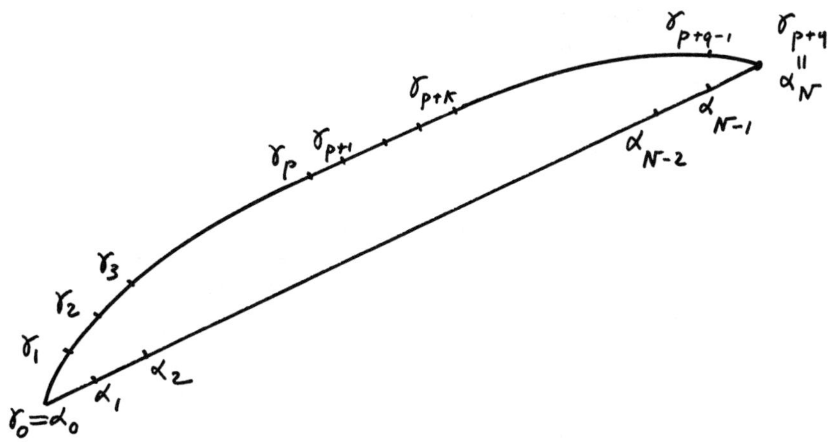

Figure 7.

23.- Lemme. *Un groupe hyperbolique Γ possède la propriété (QPG) relativement à tout système fini symétrique S de générateurs.*

Preuve. Le système S étant donné, nous savons qu'il existe une constante $\delta \geq 0$ telle que tous les triangles géodésiques (pour d_S) dans Γ sont δ-fins (proposition 2.21). Soit K un entier pair tel que $K > \delta$. Soient $(\gamma_0, \ldots, \gamma_{p+q})$ et $(\alpha_0, \ldots, \alpha_N)$ deux suites comme dans la définition 22. Posons $\beta = \gamma_{p+K/2}$. Notons Δ le triangle géodésique de sommets $\alpha_0 = \gamma_0, \beta$ et $\alpha_N = \gamma_{p+q}$ et de côtés $(\gamma_j)_{0 \leq j \leq p+K/2}, (\gamma_j)_{p+K/2 \leq j \leq p+q}$ et $(\alpha_i)_{0 \leq i \leq N}$.

Le produit de Gromov $(\alpha_0|\alpha_N)_\beta$ est majoré par $\frac{K}{2}$. Soient en effet T le tripode associé à Δ et $f : \Delta \to T$ l'application usuelle (définition 2.16). On a

$$d_S(\gamma_p, \beta) = |f(\gamma_p) - f(\beta)| = \frac{K}{2} ,$$

$$d_S(\beta, \gamma_{p+K}) = |f(\beta) - f(\gamma_{p+K})| = \frac{K}{2} .$$

Comme la longueur du pied de T de sommet $f(\beta)$ est $(\alpha_0|\alpha_N)_\beta$, on a aussi

$$|f(\gamma_p) - f(\gamma_{p+K})| = \max\left\{0, K - 2(\alpha_0|\alpha_N)_\beta\right\} .$$

Mais f ne diminue pas les distances de plus de δ, donc

$$|f(\gamma_p) - f(\gamma_{p+K})| \geq d_S(\gamma_p, \gamma_{p+K}) - \delta = K - \delta .$$

Comme $K - \delta > 0$, il en résulte bien qu'on ait $2(\alpha_0|\alpha_N)_\beta \leq \delta \leq K$.

On sait que le tripode T approche le triangle Δ à δ près. Par suite tout point de $(\gamma_j)_{0\leq j\leq p+q}$ est à une distance inférieure ou égale à $\frac{K}{2} + \delta$ de l'un des points de $(\alpha_i)_{0\leq i\leq N}$. La paire (Γ, S) possède donc la propriété (QPG), comme on le voit en prenant K comme ci-dessus et $L = \frac{K}{2} + \delta$ dans la définition 22. □

Du point de vue technique, le lemme qui suit est le centre du présent chapitre.

24.- Lemme. *Soient Γ un groupe et S un ensemble fini symétrique de générateurs de Γ. On désigne par $\mathcal{R}$ le langage des suites réduites associées (voir la question 16), par T l'arbre simplicial enraciné et étiqueté correspondant (remarque 17), et on considère deux suites réduites $\sigma = (s_1, \ldots, s_n) \in \mathcal{R}$ et $\tau = (t_1, \ldots, t_p) \in \mathcal{R}$.*

On suppose que la paire (Γ, S) possède la propriété (QPG) de la définition 22 pour des constantes K et L, et que les éléments $\overline{\sigma} = s_1 s_2 \ldots s_n$ et $\overline{\tau} = t_1 t_2 \ldots t_p$ ont même position locale d'ordre C (définition 21), où C est une constante telle que $C \geq \max(K, L)$. Alors σ et τ ont même type dans T.

Preuve. Les sommets de T_σ sont les suites réduites qui commencent par σ, et ceux de T_τ celles qui commencent par τ. On va montrer que la transformation

$$(s_1, \ldots, s_n, r_1, \ldots, r_q) \longmapsto (t_1, \ldots, t_p, r_1, \ldots, r_q)$$

définit un isomorphisme de T_σ sur T_τ, c'est-à-dire que σ et τ ont même type. On se donne donc une suite réduite $(s_1, \ldots, s_n, r_1, \ldots, r_q)$, et il s'agit de vérifier que $(t_1, \ldots, t_p, r_1, \ldots, r_q)$ est aussi une suite réduite.

Premier pas: examen de deux segments. On pose

$$\gamma_0 = e \ , \quad \gamma_1 = t_1 \quad , \ldots , \quad \gamma_p = t_1 t_2 \ldots t_p \ ,$$
$$\gamma_{p+1} = t_1 t_2 \ldots t_p r_1 \quad , \ldots , \quad \gamma = \gamma_{p+q} = t_1 t_2 \ldots t_p r_1 r_2 \ldots r_q \ .$$

On va montrer que $(\gamma_j)_{0 \leq j \leq p+K'}$ et $(\gamma_j)_{p \leq j \leq p+q}$ sont des segments géodésiques, où $K' = \min(q, K)$.

La suite τ est réduite par hypothèse. Comme les positions locales d'ordre C de $\overline{\sigma}$ et $\overline{\tau}$ sont les mêmes, on a

$$d_S(e, \overline{\tau} r_1) - d_S(e, \overline{\tau}) = d_S(e, \overline{\sigma} r_1) - d_S(e, \overline{\sigma}) \ ,$$

ce qui s'écrit

$$d_S(e, \gamma_{p+1}) = p + (n+1) - n = p + 1 \ .$$

On vérifie de même qu'on a

$$d_S(e, \gamma_{p+j}) = p + j$$

pour tout entier $j \geq 1$ tel que $j \leq \min(q, C)$, et en particulier pour tout $j \geq 1$ tel que $j \leq K'$.

La suite $(\gamma_j)_{p \leq j \leq p+q}$ est aussi un segment géodésique, car $(r_1, \ldots, r_q)$ est une suite réduite.

Second pas: une inégalité triangulaire. Soit $(u_1, u_2, \ldots, u_N)$ une décomposition réduite de γ. L'entier N, qui est la longueur de γ,

est donc inférieur ou égal à $p+q$. Nous allons montrer l'inégalité opposée $p+q \leq N$. Posons

$$\alpha_0 = e \ , \ \alpha_1 = u_1 \ , \ \alpha_2 = u_1 u_2 \ , \ \ldots \ , \ \alpha_N = u_1 u_2 \ldots u_N = \gamma \ ,$$

de telle sorte que $(\alpha_i)_{0 \leq i \leq N}$ est un segment géodésique. Comme (Γ, S) possède la propriété (QPG) pour K et L et comme $\max(K,L) \leq C$, il existe $i \in \{0,1,\ldots,N\}$ tel que $d_S(\gamma_p, \alpha_i) \leq C$. On a $\gamma_p = \overline{\tau}$, et on pose $\alpha_i = \xi$. Notons θ la multiplication à gauche dans Γ par $\overline{\sigma}\,\overline{\tau}^{-1}$ et posons $\zeta = \theta(\xi)$; si $\overline{\varrho}$ désigne $s_1 s_2 \ldots s_n r_1 r_2 \ldots r_q$, on a aussi $\overline{\varrho} = \theta(\gamma)$. Voir la figure 8.

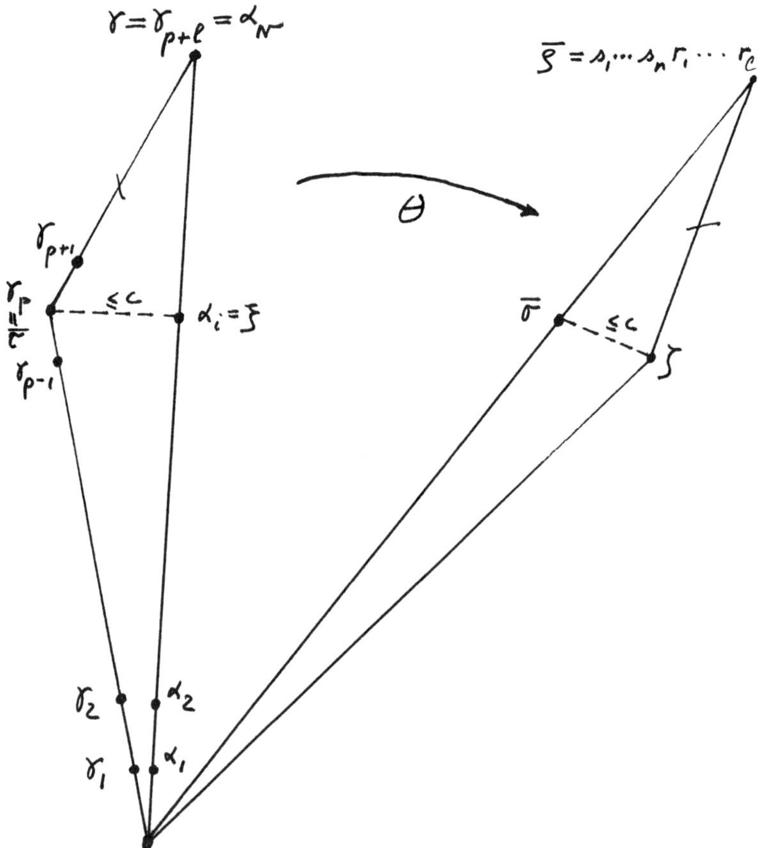

Figure 8.

L'inégalité triangulaire donne tout d'abord

$$n + q = d_S(e, \overline{\varrho}) \leq d_S(e, \zeta) + d_S(\zeta, \overline{\varrho}) \ . \qquad (*)$$

Comme $\overline{\sigma}$ et $\overline{\tau}$ ont même position locale d'ordre C, on a

$$d_S(e, \zeta) - d_S(e, \overline{\sigma}) = d_S(e, \xi) - d_S(e, \overline{\tau}) \ ,$$

ce qui s'écrit

$$d_S(e, \zeta) = n + i - p \ .$$

L'isométrie θ appliquant ξ sur ζ et γ sur $\overline{\varrho}$, on a aussi

$$d_S(\zeta, \overline{\varrho}) = d_S(\xi, \gamma) = N - i \ .$$

L'inégalité $(*)$ devient ainsi

$$n + q \leq n + i - p + N - i \quad \text{ou encore} \quad p + q \leq N \ .$$

On a donc $p + q = N$, de sorte que la suite $(\gamma_j)_{0 \leq j \leq p+q}$ est un segment géodésique joignant e à γ. En d'autres termes, la suite $(t_1, \ldots, t_p, r_1, \ldots, r_q)$ est réduite. □

Voici enfin une réponse à la question 16.

25.- Proposition. *Si la paire (Γ, S) possède la propriété (QPG) de la définition 22, alors il existe une grammaire de Markov $\mathcal{G}$ d'alphabet S dont le langage $\mathcal{L}(\mathcal{G})$ est précisément formé des suites réduites pour (Γ, S).*

En particulier, si Γ est un groupe hyperbolique et si S est un ensemble fini symétrique de générateurs de Γ, alors on a la même conclusion.

Preuve. La première assertion résulte du lemme précédent, de la proposition 19, et de la finitude du nombre des positions locales d'un ordre donné pour Γ et S. La seconde assertion résulte du lemme 23. □

§3. GRAMMAIRES DE MARKOV POUR LES GROUPES HYPERBOLIQUES

La proposition 25 ne suffit évidemment pas à montrer le théorème 13, car un élément d'un groupe Γ possède en général plusieurs décompositions réduites en les générateurs d'un système S (sauf cas exceptionnels comme ceux des groupes libres — voir l'exemple 20).

Considérons à nouveau un groupe Γ engendré par un ensemble fini S tel que $e \notin S$ et $S^{-1} = S$, et l'ensemble $\mathcal{L}$ de toutes les suites finies d'éléments de S. Choisissons de plus un ordre total sur S; on considère aussi l'ordre total sur $\mathcal{L}$ défini comme suit: étant donné deux suites $\sigma = (s_1, \ldots, s_n)$ et $\tau = (t_1, \ldots, t_p)$, on pose $\sigma \leq \tau$ si $n < p$ ou si $n = p$ et si σ précède τ dans l'ordre lexicographique sur S^n dérivé de l'ordre choisi sur S.

26.- Définition. Les notations étant comme ci-dessus, une suite $\sigma = (s_1, \ldots, s_n)$ est *bien réduite* si $\sigma \leq \tau$ pour toute suite $\tau = (t_1, \ldots, t_p)$ telle que $s_1 s_2 \ldots s_n = t_1 t_2 \ldots t_p$. Une telle suite σ est alors une *décomposition bien réduite* de $\gamma = s_1 s_2 \ldots s_n \in \Gamma$. Dans la suite, on désigne par $\mathcal{B}$ la partie de $\mathcal{L}$ formée des suites bien réduites.

Il est évident que toute suite bien réduite est réduite (définition 15), que tout élément $\gamma \in \Gamma$ possède une unique décomposition bien réduite, et qu'il y a une bijection naturelle entre $\mathcal{B}$ et Γ.

Désormais et jusqu'à la fin du chapitre, on considère une paire (Γ, S) possédant la propriété (QPG) et où S est ordonné. On note $\mathcal{R}$ l'ensemble des suites réduites pour (Γ, S) et $\mathcal{B}$ celui des suites bien réduites pour (Γ, S). On choisit une grammaire de Markov $\mathcal{G}$ avec

(1) alphabet S,

(2) ensemble d'états E et état initial $*$,

(3) ensemble d'arêtes orientées A, et étiquetage $\lambda : A \to S$,

qui produit le langage $\mathcal{R}$ (la proposition 25 montre qu'un tel choix existe). On va construire d'autres grammaires de Markov $\mathcal{G}_1, \mathcal{G}_2, \mathcal{G}_3$ dont la troisième produit le langage $\mathcal{B}$ et permet ainsi d'achever la preuve du théorème 13. Les numéros 28 et 29 ci-dessous n'ont pas

de nécessité logique, mais nous espérons qu'ils rendent naturelles les considérations du numéro 30.

27.- Suites d'accompagnement. Soient $\sigma = (s_1, \ldots, s_n) \in \mathcal{R}$ une suite réduite et C une constante positive. On pose

$$\gamma_0 = e \ , \ \gamma_1 = s_1 \ , \ \gamma_2 = s_1 s_2 \ , \ \ldots \ , \ \gamma_n = s_1 s_2 \ldots s_n$$

de telle sorte que la longueur de γ_j est exactement j. Soit $\tau = (t_1, \ldots, t_n) \in \mathcal{L}$ une suite ayant le même nombre d'éléments que σ; on pose

$$\xi_0 = e \ , \ \xi_1 = t_1 \ , \ \xi_2 = t_1 t_2 \ , \ \ldots \ , \ \xi_n = t_1 t_2 \ldots t_n \ .$$

Convenons que τ *accompagne* σ (à distance C) si

$$d_S(\gamma_i, \xi_i) \leq C \quad \text{pour} \quad i = 1, \ldots, n \ ,$$

c'est-à-dire s'il existe une suite $(b_1, \ldots, b_n)$ d'éléments de la boule

$$B_C = \{x \in \Gamma \ : \ d_S(e, x) \leq C\}$$

telle que $\xi_i = \gamma_i b_i$ pour $i = 1, \ldots, n$ (voir figure 9). Notons qu'on a $b_i = s_i^{-1} b_{i-1} t_i$ pour $i = 1, \ldots, n$ (on a posé $b_0 = e$).

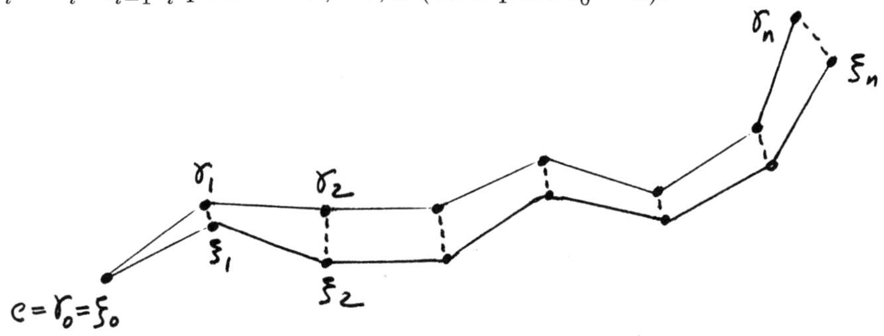

Figure 9.

28.- Première modification. Soit $\mathcal{G}_1$ la grammaire de Markov construite à partir de $\mathcal{G}$ comme suit.

(1) L'alphabet de $\mathcal{G}_1$ est $S \times S$.

(2) L'ensemble des états de $\mathcal{G}_1$ est $E_1 = E \times B_C$ et l'état initial est $(*, e)$.

(3) Deux états (i_α, b_α) et (i_ω, b_ω) de E_1 sont l'origine et l'extrémité d'une arête étiquetée (s, t) si et seulement si les deux conditions suivantes sont satisfaites: il y a dans $\mathcal{G}$ une arête de i_α à i_ω avec étiquette s, et $b_\omega = s^{-1} b_\alpha t$.

Il résulte des considérations du numéro 27 que le langage engendré par $\mathcal{G}_1$ est constitué des suites

$$((s_1, t_1), (s_2, t_2), \ldots, (s_n, t_n))$$

telles que $(s_1, \ldots, s_n) \in \mathcal{R}$ et telles que $(t_1, \ldots, t_n)$ accompagne $(s_1, \ldots, s_n)$ à distance C.

29.- Deuxième modification, pour définir une grammaire de Markov avec ensemble d'états plus grand que celui de $\mathcal{G}_1$, mais avec alphabet S. Soit donc $\mathcal{G}_2$ la grammaire de Markov définie comme suit.

(1) L'alphabet de $\mathcal{G}_2$ est S.

(2) L'ensemble des états de $\mathcal{G}_2$ est $E_2 = E \times \mathcal{P}_C$, où $\mathcal{P}_C$ désigne l'ensemble des parties de la boule B_C, et l'état initial est $(*, \{e\})$.

(3) Deux états (i_α, X_α) et (i_ω, X_ω) de E_2 sont l'origine et l'extrémité d'une arête étiquetée s si et seulement si les deux conditions suivantes sont satisfaites: d'une part, il y a dans $\mathcal{G}$ une arête de i_α à i_ω d'étiquette s; d'autre part

$$X_\omega = (s^{-1} X_\alpha S) \cap B_C = \Big\{ b_\omega \in B_C \ : \ \text{il existe } b_\alpha \in X_\alpha \text{ et } t \in S \\ \text{tels que } b_\omega = s^{-1} b_\alpha t \Big\} .$$

Le langage engendré par $\mathcal{G}_2$ est en bijection naturelle avec le langage $\mathcal{R}$ des suites réduites, ce qui peut faire paraître la grammaire $\mathcal{G}_2$ inutilement compliquée en comparaison avec $\mathcal{G}$. Cependant, $\mathcal{G}_2$ fournit plus d'information que $\mathcal{G}$ au sens suivant.

Soit $\sigma = (s_1, \ldots, s_n) \in \mathcal{R}$. Le chemin dans $\mathcal{G}_2$ d'origine $(*, \{e\})$ correspondant à σ aboutit à un état (i, X), où $X \subset B_C$. Alors

X est formé des éléments $b \in B_C$ pour lesquels il existe une suite $(t_1, \ldots, t_n)$ accompagnant σ telle que $t_1 t_2 \ldots t_n = s_1 s_2 \ldots s_n b$. En d'autres termes, $\mathcal{G}_2$ permet de décrire non seulement les suites réduites mais aussi les suites qui les accompagnent (à distance C).

Notons que X contient e pour tout état (i, X) connecté à $(*, \{e\})$. On ne changerait donc rien au langage engendré en remplaçant $\mathcal{P}_C$ par l'ensemble des parties de B_C qui contiennent e.

30.- Troisième modification. Rappelons d'abord que (Γ, S) possède par hypothèse la propriété (QPG), et donc en particulier qu'on peut choisir une constante $C \geq 0$ avec la propriété suivante: si $\sigma = (s_1, \ldots, s_n)$ et $\tau = (t_1, \ldots, t_n)$ sont deux décompositions réduites d'un même élément de Γ, alors σ et τ s'accompagnent l'une l'autre à distance C.

Considérons une suite bien réduite $\sigma = (s_1, \ldots, s_n)$. Pour tout $i \in \{1, \ldots, n\}$, la suite $(s_1, \ldots, s_i)$ est aussi bien réduite. Notons X_i la partie de la boule B_C formée des éléments b pour lesquels il existe une suite $(t_1, \ldots, t_i)$ telle que

$$\begin{aligned} &(t_1, \ldots, t_i) < (s_1, \ldots, s_i) \ , \\ &(t_1, \ldots, t_i) \text{ accompagne } (s_1, \ldots, s_i) \text{ à distance } C \ , \\ &t_1 t_2 \ldots t_i = s_1 s_2 \ldots s_i b \ . \end{aligned}$$

Notons d'une part que $e \notin X_i$, car σ est bien réduite. Notons aussi que, si on pose $X_0 = \emptyset$,

$$\begin{aligned} X_i = &\big\{b \in B_C : \text{ il existe } t \in S \text{ tel que } t < s_i \text{ et } b = s_i^{-1} t\big\} \\ &\cup \big\{b \in B_C : \text{ il existe } t \in S \text{ et } b' \in X_{i-1} \text{ tels que } b = s_i^{-1} b' t\big\}. \end{aligned}$$

(Si $(t_1, \ldots, t_i)$ et b sont comme plus haut, la première partie de la réunion correspond au cas où $(t_1, t_2, \ldots, t_{i-1}) = (s_1, s_2, \ldots, s_{i-1})$ et la seconde au cas où $t_1 t_2 \ldots t_{i-1} = s_1 s_2 \ldots s_{i-1} b'$ avec $b' \in X_{i-1}$.) Notons enfin que X_i peut être vide: c'est par exemple le cas si $i = 1$ et si σ commence par le plus petit élément de S.

On définit enfin une grammaire de Markov $\mathcal{G}_3$ comme suit.

(1) L'alphabet de $\mathcal{G}_3$ est S.

(2) L'ensemble des états de $\mathcal{G}_3$ est $E_3 = E \times \mathcal{P}'_C$, où $\mathcal{P}'_C$ désigne l'ensemble des parties de la boule épointée $B_C - \{e\}$, et l'état initial est $(*, \emptyset)$.

(3) Deux états (i_α, Y_α) et (i_ω, Y_ω) de E_3 sont l'origine et l'extrémité d'une arête étiquetée s si et seulement si les deux conditions suivantes sont satisfaites: d'une part, il y a dans $\mathcal{G}$ une arête de i_α à i_ω d'étiquette s; d'autre part, si on pose

$$\begin{aligned} X =& \{b \in B_C \ : \ \text{il existe } t \in S \text{ tel que } t < s \text{ et } b = s^{-1}t\} \\ & \cup \{b \in B_C \ : \ \text{il existe } t \in S \text{ et } b' \in Y_\alpha \text{ tels que } b = s^{-1}b't\} , \end{aligned}$$

alors $e \notin X$ et $Y_\omega = X$.

Le langage engendré par $\mathcal{G}_3$ est en bijection naturelle avec le langage $\mathcal{B}$ des suites bien réduites. Plus précisément, on vérifie par récurrence sur n la propriété suivante. Soit $\sigma = (s_1, \ldots, s_n) \in \mathcal{B}$; notons (i, Y) l'état auquel aboutit le chemin d'origine $(*, \emptyset)$ dans $\mathcal{G}_3$ qui correspond à σ; alors Y est la partie de B_C formée des éléments b pour lesquels il existe une suite $(t_1, \ldots, t_n)$ accompagnant σ à distance C telle que

$$\begin{aligned} (t_1, \ldots, t_n) &< (s_1, \ldots, s_n) , \\ t_1 t_2 \ldots t_n &= s_1 s_2 \ldots s_n b . \end{aligned}$$

(L'inégalité implique qu'on a aussi $(t_1, \ldots, t_i) \leq (s_1, \ldots, s_i)$ pour tout $i \in \{1, \ldots, n-1\}$.) On a donc montré:

31.- Théorème. *Si la paire (Γ, S) possède la propriété (QPG) de la définition 22, alors il existe une grammaire de Markov d'alphabet S dont le langage est précisément formé des suites bien réduites pour (Γ, S).*

En particulier tout groupe hyperbolique est fortement Markov.

CHAPITRE 10. SINGULAR SPACES OF NON-POSITIVE CURVATURE

Werner Ballmann

In [Gr5] Gromov explains the definition of upper curvature bounds for *singular spaces*, a concept which goes back to A.D. Aleksandrov, cf. [ABN]. Below is a discussion of this material. The main application is a criterion for the hyperbolicity of certain simply connected polyhedra.

From Theorems 7 and 14 below it follows that a simply connected locally compact complete geodesic space X is hyperbolic if it has curvature $K_X \leq \chi < 0$. The meaning of the latter is defined via the CAT- inequality (C = comparison, A = Alexandrov, T = Toponogov) which is discussed in section 1. In section 2 we discuss spaces of non-positive curvature and prove a version of the Cartan-Hadamard Theorem (Theorems 13 and 14). In section 3 we consider simplicial complexes whose k-simplices, for all k, are isometric to simplices in the unique complete simply connected k-dimensional Riemannian manifold M^k_χ of constant sectional curvature χ. Theorem 15 finally gives a (necessary and sufficient) criterion when such a space has curvature $\leq \chi$ which combined with what we said above gives the criterion for hyperbolicity mentioned above.

Throughout this chapter, X is a locally compact complete length space. Then any two points in X are connected by a *geodesic segment*, that is, an isometry $c : [a, b] \to X$ connecting the given points, see [GLP]. A *geodesic arc* is a curve $c : [a, b] \to X$ which is locally a constant speed reparametrization of a geodesic segment. Furthermore, as is customary in Riemannian geometry, we set $\pi/\sqrt{\chi} = \infty$ for $\chi \leq 0$.

I acknowledge very helpful discussions with and remarks by A. Haefliger G. Thorbergsson and Th. Wolter.

§1. THE CAT(χ)-INEQUALITY

A triangle in X consists of three geodesic segments a, b, c with matching ends. The vertices opposite to a, b, c will be denoted A, B, C and the side lengths are denoted $|a|$, $|b|$, $|c|$. For χ given, a *comparison triangle* for such a triangle is a triangle in M^2_χ with the same side lengths. A comparison triangle exists and is unique if the perimeter of the original triangle is less than $2\pi/\sqrt{\chi}$. Compare §3.1 for the following definition.

1.- Definition. A triangle (a, b, c) in X of perimeter less than $2\pi/\sqrt{\chi}$ satisfies the CAT(χ)-*inequality* if for any $p \in a$

$$|p - A| \leq |\overline{p} - \overline{A}|,$$

where $\overline{p}$ and $\overline{A}$ are the points on the comparison triangle in M^2_χ corresponding to p and A.

2.- Remark. (i) If all triangles of perimeter less than $2\pi/\sqrt{\chi}$ in a ball $B_{2\varepsilon}(p) \subset X$ satisfy the CAT(χ)-inequality, then $B_\varepsilon(p)$ is convex if $\varepsilon < \pi/2\sqrt{\chi}$. (Our epsilons will always be sufficiently small.) More precisely, for all $q_0, q_1 \in B_\varepsilon(p)$ there is a unique segment in X from q_0 to q_1 and this segment is contained in $B_\varepsilon(p)$. The uniqueness also implies that it depends continuously on q_0 and q_1 (Arzela - Ascoli).

ii) If all triangles in X satisfy the CAT(χ)- inequality for some (fixed) $\chi < 0$, then X is hyperbolic.

3.- Lemma and Definition. *If $U \subset X$ is convex and all triangles in U of perimeter less than $2\pi/\sqrt{\chi}$ satisfy the* CAT(χ)-*inequality, then any triangle (a, b, c) in U of perimeter less than $2\pi/\sqrt{\chi}$ satisfies the* CAT*(χ)-*inequality: for any two points p, q on (a, b, c) we have*

$$|p - q| \leq |\overline{p} - \overline{q}| \ ,$$

where $\overline{p}$ and $\overline{q}$ are the points on the comparison triangle in M^2_χ corresponding to p and q.

The easy proof of this lemma is left to the reader. □

4.- Lemma. *Let (a_0, b, c_0) and (a_1, b, c_1) be two triangles in X of perimeter less than $2\pi/\sqrt{\chi}$, with common side b and common*

vertices A and C. Suppose $c_0 \cup c_1$ is minimal from B_0 to B_1 and $|a_0| + |a_1| + |c_0| + |c_1| < 2\pi/\sqrt{\chi}$. If (a_0, b, c_0) and (a_1, b, c_1) satisfy the CAT$^*(\chi)$*-inequality, then also $(a_0, a_1, c_0 \cup c_1)$.*

Proof. We will show first that the comparison triangles $(\overline{a}_0, \overline{b}, \overline{c}_0)$ and $(\overline{a}_1, \overline{b}, \overline{c}_1)$, matched along $\overline{b}$, span an interior angle $\geq \pi$ at $\overline{A}$. If the interior angle at $\overline{A}$ is less than π, then for $p_0 \in c_0 \backslash \{A\}$ sufficiently close to A, the geodesic segment from $\overline{p}_0$ to $\overline{p}_1$ will meet $\overline{b}$ in $\overline{q} \neq A$. But then we have

$$|p_0 - q| \leq |\overline{p}_0 - \overline{q}| \quad \text{and} \quad |p_1 - q| \leq |\overline{p}_1 - \overline{q}| \ .$$

But since $c_0 \cup c_1$ is minimal we also have

$$\begin{aligned} |p_0 - p_1| &= |p_0 - A| + |A - p_1| \\ &= |\overline{p}_0 - \overline{A}| + |\overline{A} - \overline{p}_1| \\ &> |\overline{p}_0 - \overline{q}| + |\overline{q} - \overline{p}_1| \qquad \text{since} \quad \overline{q} \neq \overline{A} \\ &\geq |p_0 - q| + |q - p_1| \qquad \geq |p_0 - p_1| \ . \end{aligned}$$

This is a contradiction, and thus the assertion about the interior angle follows.

Now the comparison triangle for $(a_0, a_1, c_0 \cup c_1)$ is obtained by straightening $\overline{c}_0 \cup \overline{c}_1$. Consider first the case $p \in a_1$, $q \in a_2$ and the geodesic segment from $\overline{p}$ to $\overline{q}$ is contained in $\overline{c}_0 \cup \overline{c}_1$. It cuts $\overline{b}$ in a point $\overline{\tau}$. Since (a_0, b, c_0) and (a_1, b, c_1) satisfy the CAT$^*(\chi)$-inequality, we have

$$\begin{aligned} |p - q| &\leq |p - \tau| + |q - \tau| \\ &\leq |\overline{p} - \overline{\tau}| + |\overline{q} - \overline{\tau}| = |\overline{p} - \overline{q}| \ . \end{aligned}$$

Now when straightening $\overline{c}_0 \cup \overline{c}_1$, the distance between $\overline{p}$ and $\overline{q}$ increases which proves the asserted inequality in this case.

The other cases are treated similarly, except the case indicated in Figure 1, where the geodesic from $\overline{p}$ to $\overline{q}$ leaves the union of the comparison triangles $(\overline{a}_0, \overline{b}, \overline{c}_0)$ and $(\overline{a}_1, \overline{b}, \overline{c}_1)$. In this case we estimate

$$|p - q| \leq |p - A| + |q - A| \leq |\overline{p} - \overline{A}| + |\overline{q} - \overline{A}|.$$

Now during the process of straightening, $|\overline{p} - \overline{A}|$ and $|\overline{q} - \overline{A}|$ increase: we may think of $\overline{B}_0$ being fixed during the process. Then the moving

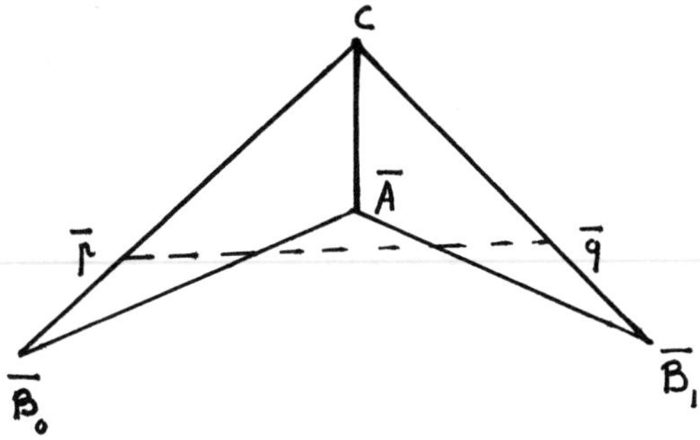

Figure 1.

point $\overline{A}$ remains on the sphere of radius $|c_0|$ about $\overline{B}_0$, and therefore $|\overline{p} - \overline{A}|$ increases since $\overline{A}$ never reaches the point opposite to $\overline{p}$ as viewed from $\overline{B}_0$. For this argument note that the distance function to $\overline{p}$ has has exactly two critical points on the geodesic circle about $\overline{B}_0$, namely the points where the line through $\overline{B}_0$ and $\overline{p}$ intersects the circle. The claim about $|\overline{q} - \overline{A}|$ follows similarly. Now at some time during the process of straightening, the geodesic segment from $\overline{p}$ to $\overline{q}$ hits $\overline{A}$, and from that time on, we can use the argument in the case considered above to obtain the required inequality. Thus the lemma follows. □

Suppose now that X_1 and X_2 are locally compact complete length spaces and that $A_1 \subset X_1$ and $A_2 \subset X_2$ are closed convex subsets. If there is an isometry $i : A_1 \to A_2$, we can use i to glue X_1 to X_2 along A_1 and A_2 to obtain a space $X_1 \bigcup_i X_2 = Y$. The structures on X_1 and X_2 give rise to a length structure on Y and Y is then a locally compact complete length space. An easy application of Lemma 4 is

5.- Corollary. *If all triangles in X_1 and X_2 of perimeter less than $2\pi/\sqrt{\chi}$ satisfy the* CAT*(χ)*-ineqality, then the same is true in Y.*

6.- Definition. We say that X has *curvature* $K_X \leq \chi$ if any $p \in$

X has a neighborhood U_p such that any triangle in U_p of perimeter less than $2\pi/\sqrt{\chi}$ satisfies the CAT(χ)-inequality.

7.- Theorem. *Suppose X has curvature $K_X \leq \chi$ and suppose for all $p, q \in X$ such that $|p-q| < \pi/\sqrt{\chi}$ there is a unique geodesic segment from p to q. Then each triangle in X of perimeter less than $2\pi/\sqrt{\chi}$ satisfies the* CAT(χ)*-inequality.*

Proof. Fix $p \in X$ and $R < \pi/\sqrt{\chi}$. Since the closed ball $\overline{B_R(p)}$ is compact, there is an $\varepsilon > 0$ such that $B_\varepsilon(q) \subset U_q$ for all $q \in \overline{B_R(p)}$, where U_q is as in Definition 6. For any q in $\overline{B_R(p)}$ there is, by assumption, a unique geodesic segment $c_q(t), 0 \leq t \leq 1$, from p to q. The uniqueness implies that c_q depends continuously on q (Arzela-Ascoli). In particular, there is a $\delta > 0$ such that $|c_x(t) - c_y(t)| < \varepsilon$ for all $x, y \in \overline{B_R(p)}$ such that $|x-y| < \delta$ and all $0 \leq t \leq 1$.

We consider now triangles of perimeter $\leq 2R$ with one vertex in p. We restrict first to triangles (p, x, y) such that $|x-y| < \delta$. Choose an n such that

$$|c_x(\tfrac{i-1}{n}) - c_x(\tfrac{i}{n})| \,, \quad |c_y(\tfrac{i-1}{n}) - c_y(\tfrac{i}{n})| < \varepsilon,$$

$1 \leq i \leq n$, and assume inductively that the triangle $\big(p, c_x(\frac{i}{n}),\ c_y(\frac{i}{n})\big)$ satisfies the CAT*(χ)-inequality, $1 \leq i \leq n-1$. Since

$$|c_x(\tfrac{i}{n}) - c_x(\tfrac{i}{n})| < \varepsilon,$$

also the triangle $\big(c_x(\frac{i}{n}),\ c_y(\frac{i}{n}),\ c_x(\frac{i+1}{n})\big)$ satisfies the CAT*(χ)-inequality. Hence by Lemma 4 the triangle $\big(p, c_y(\frac{i}{n}),\ c_x(\frac{i+1}{n})\big)$ satisfies the CAT*-inequality. By a similar argument it then follows that $\big(p, c_x(\frac{i+1}{n}),\ c_y(\frac{i+1}{n})\big)$ satisfies the CAT*(χ)-inequality, and by induction we conclude that (p, x, y) satisfies the CAT*(χ)-inequality. Analogously one proves the CAT*(χ)-inequality for all triangles of perimeter $\leq 2R$ with one vertex in p by induction on k, where $(k-1) \cdot \delta \leq |x-y| < k \cdot \delta$. □

8.- Remark. If vice versa each triangle in X of perimeter less than $2\pi/\sqrt{\chi}$ satisfies the CAT(χ)- inequality, then X has curvature $K_X \leq \chi$, and for all $p, q \in X$ such that $|p-q| < \pi/\sqrt{\chi}$ there is a unique geodesic segment from p to q.

§2. Spaces of non-positive curvature

Throughout this section we assume that the space X has curvature $K_X \leq 0$. For $p \in X$ and $R > 0$, the closed ball $B = \overline{B_{2R}(p)}$ is compact. Hence there is an $\varepsilon > 0$ such that $B_{2\varepsilon}(q) \subset U_q$ for all $q \in B$, where U_q is as in Definition 6.

9.- Lemma *If $c_0, c_1 : [a,b] \to B_\varepsilon(q)$ are geodesic arcs, then $|c_0(t) - c_1(t)|$ is convex in t. In particular, for q_0 and q_1 in $B_\varepsilon(q)$, there is exactly one geodesic arc in X from q_0 to q_1 and this arc depends continuously on q_0 and q_1.*

Proof. Let $c : [a,b] \to X$ be a geodesic segment from $c_0(a)$ to $c_1(b)$. Then c is contained in $B_{2\varepsilon}(q)$ as are the geodesic segments from $c_0(a)$ to $c_1(a)$ and $c_0(b)$ to $c_1(b)$. We obtain two triangles in $B_{2\varepsilon}(q)$ and since

$$|c_0(t) - c_1(t)| \leq |c_0(t) - c(t)| + |c(t) - c_1(t)| ,$$

the convexity assertion is a consequence of (3). The other assertions follow easily (Arzela-Ascoli). □

Consider the space W_n of continuous curves $c : [0,1] \to B$ such that $c(0) = p$,

$$c([\tfrac{i-1}{2n}, \tfrac{i+1}{2n}]) \subset B_{\varepsilon/2}(c(\tfrac{i}{2n})) , \quad 1 \leq i \leq 2n-1,$$

and

$$L(c) := \sum_{i=1}^{2n} |c\,(\tfrac{i-1}{2n}) - c\,(\tfrac{i}{2n})| \leq R.$$

On this space we will define a deformation, the so-called *Birkhoff curve-shortening process.* For $0 \leq \tau \leq 1$ and $c \in W_n$, we define $D_\tau(c)$ to be the curve in W_n which results from c by replacing the pieces $c|\left[\frac{i}{n}, \frac{i+\tau}{n}\right]$, $0 \leq i \leq n-1$, by the geodesic segments, reparametrized appropriately, connecting $c(\frac{i}{n})$ and $c(\frac{i+\tau}{n})$ respectively. Note that $D_1(c) \mid \left[\frac{i}{n}, \frac{i+1}{n}\right]$, $0 \leq i \leq n-1$, is a geodesic arc. Similarly we let $\tilde{D}_\tau(c)$ be the curve in W_n which results from c by replacing the pieces $c \mid \left[\frac{2i+1}{2n}, \frac{2i+2\tau+1}{2n}\right]$ by the corresponding geodesic segments, reparametrized appropriately. Finally we set $D(c) := \tilde{D}_1(D_1(c))$. Then

(10) $\qquad c = D(c)$ if and only if c is a geodesic arc.

For $c \in W_n$ we set $E(c) := \sum_{i=1}^{2n} |c\,(\frac{i-1}{2n}) - c(\frac{i}{2n})|^2$. Obviously,

(11) if $c \mid [\frac{i-1}{2n}\,,\,\frac{i}{2n}]$ is a geodesic arc, $1 \le i \le 2n$, then $E(D(c)) \le E(c)$ with equality iff c is a geodesic arc.

Since $D_\tau(c)$ and $\tilde{D}_\tau(c)$ are continuous in τ, they define a homotopy keeping endpoints fixed from c to $D(c)$. Hence c is homotopic to $D(c)$ in the space of curves from $p = c(0)$ to $c(1)$. From Lemma 9 we conclude:

12.- Lemma. *If $c_0, c_1 \in W_n$ are sufficiently close, then*

$$|D(c_0) - D(c_1)| \le |c_0 - c_1|.$$

The main result of this section is the following analog of the Cartan - Hadamard Theorem of Riemannian geometry.

13.- Theorem. *Let $p, q \in X$. Then each homotopy class of curves from p to q contains exactly one geodesic arc.*

From this and Theorem 7 we conclude immediately:

14.- Theorem. *If X is simply connected, then X is contractible. For $q_0, q_1 \in X$ there is exactly one geodesic segment from q_0 to q_1 and this geodesic is minimal and depends continuously on q_0 and q_1. If $c_0, c_1 : [a,b] \to X$ are geodesic arcs, then $|c_0(t) - c_1(t)|$ is convex in t.*

Proof of (13). Let $c : [0,1] \to X$ be a continuous curve from p to q. Choose R, ε and n as above so that $c \in W_n$. Then the sequence.

$$c,\ D(c),\ D^2(c) := D(D(c)), \ldots.$$

is equicontinuous. Since B is compact, by the theorem of Arzela - Ascoli there is a convergent subsequence $D^{n_j}(c) \to c_0$. Then $c_0 \mid [\frac{i-1}{2n}\,,\,\frac{i}{2n}]$ is a geodesic arc and c_0 is a curve from p to q in the homotopy class of c. Clearly $E(D^{n_j}(c)) \to E(c_0)$ and since $E(D^n(c))$

decreases monotonically as n increases we have $E(D^n(c)) \to E(c_0)$. In particular,

$$E(D(c_0)) = \lim_{n\to\infty} E(D^{n_j+1}(c)) = \lim_{n\to\infty} E(D^n(c)) = E(c_0)$$

and hence c_0 is a geodesic by (11). Hence each homotopy class contains a geodesic.

Suppose now $c_0, c_1 : [0,1] \to X$ are two geodesics from p to q in the same homotopy class, and c_τ, $0 \le \tau \le 1$, is a homotopy from c_0 to c_1. Choose R, ε and n as above so that $c_\tau \in W_n$ for all τ. Then since $D^n(c_0) = c_0$ and $D^n(c_1) = c_1$, we obtain homotopies $D^n(c_\tau)$ from c_0 to c_1. It follows from (12) that the sequence of mappings $(\tau, t) \mapsto D^n(c_\tau)(t)$ is equicontinuous. Hence we obtain a limit $\overline{c_\tau}(t)$ of a subsequence and $\overline{c_\tau}$ is a homotopy from c_0 to c_1. Our argument above shows that each $\overline{c_\tau}$ is a geodesic from p to q. If $|\sigma - \tau|$ is sufficiently small, then $|\overline{c_\sigma}(t) - \overline{c_\tau}(t)| < \varepsilon/2$ for all t, hence locally convex and therefore also globally convex in t. Since $|\overline{c_\sigma}(t) - \overline{c_\tau}(t)| = 0$ for $t = 0$ and $t = 1$, we obtain $\overline{c_\sigma} = \overline{c_\tau}$ if $|\sigma - \tau|$ is sufficiently small. Hence we finally conclude $c_0 = c_1$ which is the uniqueness assertion. □

Remark. The existence argument did not require $K_X \le 0$.

§3. POLYHEDRA WITH $K \le \chi$

A *straight simplex* in M^k_χ is by definition the intersection of $k+1$ closed halfspaces in M^k_χ in general position. Throughout this section we assume that X is an (M,χ)-space. That is, X has a locally finite triangulation in which each simplex Δ is isometric to a straight simplex $\overline{\Delta}$ in the corresponding model space M^k_χ, where $k =$ dim (Δ). Subdividing if necessary, a given $p \in X$ will be a vertex of the triangulation. If $\Delta_1, \ldots, \Delta_N$ are the simplices of X which possess p as a vertex and $q_0, q_1 \in \Delta_i$, there is exactly one geodesic segment from q_0 to q_1, at least after subdivision, and it corresponds to the geodesic segment from $\overline{q_0}$ to $\overline{q_1}$ in $\overline{\Delta_i}$. This applies in particular to $q_0 = p$. By the set D_p of *directions* at p we mean the set of non-constant geodesic segments $c : [0,\varepsilon] \to X$ such that $c(0) = p$ modulo the relation $c \sim \tilde{c}$ if $\tilde{c}(t) = c(t)$ for all small t. The set $D^i_p, 1 \le i \le N$, of directions at p pointing into Δ_i,

that is $c(t) \in \Delta_i$ for $t \geq 0$ small, corresponds to the part of the unit sphere in $\overline{p} \in \overline{\Delta_i} \subset M^k_\chi$, $k = \dim(\Delta_i)$, which points into $\overline{\Delta_i}$. The angle measurement induces a metric in D_p and the simplices D^i_p turn D_p into an $(M,1)$-space. It is clear that the metric on D_p does not depend on the triangulation. It is not required that D_p is connected, the distance between some points in D_p might be infinite.

The main result of this section is as follows.

15.- Theorem. *If X is an (M,χ)-space, then X has curvature $K_X \leq \chi$ if for all $p \in X$ the* CAT(1)*-inequality holds for all triangles in D_p of perimeter $< 2\pi$.*

Proof. As above we assume that p is a vertex of the triangulation, and we denote by $\Delta_1, \ldots, \Delta_N$ the simplices which contain p as a vertex. Note that

$$U_0 = \Delta_1 \cup \ldots\ldots \cup \Delta_N$$

is a neighborhood of p. For $q \in U_0$, we denote by $\gamma_q(\tau)$, $0 \leq \tau \leq 1$, the unique geodesic segment from p to q and by $v(q)$ the direction at p pointing at q. If $c : [\alpha, \beta] \to X$ is a geodesic segment such that $Im(c) \subset U_0$ and $p \notin Im(c)$, there is a subdivision $t_0 = \alpha < t_1 < \ldots\ldots < t_n = \beta$ of $[\alpha,\beta]$ such that $c \mid [t_{i-1}, t_i] \subset \Delta_{j(i)}$, $1 \leq i \leq n$. If $v \circ c$ is not constant, then $(\tau, t) \mapsto \gamma_{c(t)}(\tau)$, $0 \leq \tau \leq 1$ and $t_{i-1} \leq t \leq t_i$, spans a 2-dimensional simplex in X (in general not belonging to the triangulation of course) which is isometric to a 2-simplex Γ_i in M^2_χ. We match corresponding sides of these Γ_i in M^2_χ to obtain the situation of figure 2.

The sides of the Γ_i opposite to $\overline{p}$ will join to a smooth geodesic arc $\overline{c}$ in M^2_χ. Note that the angle at $\overline{p}$ between $\overline{x}$ and $\overline{y}$ is exactly the length of the curve $v \circ c$ in D_p and that $(\overline{\gamma_x}, \overline{c}, \overline{\gamma_y})$ is the comparison triangle for (γ_x, c, γ_y), where $x = c(\alpha)$ and $y = c(\beta)$. Clearly we have:

(16) If c is a geodesic segment in X such that $p \notin Im(c) \subset U_0$, then $v \circ c$ is shorter than π.

Since there is a formula in M^2_χ expressing the length of $\overline{c}$ in terms of the distances of $\overline{p}$ to $\overline{x}$ and $\overline{y}$ and the angle at $\overline{p}$, we conclude:

(17)

$v \circ c$ is a geodesic segment in D_p if c is a geodesic segment in X.

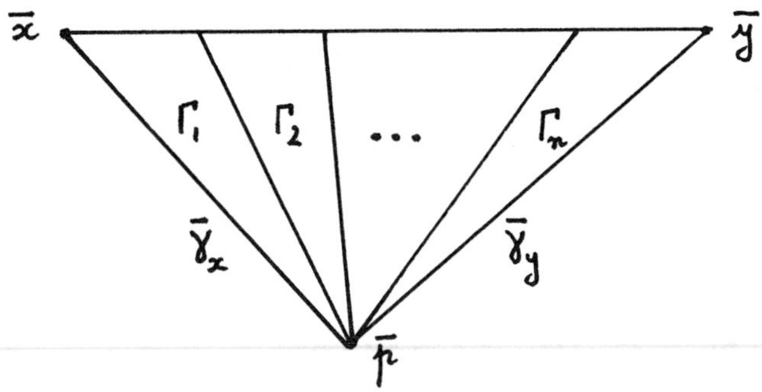

Figure 2.

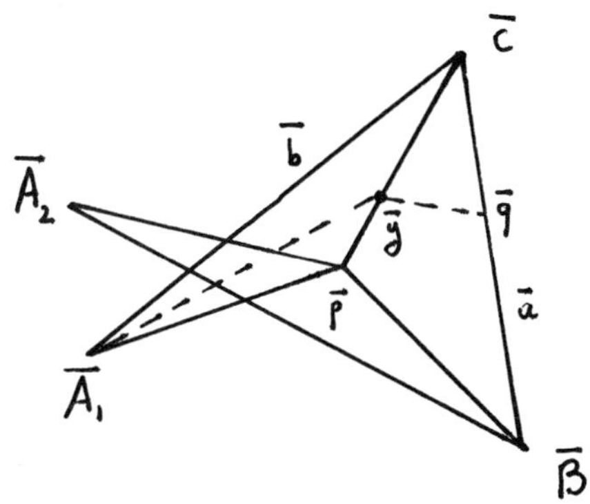

Figure 3.

It also follows that if $\varepsilon > 0$ is small compared to the size of the Δ_i then $B_\varepsilon(p) = U$ is convex. We now want to show that every triangle (a, b, c) in U (by necessity of perimeter $< 2\pi/\sqrt{\chi}$ if ε is small) satisfies the CAT(χ)-inequality. There are three cases. The first case is $p \in a \cup b \cup c$ and is left to the reader. The second case is

$$\textbf{(18)} \qquad |v(A) - v(C)| + |v(B) - v(A)| + |v(C) - v(B)| \geq 2\pi,$$

where the notation is as in section 1. We match the comparison triangle for (γ_A, b, γ_C) to the comparison triangle for (γ_C, a, γ_B) along $\overline{\gamma_C}$ and then match the comparison triangle for (γ_B, c, γ_A) to this figure along $\overline{\gamma_B}$. What we obtain looks as in Figure 3, by (18).

To obtain the comparison triangle for (a, b, c), we have to move $\overline{A}_1$ and $\overline{A}_2$ to the intersection $\overline{A}$ of the circles of radius $\overline{b}$ about $\overline{C}$ and radius $\overline{c}$ about $\overline{B}$. Clearly, for any x on the segment from $\overline{p}$ to $\overline{B}$ and y on the segment from $\overline{p}$ to $\overline{C}$,

$$|\overline{A}_2 - x| \leq |\overline{A} - x| \quad \text{and} \quad |\overline{A}_1 - y| \leq |\overline{A} - y|.$$

Now after straightening, the line from $\overline{A}$ to $\overline{q}$ will meet either the segment from $\overline{p}$ to $\overline{B}$ in a point x or the segment from $\overline{p}$ to $\overline{C}$ in a point y. In the first case

$$\begin{aligned} |\overline{A} - \overline{q}| &= |\overline{A} - x| + |x - \overline{q}| \\ &\geq |\overline{A}_2 - x| + |x - \overline{q}| \geq |A - q| \end{aligned}$$

and the other case is similar.

The third case is

(19) $$|v(A) - v(C)| + |v(B) - v(C)| + |v(C) - v(A)| < 2\pi.$$

We think of $M_1^2 = S^2$ as the tangent unit sphere in a point $\overline{p} \in M_\chi^3$. We match the comparison triangles for (γ_A, b, γ_C) , (γ_C, a, γ_B) and (γ_B, c, γ_A) along the sides $\overline{\gamma_A}, \overline{\gamma_B}$ and $\overline{\gamma_C}$ and obtain the following figure 4.

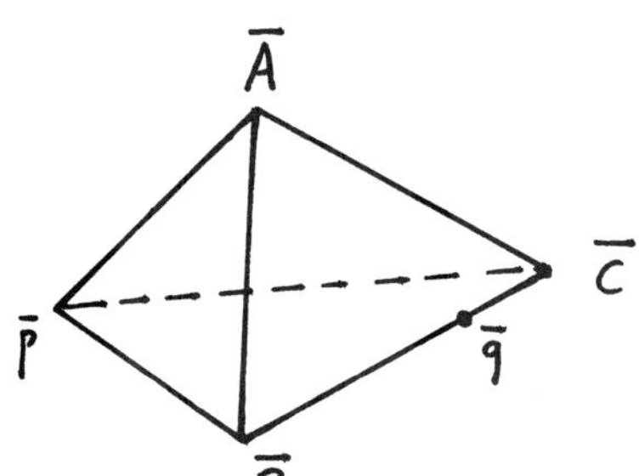

Figure 4.

The radial projection of the triangle $(\overline{A}, \overline{B}, \overline{C})$ onto the unit sphere M_1^2 in $\overline{p}$ is the comparison triangle for $(v \circ a,\ v \circ b,\ v \circ c)$

in M_1^2. Since any triangle in D_p of perimeter $< 2\pi$ satisfies the CAT(1)-inequality, we have

$$\textbf{(20)} \qquad |v(A) - v(q)| \le |\overline{v(A)} - \overline{v(q)}| \;=\; |v(\overline{A}) - v(\overline{q})|$$

Let $c : [\alpha, \beta] \to X$ be a geodesic segment from A to q. Then $\gamma = v \circ c : [\alpha, \beta] \to D_p$ is a geodesic segment from $v(A)$ to $v(q)$ and the length $L(\gamma)$ is $|v(A) - v(q)|$. There is a subdivision $t_0 = \alpha < t_1 < \ldots < t_n = \beta$ of $[\alpha, \beta]$ such that $\gamma|[t_{i-1}, t_i]$ is contained in $D_p^{j(i)}$, $1 \le i \le n$. Since $\gamma \mid [t_{i-1}, t_i]$ is minimal, $\gamma \mid [t_{i-1}, t_i]$ is a set of directions belonging to a 2-dimensional surface in $\Delta_{j(i)}$ which corresponds to the intersection of $\overline{\Delta_{j(i)}}$ with an M_χ^2. If we match these intersections together we obtain the following figure 5 in M_χ^2.

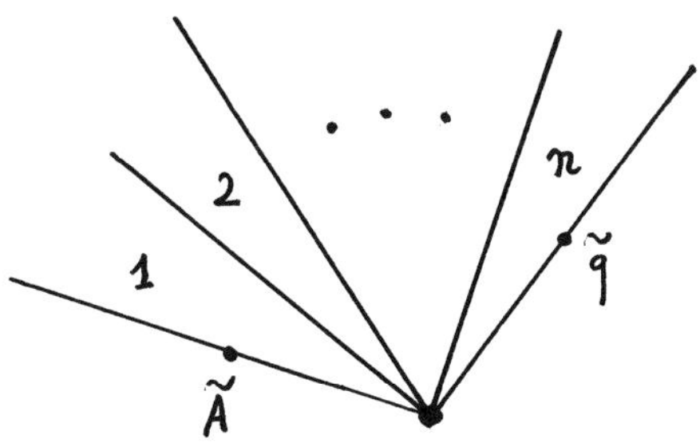

Figure 5.

Since we have

$$|\tilde{p} - \tilde{A}| \;=\; |p - A| \;=\; |\overline{p} - \overline{A}|$$
$$|\tilde{p} - \tilde{q}| \;=\; |p - q| \;=\; |\overline{p} - \overline{q}|$$

and since

$$\begin{aligned} \measuredangle_{\tilde{p}}(\tilde{A}, \tilde{q}) &= |v(A) - v(q)| \\ &\le |v(\overline{A}) - v(\overline{q})| \;=\; \measuredangle_{\overline{p}}(\overline{A}, \overline{q}) \end{aligned}$$

we finally conclude

$$|A - q| \;=\; |\tilde{A} - \tilde{q}| \;\le\; |\overline{A} - \overline{q}|.$$

This completes the proof of Theorem 15. □

Remark. It is clear from the proof that X does not have curvature $K_X \leq \chi$ if for some triangle of perimeter $< 2\pi$ in some D_p, $p \in X$, the CAT(1)-in equality does not hold.

CHAPITRE 11. ORBI-ESPACES

André Haefliger

Soit Γ un groupe opérant proprement par isométries sur un espace localement compact géodésique $\widetilde{X}$ muni d'une métrique hyperbolique de sorte que le quotient $\Gamma\backslash\widetilde{X}$ soit compact. Alors Γ est un groupe hyperbolique (théorème 3.22). Le but de ce chapitre est de montrer comment on peut construire de telles actions en partant d'un espace qui est localement le quotient par un groupe fini d'un espace à courbure négative (orbi-espace à courbure négative). Le résultat principal est le théorème 8. Cet exposé explique les pages 127 et 128 de [Gr5].

§1. DÉFINITION DES ORBI-ESPACES RIGIDES

Une action d'un groupe Γ sur un espace Y est dite *rigide* (ou quasi-analytique) si un élément de Γ est l'élément neutre lorsque sa restriction à un ouvert de Y est l'identité. Une action effective de Γ par isométries d'une variété riemannienne connexe est forcément rigide, mais ce n'est pas le cas pour les espaces métriques en général. Par exemple l'action du groupe cyclique d'ordre 2 sur un graphe formé de trois arêtes issues d'un même sommet engendrée par l'échange de deux branches est une action effective non rigide.

Supposons que l'action de Γ sur l'espace simplement connexe $\widetilde{X}$ soit propre et rigide. Soit $X = \Gamma\backslash\widetilde{X}$ l'espace des orbites. Comment peut-on reconstruire l'action de Γ sur $\widetilde{X}$ à partir de données locales convenables sur l'espace quotient X? (Par exemple si l'action est libre, alors $\widetilde{X}$ est le revêtement universel de X et Γ le groupe fondamental de X.) Ces données locales définissent sur X une structure d'orbi-espace.

1.- Définition. Une structure d' *orbi-espace rigide* sur un espace topologique X est définie par les données:

(1) d'un recouvrement ouvert $\{U_i\}_{i\in I}$ de X,

(2) pour chaque $i \in I$ d'une action rigide d'un groupe fini Γ_i sur un espace localement compact V_i et d'une projection continue

$\pi_i : V_i \to U_i$ (appelée carte uniformisante) induisant un homéomorphisme de $\Gamma_i \backslash V_i$ sur U_i,

(3) du pseudogroupe $\mathcal{G}$ des changements de cartes: pour tout $v_j \in V_j$ tel que $\pi_j(v_j) \in U_i \cap U_j$, il existe un homéomorphisme local γ_{ij} (appelé changement de cartes) d'un voisinage W de v_j sur un voisinage d'un point v_i de V_i tel que $\pi_i = \pi_j \gamma_{ji}$ sur W, bien défini à composition près avec un élément de Γ_i.

De manière précise, cela signifie que l'ensemble des changements de cartes (qui contient en particulier les éléments de Γ_i) engendre un pseudogroupe $\mathcal{G}$ d'homéomorphismes locaux de la réunion disjointe V des V_i, dont la restriction à chaque V_i est engendrée par l'action de Γ_i, la projection $\pi : V \to X$ qui est l'union des π_i induisant un homéomorphisme de l'espace des orbites $\mathcal{G} \backslash V$ sur X.

Rappelons qu'un pseudogroupe de transformations d'un espace V est une collection d'homéomorphismes d'ouverts de V sur ouverts de V contenant l'identité de V et fermée pour les opérations de composition, passage à l'inverse, restriction à des ouverts et réunion.

Deux telles données définissent la même structure d'orbi-espace sur X si, mises ensemble, les conditions de compatibilité (3) sont encore satisfaites pour un pseudogroupe étendu convenablement.

2.- Terminologie. Si les voisinages uniformisants V_i sont des variétés [resp. des étoiles dans des complexes simpliciaux sur lesquels $\mathcal{G}$ opère simplicialement], alors X est appelé une *orbi-variété* ou V-variété au sens de Sataké (voir [Sat] et [Thu]) [resp. un *orbi-èdre*].

Si les V_i sont des espaces métriques tels que les changements de cartes sont localement des isométries, alors X est un orbi-espace métrique.

3.- Orbi-espace développable. Sur l'espace des orbites $X = \Gamma \backslash \widetilde{X}$ d'une action propre rigide d'un groupe Γ sur un espace localement compact $\widetilde{X}$, on a une structure naturelle d'orbi-espace définie comme suit. Soit π la projection naturelle de $\widetilde{X}$ sur X. Pour $x \in X$, on choisit un élément x_i de $\widetilde{X}$ dans l'orbite x et un voisinage ouvert V_i de x_i invariant par le sous-groupe de stabilité Γ_i de x_i et tel que $\gamma V_i \cap V_i = \emptyset$ si $\gamma \in \Gamma - \Gamma_i$; il en résulte que la restriction π_i de π à V_i

induit un homéomorphisme de $\Gamma_i\backslash V_i$ sur $U_i = \pi(V_i)$. Si $\pi_i : V_i \to U_i$ et $\pi_j : V_j \to U_j$ sont des cartes uniformisantes ainsi construites et si $v_j \in V_j$ est tel que $\pi(v_j) \in U_i \cap U_j$, alors un changement de cartes γ_{ij} est la restriction à un voisinage W de v_j d'un élément de Γ appliquant W dans V_i.

On dit qu'un orbi-espace X est *développable* s'il existe un espace $\widetilde{X}$ simplement connexe localement compact et une action rigide propre d'un groupe Γ sur $\widetilde{X}$ tel que $X = \Gamma\backslash\widetilde{X}$ avec la structure d'orbi-espace définie ci-dessus. On dit que $\widetilde{X}$ est le *développement* ou le *revêtement universel* de X et que Γ est le *groupe fondamental* de X (voir le paragraphe 4).

§2. Exemples

4.- Exemple. Soit $X = [0,1], U_0 = [0,1[$ et $U_1 =]0,1]$. L'espace V_0 est le cône ouvert sur 3 points sur lequel le groupe cyclique C_3 d'ordre 3 opère par permutations cycliques et V_1 est l'intervalle $]-1,+1[$ sur lequel le groupe cyclique C_2 d'ordre 2 opère par symétrie.

Cet orbi-espace est développable; son développement est l'arbre complet $\widetilde{X}$ ayant 3 arêtes issues de chaque sommet (voir la figure 1) sur lequel le groupe $\Gamma = C_3 * C_2$ opère proprement.

5.- Exemple. Soit X un espace topologique connexe localement compact et localement simplement connexe par arc et soit S un sous-ensemble discret de X, chaque point y de S possédant un voisinage ouvert U_y homéomorphe à un 2-disque centré en y, les U_y étant disjoints. Pour chaque y, on se donne un entier $n_y > 1$ (appelé ordre de ramification). On définit sur X une structure d'orbi-espace en considérant le recouvrement ouvert formé de $U_0 = X - S$ et des $U_y, y \in S$. On pose $V_0 = U_0$ et $\pi_0 =$ identité. Pour tout y dans S, alors V_y est un 2-disque sur lequel le groupe cyclique Γ_y d'ordre n_y opère par rotations, l'application $\pi_y : V_y \to U_y$ induisant un homéomorphisme de $\Gamma_y\backslash V_y$ sur U_y et appliquant le centre $\widetilde{y}$ de V_y sur le centre y de U_y. Les changements de cartes sont uniquement définis par ces données. Les U_y avec leur structure d'orbi-espace sont appelés des orbi-cônes d'ordre n_y.

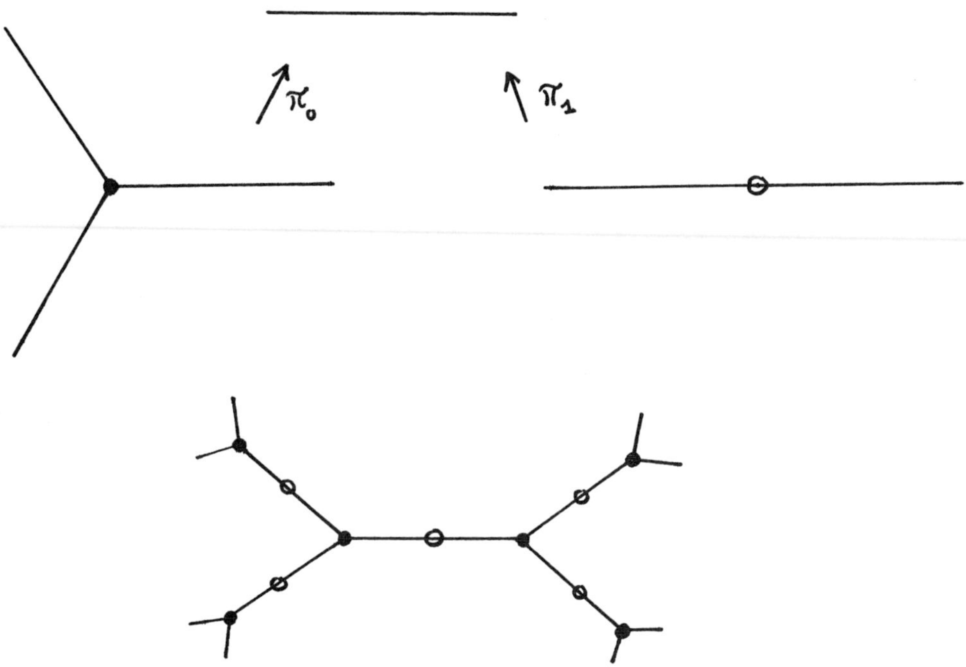

Figure 1.

Considérons un point base x_0 dans U_0 et pour chaque y de S l'élément α_y de $\pi_1(U_0, x_0)$ représenté par un lacet de la forme $\ell_y c_y \ell_y^{-1}$, où ℓ_y est un chemin dans U_0 d'origine x_0 et d'extrémité dans U_y, et c_y un petit lacet dans $U_y - \{y\}$ faisant une fois le tour de y et basé en l'extrémité de ℓ_y. Soit Γ le quotient de $\pi_1(U_0, x_0)$ par le sous-groupe normal N engendré par les éléments $(\alpha_y)^{n_y}, y \in S$.

6.- Proposition. *L'orbi-espace X décrit ci-dessus est développable si et seulement si les classes modulo N des éléments α_y sont d'ordre n_y dans Γ. Dans ce cas, X avec sa structure d'orbi-espace est le quotient d'un espace simplement connexe $\widetilde{X}$ par une action rigide propre de Γ.*

Démonstration. Il est facile de voir que si X est développable, alors les classes modulo N des éléments α_y sont d'ordre n_y; montrons

la réciproque. Soit $p : X_0 \to U_0$ le revêtement galoisien de groupe Γ de U_0 déterminé par l'homomorphisme de $\pi_1(U_0, x_0)$ sur Γ. Sa restriction au-dessus de chaque $U_y - \{y\}$ est une réunion disjointe de revêtements cycliques d'ordre n_y, d'après l'hypothèse que la classe modulo N de α_y est d'ordre n_y. Chacune de ces composantes connexes est donc homéomorphe à $V_y - \{\widetilde{y}\}$; ainsi en ajoutant à chacune d'entre elles un point $\widetilde{y}$, on obtient un espace localement compact $\widetilde{X}$ sur lequel le groupe Γ opère proprement et l'extension de la projection p à $\widetilde{X}$ induit un homéomorphisme de $\Gamma\backslash\widetilde{X}$ sur X. De plus, $\widetilde{X}$ est simplement connexe car $\pi_1(X_0) = N$ et l'adjonction des points $\widetilde{y}$ tue les éléments de N. □

7.- La larme. C'est un cas particulier de l'exemple précédent avec $X = S^2$ et S un point. Cette orbi-variété n'est pas développable d'après le critère précédent.

§3. Énoncé du théorème principal et exemples

Un orbi-espace X admet une métrique à courbure $K \leq 0$ [resp. $K < 0$] si les sources V_i des cartes uniformisantes sont des espaces géodésiques à courbure $K \leq 0$ [resp. $K < 0$] (voir le chapitre 10), les groupes Γ_i agissant par isométries et les changements de cartes étant aussi localement des isométries.

8.- Théorème. *Soit X un orbi-espace compact connexe avec courbure $K \leq 0$. Alors X est développable; en d'autres termes l'orbi-espace X est le quotient d'un espace métrique géodésique simplement connexe $\widetilde{X}$ par une action propre rigide isométrique d'un groupe Γ. En particulier, si $K < 0$, alors Γ est hyperbolique.*

9.- Exemple. Soit X un complexe simplicial fini de dimension 2 et soit S l'ensemble des barycentres des 2-simplexes. La construction de l'exemple 5 qui consiste à remplacer chaque 2-simplexe de barycentre y par un orbi-cône d'ordre $n_y \geq 2$ [resp. ≥ 3] donne sur X une structure d'orbi-èdre sur lequel on peut mettre une métrique avec courbure $K \leq 0$ [resp. $K < 0$], donc développable par le théorème précédent.

En effet, soit X' la subdivision simpliciale de X obtenue en

ajoutant comme nouveaux sommets les barycentres des 2-simplexes; soit U_y l'intérieur du 2-simplexe de barycentre y (il est réunion de 3 triangles dans X'). Soit V_y l'intérieur d'un polygone régulier à $3n_y$ côtés de longueur ℓ dans un espace hyperbolique de courbure constante K, avec ℓ assez petit pour que l'angle au sommet soit au moins $2\pi/3$ (si $n_y = 2$, on doit prendre $K = 0$). Le groupe cyclique d'ordre n_y opère simplicialement par rotations sur V_y et le quotient est isomorphe à U_y. On obtient ainsi sur X' une structure d'orbièdre avec une métrique de courbure $K \leq 0$ [resp. $K < 0$ si $n_y > 2$ pour tout y]. En effet la condition du théorème 10.3.1 est satisfaite.

§4. Groupe fondamental et revêtement universel d'un orbi-espace

Considérons le pseudogroupe $\mathcal{G}$ de tous les changements de cartes (voir la condition (3) de la définition 1) opérant sur la réunion disjointe V des sources V_i des cartes uniformisantes (les définitions qui suivent sont valables pour tout pseudogroupe $\mathcal{G}$).

10.- Définition des $\mathcal{G}$-chemins. Un *$\mathcal{G}$-chemin* c paramétré par $[0,1]$ d'origine $x_0 \in V$ et d'extrémité $x_1 \in V$ est donné par

(i) un partage $0 = t_0 \leq t_1 \leq \ldots \leq t_k = 1$ de l'intervalle $[0,1]$,

(ii) des chemins continus $c_i : [t_{i-1}, t_i] \to V$, pour $1 \leq i \leq k$,

(iii) des germes $\underset{\sim}{\gamma}_0, \underset{\sim}{\gamma}_1, \ldots, \underset{\sim}{\gamma}_k$ d'éléments de $\mathcal{G}$, la source de $\underset{\sim}{\gamma}_i$ étant x_0 pour $i = 0$ et $c_i(t_i)$ pour $i > 0$, et le but de $\underset{\sim}{\gamma}_i$ étant $c_{i+1}(t_i)$ pour $i < k$ et x_1 pour $i = k$.

Dans l'ensemble des $\mathcal{G}$-chemins, on considère la relation d'équivalence engendrée par

a) subdivision du partage et adjonction des germes de l'identité aux nouveaux points du partage,

b) remplacement de c_i par $c'_i = g_i \circ c_i$, où g_i est un élément de $\mathcal{G}$ défini sur l'image de c_i, de $\underset{\sim}{\gamma}_{i-1}$ par $\underset{\sim}{\gamma}'_{i-1} = g_i \circ \underset{\sim}{\gamma}_{i-1}$ et de $\underset{\sim}{\gamma}_i$ par $\underset{\sim}{\gamma}'_i = \underset{\sim}{\gamma}_i \circ g_i^{-1}$.

Par exemple, si $\mathcal{G}$ est un pseudo-groupe engendré par une action rigide d'un groupe Γ sur V, alors chaque classe d'équivalence de $\mathcal{G}$-chemins c d'origine x_0 admet un représentant unique avec $k = 1$, $c_1 : [0,1] \to V$ un chemin d'origine x_0, et γ_0 le germe de l'identité en x_0 et γ_1 un germe de source $c_1(1)$.

Une petite *homotopie* entre deux $\mathcal{G}$-chemins c^0 et c^1 donnés par le même partage $t_0 \leq t_1 \leq \ldots \leq t_k$ est une famille continue de chemins c^s, $s \in [0,1]$, de même origine x_0 et extrémité x_1, donnés par des homotopies $c_i^s : [t_{i-1}, t_i] \to V$ reliant c_i^0 à c_i^1 et des germes $\underset{\sim}{\gamma}_i^s$ d'un même élément g_i de $\mathcal{G}$ en $c_i^s(t_i)$.

Deux $\mathcal{G}$-chemins d'origine x_0 et d'extrémité x_1 sont homotopes si l'on peut passer de l'un à l'autre par une suite d'équivalences définies ci-dessus et de petites homotopies. Un $\mathcal{G}$-lacet basé en x_0 est un $\mathcal{G}$-chemin d'origine et extrémité x_0.

Si un $\mathcal{G}$-chemin c' a pour origine l'extrémité d'un $\mathcal{G}$-chemin c, alors le composé $c \cdot c'$ est défini de manière analogue à la composition des chemins ordinaires.

11.- Définition du groupe fondamental. Le *groupe fondamental* $\pi_1^{\mathrm{orb}}(X)$ de l'orbi-espace X est le groupe $\pi_1(\mathcal{G}, x_0)$ des classes d'homotopie des $\mathcal{G}$-lacets basés en x_0, où $\mathcal{G}$ est le pseudogroupe des changements de cartes.

On vérifie facilement que cette définition est indépendante à isomorphisme près du choix d'un atlas de cartes uniformisantes, et du point base si X est connexe par arc (i.e. si, étant donné deux points x_0 et x_1 de V, il existe un $\mathcal{G}$-chemin d'origine x_0 et d'extrémité x_1).

12.- Exemples. (a) Si l'orbi-espace X est développable, quotient d'un espace simplement connexe par arcs $\widetilde{X}$ par une action propre et rigide d'un groupe Γ, alors $\Gamma = \pi_1^{\mathrm{orb}}(X)$.

En effet, si un pseudogroupe $\mathcal{G}$ est engendré par groupe Γ opérant de manière rigide sur un espace 1-connexe $\widetilde{X}$, alors $\pi_1(\mathcal{G}, x_0)$ est isomorphe à Γ. L'isomorphisme associe à tout $\mathcal{G}$-lacet en x_0, donné par les c_i et les germes $\underset{\sim}{\gamma}_i$ des éléments γ_i de Γ, le composé

$\gamma_0\gamma_1 \cdots \gamma_k$.

(b) Dans le cas de l'exemple 5, le groupe fondamental $\pi_1^{\mathrm{orb}}(X)$ est précisément le groupe $\Gamma = \pi_1(U_0, x_0)/N$; on voit que tout $\mathcal{G}$-lacet est homotope à un lacet dans U_0.

13.- Un critère de développabilité d'un orbi-espace X. En supposant les sources V_i des cartes uniformisantes localement simplement connexes par arc, on peut se ramener au cas où les V_i sont simplement connexes; le groupe Γ_i laissant fixe un point x_i de V_i. Considérons pour chaque i un $\mathcal{G}$-chemin ℓ_i d'origine le point base x_0 et d'extrémité le point x_i. On a un homomorphisme $\lambda_i : \Gamma_i \to \Gamma = \pi_1(\mathcal{G}, x_0) = \pi_1^{\mathrm{orb}}(X)$ faisant correspondre à $\gamma \in \Gamma_i$ la classe d'homotopie du $\mathcal{G}$-lacet $\ell_i \cdot \gamma \cdot \ell_i^{-1}$ où γ est identifié au $\mathcal{G}$-lacet en x_i avec $k = 1$, c_1 le lacet constant en x_i, $\underset{\sim}{\gamma_0} = id.$ et $\underset{\sim}{\gamma_1} =$ germe de γ en x_i.

14.- Lemme. *X est développable si et seulement si chaque homomorphisme $\lambda_i : \Gamma_i \to \Gamma$ est injectif.*

Ce lemme est une généralisation de la proposition 6. La démonstration consiste à construire le revêtement universel $\widehat{X}$ de X en tant qu'orbi-espace comme dans le cas usuel et de montrer ensuite que l'hypothèse du lemme implique que $\widehat{X}$ est un espace, i.e. un orbi-espace défini par un atlas pour lequel les groupes Γ_i sont triviaux.

Définissons $\widehat{V}$ comme l'ensemble des classes d'homotopie des $\mathcal{G}$-chemins d'origine x_0; il est muni d'une projection $p : \widehat{V} \to V$ faisant correspondre à la classe d'homotopie d'un $\mathcal{G}$-chemin c son extrémité. Le groupe fondamental Γ opère librement sur $\widehat{V}$ par composition. Sur $\widehat{V}$ on a une topologie naturelle qui fait de $p : \widehat{V} \to V$ un revêtement galoisien de groupe Γ.

Les composantes connexes V_i^γ de $p^{-1}(V_i)$ sont homéomorphes à V_i et indexées par les éléments γ de Γ, la composante connexe contenant la classe de ℓ_i étant V_i^e et $V_i^\gamma = \gamma \cdot V_i^e$.

Tout élément g du pseudogroupe $\mathcal{G}$ se relève canoniquement relativement à p suivant un homéomorphisme local $\widehat{g}$ de $\widehat{V}$: si $[c]$ est la classe d'homotopie du $\mathcal{G}$-chemin c, alors $\widehat{g}([c])$ est la classe

d'homotopie du $\mathcal{G}$-chemin obtenu à partir de c en remplaçant le dernier germe $\underset{\sim}{\gamma_k}$ par le composé $\widehat{g}\underset{\sim}{\gamma_k}$. En particulier le relevé $\widehat{g}$ d'un élément g de Γ_i est l'homéomorphisme de $p^{-1}(V) = V \times \Gamma$ dont la projection sur le premier facteur est p et la projection sur le second facteur la translation à droite par $\gamma_i(g)$. Les relevés $\widehat{g}$ des éléments g de $\mathcal{G}$ engendrent un pseudogroupe $\widehat{\mathcal{G}}$ de transformations de $\widehat{V}$. Sa restriction à V_i^γ est engendrée par le groupe Γ_i^γ formé des restrictions à V_i^γ des relevés $\widehat{\gamma}_i$ des éléments γ_i de Γ_i laissant invariant V_i^γ. C'est le cas si et seulement si γ_i appartient au noyau de λ_i. On voit donc que le pseudogroupe $\widehat{\mathcal{G}}$ est formé des changements de cartes pour une structure d'orbi-espace sur $\widehat{X} = \widehat{\mathcal{G}}\backslash\widehat{V}$, les cartes uniformisantes étant les applications de passage au quotient $V_i^\gamma \to U_i^\gamma = \Gamma_i^\gamma\backslash V_i^\gamma \subset \widehat{X}$.

Donc l'orbi-espace $\widehat{X}$ revêtement universel de X est un espace (i.e. un orbi-espace qui peut être défini par une seule carte qui est un homéomorphisme) si et seulement si les λ_i sont injectifs. □

§5. Démonstration du théorème

Supposons que l'orbi-espace X soit muni d'une métrique à courbure $K \leq 0$. Un $\mathcal{G}$-chemin c *géodésique par morceaux* est un $\mathcal{G}$-chemin c dans $V = \coprod V_i$ tel que chaque chemin c_i est un segment géodésique paramétré proportionnellement à la longueur. Il est clair que tout $\mathcal{G}$-chemin est homotope relativement à ses extrémités à un $\mathcal{G}$-chemin géodésique par morceaux.

Une $\mathcal{G}$-géodésique paramétrée par $[0,1]$ est un $\mathcal{G}$-chemin représenté par un partage $0 = t_0 \leq t_1 \leq \ldots \leq t_k = 1$, les c_i étant des segments géodésiques paramétrés proportionnellement à la longueur; de plus si $\underset{\sim}{\gamma_i}$ est le germe en $c_i(t_i)$ d'un élément g_i de $\mathcal{G}$, alors les morceaux $g_i \circ c_i$ et c_{i+1} se raccordent localement en $c_{i+1}(t_i)$ pour former un segment géodésique paramétré proportionnellement à la longueur. Tout $\mathcal{G}$-chemin équivalent à une $\mathcal{G}$-géodésique est aussi une $\mathcal{G}$-géodésique.

Le théorème résultera du fait suivant qui est l'analogue du théorème 13 du chapitre précédent.

15.- Lemme. *Toute classe d'homotopie de $\mathcal{G}$-chemins à extré-*

mités fixées contient une $\mathcal{G}$-géodésique unique à équivalence près.

Ce lemme implique bien le théorème, car d'après le lemme 14, il suffit de montrer que chaque $\lambda_i : \Gamma_i \to \Gamma$ est injectif. On peut supposer que le point base x_0 est le point x_i, le chemin ℓ_i étant le chemin constant. Le $\mathcal{G}$-chemin représenté par le chemin constant $c_1 : [0,1] \to \{x_i\}$ et $\underset{\sim}{\gamma_0}$ = germe de l'identité en x_i, et $\underset{\sim}{\gamma_1}$ = germe de g_i en x_i, est évidemment une $\mathcal{G}$-géodésique (de longueur nulle); il ne peut être homotope au $\mathcal{G}$-chemin constant en x_i (qui est aussi une $\mathcal{G}$-géodésique) que si $g_i = e$; donc λ_i est injectif.

La démonstration du lemme 15 consiste à adapter aux $\mathcal{G}$-chemins le procédé de Birkhoff utilisé dans le chapitre précédent pour démontrer le fait analogue pour les espaces à courbure $K \leq 0$.

Comme X est compact, on peut choisir un recouvrement fini $\{U_i\}$ de X et des cartes uniformisantes $\pi_i : V_i \to U_i$ dont les sources sont des espaces géodésiques à courbure $K \leq 0$. On peut également trouver des ouverts relativement compacts V_i' dans V_i tels que V_i' soit géodésiquement convexe et tels que les $\pi_i(V_i')$ forment un recouvrement de X. L'ensemble G' des germes des éléments de $\mathcal{G}$ de source et but dans $\overline{V}' = \coprod \overline{V}_i{}'$ est un espace compact (avec la topologie des germes). La séparation de G' résulte de la rigidité de l'orbi-espace X.

Comme G' est compact, il existe un $\varepsilon > 0$ tel que

(a) toute $\mathcal{G}$-orbite contient un point qui est centre d'une boule de rayon ε contenue dans $V' = \coprod V_i$,

(b) tout germe $\underset{\sim}{\gamma} \in G'$ de source x dans $\overline{V}_i{}'$ et but y dans $\overline{V}_j{}'$ est le germe d'un élément de $\mathcal{G}$ qui est une isométrie de la boule de centre x et de rayon ε sur la boule de centre y et de rayon ε.

Soient x_0 et x_1 deux points de V' tels que les boules de rayon ε centrées en ces points soient contenues dans V'. Fixons un entier pair N assez grand et considérons l'ensemble S des $\mathcal{G}$-chemins c d'origine x_0 et extrémité x_1 définis par un partage $0 = t_0 < t_1 < \ldots < t_N = 1$ avec $t_i = i/N$, chaque chemin c_i étant un segment géodésique contenu dans $\overline{V}'$ paramétré proportionnellement à la longueur ℓ_i de ce chemin que l'on suppose inférieure ou égale à $\varepsilon/3$. La longueur

$L(c)$ de c est la somme des ℓ_i et son énergie $E(c)$ est la somme des ℓ_i^2. Un tel chemin c est complètement caractérisé par une suite de germes $\underset{\sim}{\gamma}_0, \underset{\sim}{\gamma}_1, \ldots, \underset{\sim}{\gamma}_N$ de G', donc S est compact, puisqu'il est fermé dans le compact $G'^{\widetilde{N}}$. A cause du choix de ε, deux $\mathcal{G}$-chemins c et c' dans S caractérisés par $\underset{\sim}{\gamma}_o, \ldots, \underset{\sim}{\gamma}_N$ et $\underset{\sim}{\gamma}'_0, \ldots, \underset{\sim}{\gamma}'_N$ sont équivalents si et seulement s'il existe des éléments $g_1, \ldots, g_N$ de $\mathcal{G}$, où g_i est défini sur le segment géodésique reliant le but de $\underset{\sim}{\gamma}_{i-1}$ à la source de $\underset{\sim}{\gamma}_i$ et tels que $\underset{\sim}{\gamma}'_0 = g_1 \circ \underset{\sim}{\gamma}_0$, $\underset{\sim}{\gamma}'_i = g_{i+1} \circ \underset{\sim}{\gamma}_i \circ g_i^{-1}$ pour $0 < i < N$, et $\underset{\sim}{\gamma}'_N = \underset{\sim}{\gamma}_N \circ g_N^{-1}$. Le quotient $\overline{S}$ de S par cette relation d'équivalence est séparé, donc compact. Les fonctions longueur et énergie sont bien définies et continues sur le quotient $\overline{S}$ de S.

Le procédé de Birkhoff D est aussi bien défini et continu sur $\overline{S}$. Etant donné $\overline{c}$ dans $\overline{S}$ caractérisé par la suite $\underset{\sim}{\gamma}_0, \ldots, \underset{\sim}{\gamma}_N$ dans S, alors $D_1(\overline{c})$ par exemple (voir la preuve du lemme 9 du chapitre 10) peut être défini comme suit.

Pour chaque nombre impair $2i+1$ entre 0 et N, l'élément $\underset{\sim}{\gamma}_{2i+1}$ est le germe d'un élément g_{2i+1} défini sur toute la boule de rayon ε centrée en la source de $\underset{\sim}{\gamma}_{2i+1}$. Soit $\underset{\sim}{\gamma}'_{2i+1}$ le germe de g_{2i+1} au point milieu du segment géodésique joignant le but de $\underset{\sim}{\gamma}_{2i}$ à l'image par g_{2i+1}^{-1} de la source de $\underset{\sim}{\gamma}_{2i+2}$. Posons $\underset{\sim}{\gamma}'_{2i} = \underset{\sim}{\gamma}_{2i}$. La suite $\underset{\sim}{\gamma}'_0, \ldots, \underset{\sim}{\gamma}'_N$ détermine un $\mathcal{G}$-chemin géodésique par morceaux équivalent à un élément de S et dont la classe dans $\overline{S}$ sera $D_1(\overline{c})$.

Partant de la classe $\overline{c}$ dans $\overline{S}$ d'un $\mathcal{G}$-chemin c dans S, on peut trouver une sous-suite $D^{n_k}(c)$ dans $\overline{S}$ convergeant vers $\overline{c}^0$. On vérifie comme au chapitre précédent que $\overline{c}^0$ est la classe d'équivalence d'un $\mathcal{G}$-chemin géodésique.

Pour montrer l'unicité à équivalence près d'un $\mathcal{G}$-chemin géodésique d'origine x_0 et d'extrémité x_1 dans une classe d'homotopie donnée, considérons deux tels $\mathcal{G}$-chemins géodésiques c^0 et c^1. Si N est assez grand, il existe un chemin continu $s \mapsto \overline{c}^s$ dans $\overline{S}$ paramétré par $s \in [0,1]$ reliant la classe d'équivalence $\overline{c}^0$ de c^0 à celle de c^1. En appliquant le procédé de Birkhoff itéré à chaque $\overline{c}^s$ et en passant à une sous-suite, on trouve à la limite une homotopie de classes d'équivalence de $\mathcal{G}$-chemins géodésiques reliant $\overline{c}^0$ à $\overline{c}^1$. On montre comme dans le chapitre précédent que cette famille est forcément constante.

CHAPITRE 12. GROUPES DE TORSION

Etienne Ghys et André Haefliger

En 1902, Burnside pose les deux questions suivantes. Soit Γ un groupe de type fini.

(1) Si Γ est de torsion, c'est-à-dire si tous les éléments de Γ sont d'ordre fini, Γ est-il fini? (problème de Burnside général).

(2) S'il existe un entier $n > 1$ tel que tout élément γ de Γ vérifie $\gamma^n = e$, le groupe Γ est-il fini? (problème de Burnside restreint).

Burnside donne rapidement deux réponses partielles: la réponse à la question (2) est affirmative si $n \leq 3$ ou lorsque l'on suppose que Γ est un groupe de matrices complexes. Un peu plus tard, Schur montre que la réponse à la question (1) est positive pour les groupes de matrices [CuR].

En 1965, Golod et Safarevic montrent que la réponse à la question (1) est négative [Gol]. On connaît aujourd'hui des constructions plus élémentaires [Gri].

Quant au problème restreint, sa solution négative (pour n impair assez grand) a été annoncée par Novikov en 1959 [Nov], puis détaillée par Novikov et Adian en 1968 ([Adi]). Les démonstrations sont d'une extrême complexité; elles ont été simplifiées par Olshanski [Ol2] mais restent difficiles. Dans l'état actuel de notre connaissance, on ignore pour quelles valeurs de n le problème de Burnside restreint possède une solution positive. On pourra consulter [Gup] pour un état de la question.

Depuis leurs énoncés, les problèmes de Burnside ont été une source constante de motivation en théorie combinatoire des groupes. L'intérêt des méthodes de construction développées dépasse de loin celui du but initialement recherché. Il est important de comprendre et simplifier encore ces méthodes.

Le contexte des groupes hyperboliques et des polyèdres à courbure négative est tout à fait adapté à une méthode "géométrique" de construction de groupes de torsion, comme ce chapitre se propose

de le montrer. La méthode géométrique de M. Gromov nous semble intéressante de plusieurs points de vue. Tout d'abord elle est extrêmement naturelle, et on se souvient facilement de ses étapes principales. Ensuite Gromov montre dans [Gr5] que tout groupe hyperbolique Γ non élémentaire (au sens du numéro 7.15) possède des quotients infinis qui sont des groupes de torsion, même si nous nous limitons ici au cas où Γ est le groupe fondamental d'un polyèdre de dimension 2 à courbure négative. Ceci permet à M. Gromov d'obtenir des contre-exemples à la "question de von Neumann" sur les groupes moyennables (voir le théorème 1.41). Enfin on peut espérer que cette méthode se généralise pour donner une démonstration "accessible et géométrique" du théorème de Novikov-Adian; "but, here, geometry still lags behind algebra" (cité de [Gr5], page 79).

Dans le premier paragraphe, on montre que les considérations du chapitre 10, §3, dans le cas particulier des polyèdres de dimension 2, se généralisent facilement lorsqu'on admet que les 2-simplexes sont isométriques à des triangles dans l'espace hyperbolique modèle M^2_χ, la courbure pouvant changer de simplexe à simplexe. Ceci permettra plus de souplesse dans le paragraphe suivant pour faire des modifications locales de la métrique.

Dans le §2, on explique la construction de Gromov dans le cas des polyèdres de dimension 2 à courbure strictement négative.

Le dernier paragraphe se borne à quelques remarques plus générales.

§1. RAPPEL ET COMPLÉMENTS

On considère des polyèdres finis P de dimension 2 dont chaque face Δ est isométrique à un polygone géodésique convexe dans un plan hyperbolique $M^2_{\chi(\Delta)}$ de courbure négative constante, $\chi(\Delta)$ dépendant de Δ. On suppose que les longueurs des arêtes communes sont égales. On munit P de la métrique telle que la distance entre deux points est la borne inférieure des longueurs des chemins reliant ces deux points. On appellera une telle donnée un polyèdre métrique de dimension 2. Pour tout point p de P, on définit comme au chapitre 10, §3, l'ensemble D_p des directions des géodésiques issues de p, appelé ici le *link* de p. Il est muni d'une métrique angulaire naturelle.

1.- Proposition. *Une courbe $\ell : [a,b] \to P$ paramétrée par la longueur d'arc est (localement) une géodésique si et seulement si, pour tout point $p \in]a,b[$, les deux directions dans D_p déterminées par ℓ sont à une distance $\geq \pi$ (ce sera en particulier le cas si elles sont dans des composantes connexes différentes).*

Preuve. En subdivisant P en triangles géodésiques, on peut toujours supposer que p est un sommet d'une triangulation. Soit E_p l'étoile de p, c'est-à-dire la réunion des simplexes ayant p comme sommet. Soit v la projection de $E_p - \{p\}$ sur D_p faisant correspondre à un point q la direction du segment géodésique joignant p à q dans le simplexe contenant q. Soit c un segment géodésique dans E_p ne passant pas par p. Sa projection par v est un point ou un segment plongé dans D_p. Sa longueur est inférieure à π; on le voit comme dans 15, §3 du chapitre 10 en développant dans l'espace à courbure constante M^2_χ la suite des sous-triangles découpés par c et des segments géodésiques issus de p, où χ est la borne supérieure des courbures des simplexes de P.

Supposons que ℓ soit un petit segment géodésique passant par p; il coupera E_p suivant deux rayons géodésiques r^- et r^+ issus de p et correspondant aux deux directions v^- et v^+ déterminées par ℓ dans D_p.

Supposons que la distance angulaire entre v^- et v^+ soit $\geq \pi$. Si ℓ n'était pas minimisante en p, on pourrait trouver un petit segment géodésique c dans $E_p - \{p\}$ joignant un point de r^- à un point de r^+ et dont la projection dans D_p serait un segment reliant v^- à v^+, donc de longueur $< \pi$, ce qui contredit l'hypothèse.

Supposons maintenant que la distance entre v^- et v^+ soit $< \pi$. On peut trouver une suite de points $q_0, \ldots, q_n$ dans $E_p - \{p\}$ tels que deux points consécutifs q_i et q_{i+1} se trouvent sur un segment géodésique c_i contenu dans un même simplexe de E_p, tels que q_0 et q_n soient situés sur r^- et r^+ et tels que la somme des longueurs des images par v des segments c_i soit la distance de v^- à v^+. Soit Δ_i le sous-triangle de sommets p, q_{i-1}, q_i dans E_p et soit $\overline{\Delta}_i$ le triangle de comparaison dans M^2_χ. On peut choisir les points q_i assez proches de p pour que la somme des angles des $\overline{\Delta}_i$ en $\overline{p}$ soient $< \pi$. En recollant les $\overline{\Delta}_i$ successivement le long de leur côté commun, on obtient un

polygone Π dans M^2_χ dont l'angle au sommet $\overline{p}$ est $< \pi$. Si $\overline{q}_0{}'$ et $\overline{q}_n{}'$ sont deux points des côtés $[\overline{p}, \overline{q}_0]$ et $[\overline{p}, \overline{q}_n]$ de de Π assez proches de $\overline{p}$ pour que le segment qui les joint soit dans Π, il en résultera que les points correspondants q_0' et q_1' sur l'image de ℓ seront à une distance dans E_p inférieure à la somme des distances de q_0' à p et q_1' à p. Ceci montre donc que ℓ n'est pas localement une géodésique. □

La proposition suivante est l'analogue du théorème 15 du chapitre 10.

2.- Proposition. *Soit P un polyèdre métrique de dimension 2. Les deux affirmations suivantes sont équivalentes:*

(a) P est à courbure $\leq \chi$,

(b) la courbure $\chi(\Delta)$ de chaque face Δ de P vérifie $\chi(\Delta) \leq \chi$ et, pour tout p, une courbe fermée simple dans le link D_p est de longueur $\geq 2\pi$.

Preuve. (a) implique (b). Il est clair que pour toute face Δ on a $\chi(\Delta) \leq \chi$. Si la condition sur le link d'un point p n'était pas satisfaite, on pourrait construire dans un petit voisinage de p deux segments géodésiques distincts de mêmes extrémités (voir la démonstration de la proposition précédente); ceci contredirait l'inégalité CAT(χ).

(b) implique (a). Pour simplifier, nous ferons la démonstration dans le cas $\chi \leq 0$ (pour éviter de supposer chaque fois que les triangles géodésiques considérés sont de périmètre $< 2\pi/\sqrt{\chi}$). Soit p un point de P. Comme plus haut, on peut toujours supposer que p est un sommet d'une triangulation géodésique. Il suffira de montrer que tout triangle géodésique contenu dans une boule B_p de centre p de rayon assez petit contenue dans l'étoile E_p du sommet p vérifie l'inégalité CAT(χ).

On reprend les notations de la proposition 1. Comme on l'a remarqué, l'image par v d'un segment géodésique c dans $E_p - \{p\}$ est un segment plongé dans D_p de longueur $< \pi$. De plus, c'est un segment géodésique dans D_p car, à cause de l'hypothèse sur D_p, une boule ouverte de rayon $< \pi$ dans D_p est un arbre. Désignons par $\Delta(c)$ la réunion des segments géodésiques issus de p et aboutissant aux points de c; c'est un sous-espace localement convexe de E_p car si ℓ

est un segment géodésique joignant deux points de $\Delta(c)$ différents de p, alors $v(\ell)$ est contenu dans $v(c)$. Comme $\Delta(c)$ est homéomorphe à un triangle et qu'il est réunion de triangles vérifiant l'inégalité $\mathrm{CAT}^*(\chi)$ (cf. chapitre 10.4) et collés successivement le long d'un segment géodésique, il vérifie aussi l'inégalité $\mathrm{CAT}^*(\chi)$ d'après le corollaire 5 du chapitre 10.

Considérons un triangle géodésique de côtés a, b, c dans E_p. Si p appartient à l'un des côtés du triangle, le raisonnement précédent montre qu'il vérifie l'inégalité $\mathrm{CAT}^*(\chi)$. Supposons donc que p ne soit pas sur l'un des côtés du triangle. Si la somme des longueurs angulaires de $v(a)$, $v(b)$ et $v(c)$ est $\geq \pi$, le raisonnement du §3 du chapitre 10 montre qu'il vérifie l'inégalité $\mathrm{CAT}^*(\chi)$. Si cette somme est $< \pi$, alors l'image par v du triangle (a, b, c) est un triangle géodésique dans un arbre. On vérifie comme plus haut que la réunion de $\Delta(a), \Delta(b)$ et $\Delta(c)$ est un sous-espace géodésiquement convexe, qu'il est la réunion de deux sous-espaces géodésiquement convexes dont tous les triangles géodésiques vérifient l'inégalité $\mathrm{CAT}^*(\chi)$ et dont l'intersection est géodésiquement convexe. Il suffit d'appliquer à nouveau le corollaire 5 du Chapitre 10. □

3.- Espace géodésiquement complet. Un espace métrique géodésique est *géodésiquement complet* ("unrestricted" dans la terminologie de Gromov) si tout segment géodésique peut être prolongé indéfiniment dans les deux sens. Dans le cas d'un polyèdre métrique, ce sera le cas si et seulement si, dans le link de chaque point, pour tout point w, il existe un point w' dont la distance angulaire à w est $\geq \pi$ (voir la proposition 1).

Un orbi-espace X est géodésiquement complet si tout segment $\mathcal{G}$-géodésique (où $\mathcal{G}$ est le pseudogroupe des changements de cartes, voir la définition 11.1) peut être prolongé indéfiniment dans les deux sens.

4.- Proposition. *Soit X un orbi-espace compact à courbure ≤ 0 et géodésiquement complet. Alors $\pi_1^{\mathrm{orb}}(X)$ est infini. Dans toute classe d'homotopie libre d'un $\mathcal{G}$-lacet représentant un élément d'ordre infini, il existe toujours une $\mathcal{G}$-géodésique fermée de longueur positive.*

Preuve. D'après le chapitre 11, théorème 8, X est le quotient

par $\Gamma = \pi_1^{\mathrm{orb}}(X)$ d'un espace $\widetilde{X}$ à courbure ≤ 0 et géodésiquement complet sur lequel Γ opère proprement. Toute géodésique complète $\ell : \mathbb{R} \to \widetilde{X}$ est minimisante, donc propre. Il en résulte que $\widetilde{X}$ n'est pas compact et donc que Γ est infini.

Le procédé de Birkhoff appliqué à un $\mathcal{G}$-chemin fermé dans la classe d'homotopie libre d'un élément α de $\pi_1^{\mathrm{orb}}(X)$ donne une $\mathcal{G}$-géodésique fermée (cf. chapitre 11, §5). Cette $\mathcal{G}$-géodésique, relevée dans le revêtement universel $\widetilde{X}$ de X, a une longueur non nulle si α est d'ordre infini, sinon elle serait réduite à un point x de X et α serait conjugué à un élément du sous-groupe de stabilité de ce point. □

§2. LA CONSTRUCTION DE GROMOV

L'idée est de partir d'un polyèdre hyperbolique fini P de dimension 2 avec courbure $\leq \chi < 0$, géodésiquement complet. Ainsi son groupe fondamental est un groupe hyperbolique infini. Soit α un élément d'ordre infini de ce groupe dont la classe d'homotopie libre est représentée par une géodésique fermée ℓ. On peut obtenir un orbi-espace P_1 en collant le long de ℓ la base d'un orbi-cône d'ordre k; le groupe fondamental de P_1 est le quotient de $\pi_1(P)$ par le sous-groupe normal engendré par α^k. On va montrer que l'orbi-espace P_1 est encore à courbure négative si k est assez grand et que cette construction peut être itérée indéfiniment. On obtiendra ainsi à la limite un quotient de $\pi_1(P)$ qui est infini et de torsion.

Plus précisément, on va montrer le théorème suivant.

4.- Théorème. *Soit P un orbi-èdre métrique de dimension 2 dont chaque face Δ est isométrique à un polygone convexe de dimension 2 dans le plan hyperbolique $M^2_{\chi(\Delta)}$, les seuls points singuliers de P (en tant qu'orbi-espace) étant des points coniques d'ordres impairs, obtenus en prenant le quotient d'un polygone dans un plan hyperbolique par un groupe de rotations d'ordre impair. Supposons que P soit un orbi-espace à courbure $\leq \chi < 0$ et géodésiquement complet. Alors, il existe un quotient d'ordre infini de $\pi_1^{\mathrm{orb}}(P)$ dont tous les éléments sont de torsion.*

Preuve. Soit ℓ une $\mathcal{G}$-géodésique fermée paramétrée par la

longueur d'arc dans la classe de conjugaison d'un élément α de $\pi_1^{\text{orb}}(P)$. On suppose que α est d'ordre infini et primitif, c'est-à-dire qu'il n'est pas une puissance non banale d'un élément. Dans un premier temps nous supposerons que ℓ ne rencontre aucun point conique et donc que ℓ est représentée par une géodésique au sens ordinaire fermée et non multiple dans la partie régulière de P. Nous montrerons au numéro suivant comment on peut toujours se ramener à ce cas.

Construisons alors un orbi-espace P_1 en collant le long de ℓ la base d'un orbi-cône d'ordre k. De manière précise, comme espace topologique, P_1 est le cône de l'application ℓ du cercle dans P, obtenu en prenant la réunion disjointe de P et d'un 2-disque D et en collant le bord de D à P par l'application ℓ. Remarquons qu'il est possible que ℓ ait des auto-intersections. Pour la structure d'orbi-espace, on ajoute un point conique d'ordre k au centre de D.

On va montrer que si k est choisi suffisamment grand, on peut redéfinir sur P_1 une métrique à courbure $\leq \chi' < 0$.

Tout d'abord on subdivise P en ajoutant des arcs géodésiques pour obtenir un orbi-èdre P' tel que l'image de ℓ soit un sous-complexe de P' et que chaque point conique de P' soit à l'intérieur d'une face. Sans modifier la longueur des arêtes de P', on change la métrique sur chaque face Δ de P' de sorte que la courbure soit constante égale à $\chi'(\Delta) = \lambda\chi(\Delta)$ où λ est un réel tel que $0 < \lambda < 1/2$ que nous choisirons plus loin. Pour cette nouvelle métrique, les angles de Δ sont strictement plus grands qu'auparavant d'après l'inégalité de Toponogov (voir le chapitre 3). Il existe donc un $\varepsilon > 0$ (indépendant du choix de λ) tel que tous les angles des triangles augmentent d'au moins ε. Donc, avec cette nouvelle métrique, P' est encore à courbure négative $\leq \chi' = \sup_\Delta \chi'(\Delta)$, et ℓ reste a fortiori une géodésique (voir la proposition 1).

Si λ est assez petit et si l'entier k est assez grand, il existe un polygone régulier V à k côtés, de longueur égale à la longueur de ℓ, contenu dans l'espace hyperbolique $M^2_{\chi'}$, tel que tout angle entre deux côtés consécutifs soit supérieur à $\pi - \varepsilon$. Le groupe des rotations d'ordre k opère sur V et le quotient U est un orbi-cône hyperbolique. On choisit l'application du bord de U dans P qui est une isométrie locale parcourant la géodésique ℓ et appliquant la classe des sommets

du bord de V sur un sommet p' de P' qui n'est pas un point d'auto-intersection de ℓ. On ajoute autant de sommets qu'il faut pour que l'isométrie du bord de U dans P' soit simpliciale, et on étend cette triangulation à V de manière équivariante suivant l'action du groupe des rotations d'ordre k, le nouveau point conique centre de V étant à l'intérieur d'une face.

Pour vérifier que l'orbi-èdre P_1 a, pour la métrique définie précédemment, une courbure $\leq \chi'$, il suffit de vérifier que la condition sur le link du sommet p' est satisfaite (voir la proposition 2). Ce link $D_{p'}$ est la réunion du link $D'_{p'}$ de p' dans P' et d'un arc A de longueur angulaire $> \pi - \varepsilon$ correspondant à l'angle intérieur du polygone V; l'intersection de $D'_{p'}$ avec A est formée des deux points v_- et v_+ déterminés par ℓ. Si une courbe plongée dans $D_{p'}$ joignant v_- à v_+ est contenue dans $D'_{p'}$, sa longueur est $> \pi + \varepsilon$. Donc toute courbe fermée plongée dans $D_{p'}$ est de longueur supérieure à 2π.

5.- Comment éviter les points coniques. Nous devons encore montrer comment on peut modifier la métrique sur P de sorte que la géodésique ℓ ne rencontre pas les points coniques. Ce sera toujours possible si tous les ordres des points coniques sont impairs.

Supposons que la géodésique passe par le point conique y d'ordre n qui est l'image dans P du centre d'un polygone hyperbolique V à n côtés par une carte uniformisante $\pi : V \to U$, où U est le quotient de V par le groupe C_n des rotations d'ordre n de V. La partie de ℓ dans U est réunion de segments distincts, chacun se relevant suivant un segment géodésique ℓ_i dans V. Supposons que certains des ℓ_i passent par le centre y de V. Considérons un polygone régulier Π centré en y dans V, dont l'image dans U est contenue dans l'intérieur d'un triangle, et qui est invariant par le groupe des rotations d'ordre n et qui de plus ne rencontre que les segments géodésiques ℓ_i passant par y. On suppose de plus que ces segments rencontrent le bord de Π en des points x_0^i et x_1^i situés à l'intérieur des arêtes $[u_0^i, v_0^i]$ et $[u_1^i, v_1^i]$ de Π.

Choisissons des petits triangles géodésiques $\Delta_0^i = (u_0^i, v_0^i, w_0^i)$ et $\Delta_1^i = (u_1^i, v_1^i, w_1^i)$ coupant ℓ_i en x_0^i et x_1^i, ayant chacun un sommet w_0^i et w_1^i sur ℓ_i de part et d'autre de x_0^i et x_1^i comme indiqués sur la figure. On fait ces choix de manière invariante par l'action du groupe des rotations d'ordre n et de sorte que tous ces triangles

soient disjoints (c'est possible car k est impair) et ne rencontrent pas les autres ℓ_j.

Pour chaque point conique, on fait la même construction et on triangule par subdivision géodésique le complémentaire P_0 de la réunion des polygones Π de manière que la partie de l'image de ℓ dans P_0 soit un sous-complexe et que les triangles Δ_0^i et Δ_1^i soient réunion de deux triangles.

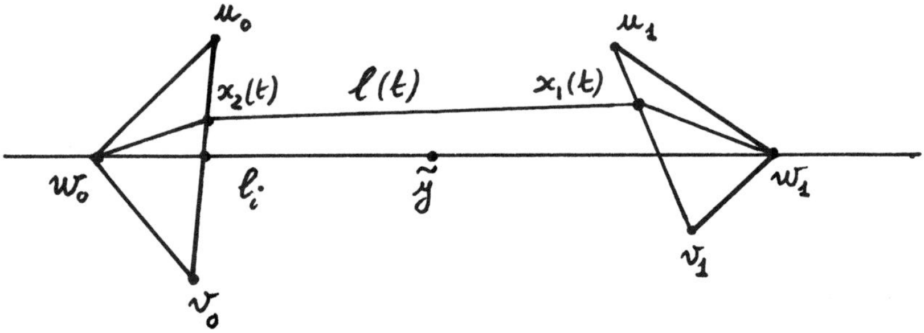

Figure.

Soient $x_0^i(t)$ et $x_1^i(t)$ des points courant sur les côtés $[u_0^i, v_0^i]$ et $[u_1^i, v_1^i]$ situés du même côté de ℓ_i et tels que $x_0^i(0) = x_0^i$ et $x_1^i(0) = x_1^i$, ceci de manière équivariante par rapport à C_n. Pour tout t petit, considérons la triangulation T_t obtenue à partir de la triangulation précédente de P_0 en remplaçant pour chaque i les triangles Δ_0^i et Δ_1^i par la réunion des triangles

$$\Delta_0^{i'}(t) = (w_0^i, u_0^i, x_0^i(t)) \ , \qquad \Delta_0^{i''}(t) = (w_0^i, v_0^i, x_0^i(t)) \ ,$$

et

$$\Delta_1^{i'}(t) = (w_1^i, u_1^i, x_1^i(t)) \ , \qquad \Delta_1^{i''}(t) = (w_1^i, v_1^i, x_1^i(t)) \ .$$

Sans changer la longueur des arêtes, modifions la métrique à l'intérieur de chaque simplexe de T_t de manière à ce que la courbure soit divisée par deux. Dans chaque polygone Π on laisse la courbure inchangée. Alors, si t est assez petit, il existe un $\varepsilon > 0$ tel que tous

les angles de ces triangles augmentent d'au moins ε. Construisons un nouveau segment $\ell_i(t)$ dans P en remplaçant le segment $[w_0^i, w_1^i]$ de ℓ_i par la réunion des 3 segments géodésiques $[w_0^i, x_0^i(t)]$, $[x_0^i(t), x_1^i(t)]$ et $[x_1^i(t), w_1^i]$. Il est clair que ce nouveau segment ne passe pas par le centre y de V. Si t est assez petit, les angles de chaque côté de $\ell_i(t)$ aux points $w_0^i, x_0^i(t), x_1^i(t)$ et w_1^i sont supérieurs à $\pi + \varepsilon$ (car c'est vrai pour $t = 0$), donc $\ell_i(t)$ est un segment géodésique pour t assez petit. On répète cette même opération pour tous les segments de ℓ rencontrant un point conique. On étend enfin la triangulation T_t à P en s'arrangeant pour que les points coniques soient à l'intérieur de simplexes et que l'image de la nouvelle géodésique $\ell(t)$ soit un sous-complexe. On peut alors procéder comme auparavant.

6.- Fin de la démonstration. Soit P un orbi-èdre de dimension 2 à courbure négative comme dans l'énoncé du théorème 4. Soit $\alpha_1, \alpha_2, \dots$ une liste complète de ses éléments (on admet des répétitions). Soit α_i le premier élément d'ordre infini dans cette liste. Appliquons la construction précédente pour un élément primitif β_i dont une puissance est égale à α_i. On obtient un orbi-espace P_1 à courbure négative en collant la base d'un orbi-cône d'ordre impair k_1 assez grand le long d'une courbe fermée dans la classe d'homotopie libre de β_i. Son groupe fondamental est le quotient de celui de P par le sous-groupe normal engendré par $(\beta_i)^{k_1}$ (ceci résulte du théorème 8 et de la proposition 6 du chapitre précédent).

Considérons la liste (avec répétitions) des éléments de $\pi_1^{\text{orb}}(P_1)$ en prenant l'image de la suite précédente par passage au quotient. Comme P_1 vérifie les mêmes hypothèses que P, on peut répéter la construction précédente. On obtient ainsi un orbi-espace P_2, et ainsi de suite. La construction peut être itérée indéfiniment car un groupe hyperbolique d'ordre infini ne peut pas être de torsion (voir la proposition 9.12).

On a donc une suite d'orbi-espaces à courbure négative

$$P = P_0 \ , \quad P_1 \ , \quad P_2 \dots$$

le groupe fondamental Γ_i de chaque P_i étant un quotient du précédent.

Soit Γ la limite directe des groupes $\Gamma_i = \pi_1^{\text{orb}}(P_i)$. C'est un quotient du groupe fondamental de P; tous ses éléments sont de

torsion. De plus il est infini. En effet à deux points coniques distincts dans P_i correspondent des classes de conjugaison distinctes dans Γ_i et le nombre des points coniques augmente indéfiniment.

§3.- COMMENTAIRES ET REMARQUES

A chaque étape de la construction, on peut choisir l'ordre de l'orbi-cône que l'on recolle pourvu que cet ordre soit un entier impair assez grand. Il en résulte que le groupe $\pi_1^{\mathrm{orb}}(P)$ a une infinité *non dénombrable* de quotients non isomorphes d'ordre infini dont tous les éléments sont de torsion.

La démonstration précédente a été décrite dans le contexte des orbi-èdres de dimension 2 à courbure négative. Selon M. Gromov, cette même construction peut être faite avec des orbi-espaces à courbure négative plus généraux. En particulier, l'orbi-èdre initial P peut être remplacé par une variété compacte de dimension arbitraire à courbure négative. Nous n'avons pas explicité les détails de cette construction plus générale, mais nous énonçons cependant le résultat.

7.- Théorème. *Le groupe fondamental d'une variété compacte à courbure négative possède une infinité non dénombrable de quotients infinis de torsion.*

Soit M une variété compacte localement isométrique à l'espace hyperbolique quaternionien. Le goupe fondamental de M possède la propriété T de Kazhdan (voir [Kaz] et [HaV]). Nous ne répétons pas la définition de cette propriété mais deux de ses conséquences:

(1) un groupe discret ayant la propriété T n'est pas moyennable,

(2) un quotient d'un groupe ayant la propriété T vérifie aussi la propriété T.

Le théorème précédent appliqué à M donne immédiatement les corollaires suivants dont le premier répond à une question de Kazhdan [Kaz] et dont le second répond à une "question de von Neumann".

8.- Corollaire. *Il existe une infinité non dénombrable de groupes de type fini ayant la propriété T. En particulier, il existe des groupes ayant la propriété T qui ne sont pas de présentation finie.*

9.- Corollaire. *Il existe des groupes non moyennables de type fini dont tous les éléments sont de torsion et, en particulier, ne contiennent aucun sous-groupe libre à deux générateurs.*

APPENDIX. SMALL CANCELLATION GROUPS

Ralph Strebel

This appendix serves two goals. The first is to explain some of the basic notions, constructions and results of the theory of small cancellation groups, such as the usual cancellation hypotheses, the construction of diagrams or Dehn's algorithm for solving the word problem. The second goal is to study in detail geodesic triangles in the Cayley graph of a group admitting a finite presentation satisfying $C'(1/6)$, or $C'(1/4)$ and $T(4)$. This study will show that such a group is hyperbolic and will provide a good estimate for Rips' constant δ.

§1. CANCELLATION HYPOTHESES

Let Γ be a group and let $\langle S; R\rangle$ be a presentation of Γ. This means that S is a basis of a free group $F(S)$, that R is a set of words on $S \cup S^{-1}$, and that there is an epimorphism $\pi : F(S) \twoheadrightarrow \Gamma$ whose kernel is the normal closure of the subset $\{[r] \mid r \in R\}$ of $F(S)$. The elements of R are called defining relators of the presentation $\langle S; R\rangle$. In the sequel we shall always assume that each $r \in R$ is a *non-empty and cyclically reduced word*, i.e. that no subword of the form ss^{-1} or $s^{-1}s$, with $s \in S$, occurs in r or in a cyclic permutation of r.

1.- Comments. The elements of the free group $F(S)$ are equivalence classes of words in $S \cup S^{-1}$. In practice, however, the distinction between a word w and the equivalence class $[w]$ represented by w is seldom maintained. In particular, S is often regarded as a subset of $F(S)$. Similarly, the defining relators are usually considered to be elements of $F(S)$. In what follows we shall part with this tradition and *insist that the defining relators are words*, and that words *represent* elements of $F(S)$.

The set $\overline{S} = \{\pi([s]) \mid s \in S\}$ generates Γ but it may not satisfy the requirements imposed on a generating set in §2 of Chapter 1. Indeed, if $\langle S; R\rangle$ satisfies one of the usual small cancellation hypotheses and if s occurs in a relator distinct from s or s^2, then $\overline{S}$ does not contain $\pi([s])^{-1}$, and so $\overline{S}$ is not symmetric. Secondly, if the group Γ is defined by the presentation $\langle S; R\rangle$ it is in general not known at the outset whether $\pi|\{[s] \mid s \in S\}$ is injective or whether 1 is in $\overline{S}$; this may only be known at a later stage. Finally the assumption

that S be finite is not needed for most of the results to follow and so we shall make it only when needed. Similarly, R can be allowed to be infinite for most of the results.

§1.1. Conditions $C'(\lambda)$, $C(p)$ and $T(q)$

Intuitively speaking, conditions $C'(\lambda)$ and $C(p)$ require that there be little cancellation when the product of two defining relators is simplified, i.e. freely reduced. To state the precise definitions we introduce the notions of the symmetrization of R and of a piece.

The *symmetrization* R_* consists of all distinct cyclic permutations of the defining relators r and of their inverses r^{-1}. A word u is termed a *piece* relative to R if u is a common prefix of two distinct words of R_*, i.e. if R_* contains two distinct elements of the form uv' and uv''. The length of a word w, i.e. the number of letters in w, will be denoted by $|w|$.

2.- Definition. Let λ be a positive real. R satisfies *condition* $C'(\lambda)$ if the inequality

$$|u| < \lambda \cdot |r|$$

holds for every $r \in R_*$ and every prefix u of r which is a piece.

3.- Definition. Let p be a natural number. Then R satisfies *condition* $C(p)$ if no element of R_* is a product of less than p pieces.

4.- Remarks. (i) Often used values of λ are $1/4, 1/6$ or $1/8$. A group is called a *fourth-group, sixth-group* or *eigth-group*, respectively, if it admits a presentation $\langle S; R\rangle$ where R satisfies $C'(1/4)$, $C'(1/6)$ or $C'(1/8)$, respectively.

(ii) Condition $C'(\lambda)$ is sometimes referred to as *metric*, while $C(p)$ is referred to as *non-metric*. Notice that $C'(1/n)$ implies $C(n+1)$; in particular, $C'(1/6)$ implies $C(7)$.

(iii) If u is a piece, so is every prefix of u and of u^{-1}.

There is a third cancellation condition; in contrast to the first two it is only used in connection with either a $C'(\lambda)$ or a $C(p)$ condition.

5.- Definition. Let q be a natural number greater than 2. Then R is said to satisfy *condition* $T(q)$ if for every $\ell \in \{3, 4, \ldots, q-1\}$ and every sequence $(r_1, r_2, \ldots, r_\ell)$ of elements in R_* the following implication holds:

$$\left\{ \begin{array}{l} \text{If } r_1 \neq r_2^{-1}, \ldots, r_{\ell-1} \neq r_\ell^{-1} \text{ and } r_\ell \neq r_1^{-1} \text{ then at least} \\ \text{one of the products } r_1 r_2, \ldots, r_{\ell-1} r_\ell, r_\ell r_1 \text{ is freely reduced.} \end{array} \right.$$

Notice that every R satisfies $T(3)$.

We close this subsection with a remark. R.C. Lyndon and C.M. Weinbaum initiated in 1966 the geometric approach to small cancellation theory. One of the advantages of the geometric over the older combinatorial approach is that the cancellation conditions $C(p)$ and $T(q)$ have a concrete interpretation (cf. Proposition 19): In the geometric approach certain tesselated discs play an important rôle. Condition $C(p)$ implies that every interior face of the tesselation has at least p sides, while condition $T(q)$ ensures that each interior vertex has degree at least q.

§1.2. Some examples

The first two examples in our collection are the standard presentations of the infinite surface groups.

6.- Example. Assume $g \geq 1$, $S = \{a_1, b_1, \ldots, a_g, b_g\}$ and

$$R = \left\{ a_1 b_1 a_1^{-1} b_1^{-1} a_2 b_2 a_2^{-1} b_2^{-1} \ldots a_g b_g a_g^{-1} b_g^{-1} \right\} .$$

Then the symmetrized set R_* has $8g$ elements. The empty word and every letter in $S \cup S^{-1}$ is a piece, but no word of length 2 is one. So it follows from the definitions that R satisfies $C'(1/(4g-1))$ and $C(4g)$. Moreover, $T(4g)$ holds.

7.- Example. Assume $k \geq 2$, $S = \{a_1, a_2, \ldots, a_k\}$ and

$$R = \left\{ a_1^2 a_2^2 \ldots a_k^2 \right\} .$$

Then every letter, but no word of length 2 is a piece, and R satisfies $C'(1/(2k-1))$, $C(2k)$ and $T(2k)$.

An exceptional case is exhibited by the next example.

8.- Example. Assume $m \geq 1$, $S = \{s\}$ and $R = \{s^m\}$. Then the empty word is the only piece and R satisfies $C'(\lambda)$, $C(p)$ and $T(q)$ for arbitrary λ, p and q.

This example can be generalized in two directions, leading to one-relator presentations of groups that have torsion, and to free products.

9.- Example. Assume $m > 1$, S is arbitrary and $R = \{z^m\}$, where z is not a power of a shorter word. Then a piece must be a proper prefix of z or of z^{-1}. This implies that R satisfies $C'(1/m)$ and $C(m+1)$. In [Pr2] S.J. Pride proves that R satisfies the stronger condition $C(2m)$. But R need not satisfy $C'(1/(m+1))$; this can be seen by taking $z = a^\ell b$ and noting that $a^{\ell-1}$ is a piece.

10.- Example. Assume S is the disjoint union of S_1 and S_2, and $R = R_1 \cup R_2$ with R_i a set of words in $S_i \cup S_i^{-1}$. Then R satisfies the weaker of the small cancellation conditions $C'(\lambda)$, $C(p)$ and $C(q)$ satisfied by R_1 and R_2.

We conclude our list of examples with a construction, due to E. Rips [Rip]. This construction can be used to produce examples of finitely presented small cancellation groups with bad properties.

11.- Construction. Let G be a group admitting a finite presentation, say $\langle S_1; R_1\rangle$. Let a, b be elements outside S_1 and set $S = \{a, b\} \cup S_1$.

Choose for each $s \in S_1$ four words $u_{s,+}$, $u_{s,-}$, $v_{s,+}$ and $v_{s,-}$, and for each $r \in R_1$ a word w_r in $\{a, a^{-1}, b, b^{-1}\}$. Define R to be the set consisting of the five types of relators

$$sas^{-1}u_{s,+}\ ,\quad s^{-1}asu_{s,-}\ ,\quad sbs^{-1}v_{s,+}\ ,\quad s^{-1}bsv_{s,-}\ ,\quad rw_r$$

with s ranging over S_1 and r ranging over R_1. Finally declare Γ to be the group given by the finite presentation $\langle S; R\rangle$.

The subgroup N of Γ generated by the canonical images of a and b in Γ is normal because of the first four types of relators of R, and the

quotient Γ/N is isomorphic to G. These statements are true for every choice of the words $w_{s+1}, \dots, w_r$. By choosing them judiciously one can achieve that R satisfies $C'(\lambda)$ for arbitrarily small, preassigned λ. Indeed, each of the words can be chosen to be of the form

$$a^m b a^{m+1} b \dots b a^{m+k-1} b a^{m+k} ,$$

where m and k are large positive integers.

This shows that, for any finitely presented group G and for any $\lambda > 0$, there exists a short exact sequence

$$1 \longrightarrow N \longrightarrow \Gamma \longrightarrow G \longrightarrow 1$$

where Γ has a presentation satisfying condition $C'(\lambda)$ and where N is finitely generated.

§2. DIAGRAMS

In the geometric approach to small cancellation theory the consequences of the cancellation hypotheses are studied by means of a construction, that was discovered by van Kampen in 1933 and rediscovered by Lyndon in 1966. This construction produces, given a presentation $\langle S; R\rangle$ and a freely reduced relator w_0, a finite, pointed 2-dimensional complex M, a boundary path P of M and a labelling function f with the following properties:

(1) $\left\{\right.$ The space underlying M is homeomorphic to a simply connected closed subset of the plane.

(2) $\left\{\right.$ f associates to every oriented edge x of M a letter from $S \cup S^{-1}$; moreover, $f(x^{-1}) = f(x)^{-1}$ for all oriented edges of M.

(3) $\left\{\right.$ The label of every simple boundary path of a 2-cell of M is an element of R_*.

(4) $\left\{\right.$ The boundary path P starts and ends at the base point and its label is the given relator w_0.

The triple (M, f, P) will be referred to as a *diagram over* $\langle S; R\rangle$ *with boundary path* P.

§2.1. Construction of diagrams

Let $\langle S; R\rangle$ be a presentation, and let w_0 be a non-empty freely reduced relator of $\langle S; R\rangle$. As in §1, we require that each defining relator $r \in R$ be a cyclically reduced word in $S \cup S^{-1}$. Since w_0 is a relator, it is freely equivalent to a product w' of conjugates of words in the symmetrized set R_*, say

$$w' = u_1 r_1 u_1^{-1}\, u_2 r_2 u_2^{-1} \ \ldots \ u_m r_m u_m^{-1} \ . \tag{5}$$

Each factor $u_i r_i u_i^{-1}$ can be assumed to be freely reduced, but w' is in general not freely reduced and so distinct from w_0.

We realize w' as the label of a boundary path P' of a 2-complex M' which is a wedge of tailed discs. So M' looks as shown in Figure 1. Each of the paths labelled u_i or r_i is a sequence of one or several oriented edges labelled by a letter; these edges and their labels are not indicated in Figure 1.

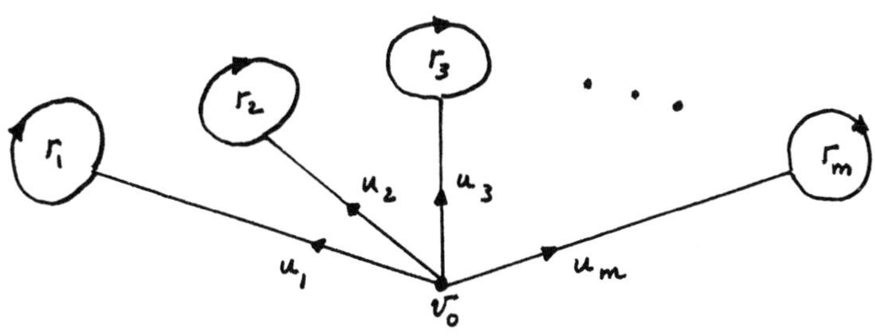

Figure 1.

If w' is freely reduced, we have obtained the desired diagram. If not, we reduce the label w' of P' by sewing-up subpaths xy of P' which are products of two consecutive, oriented edges whose labels are inverses of each other. In general, these sewing-up operations have to be iterated. At some stages of the process an operation may transform a subdisc D with boundary path xy into a 2-sphere. Such a sphere is to be discarded, together with the superfluous end of the tail that connects the sphere and the rest of the diagram. The outcome of the sketched process is a diagram (M, f, P) whose

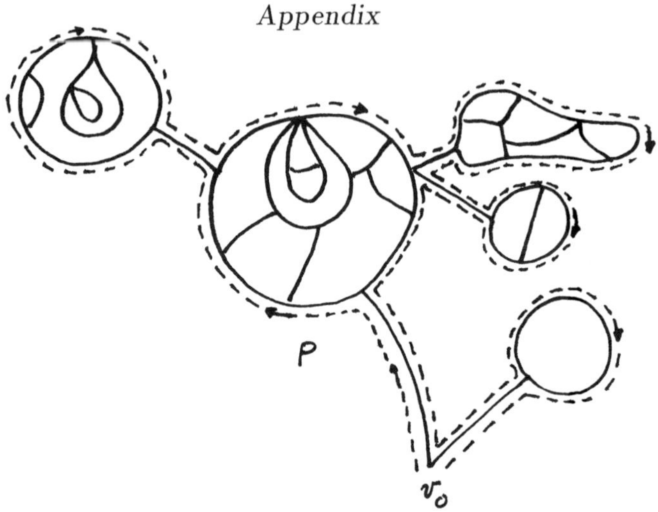

Figure 2.

boundary path P has label w_0. The 2-complex M is a tesselated multidisc, as indicated by Figure 2.

Remark. This intuitive description of the construction of diagrams is the only type of proof I've been able to find in the literature. (See, e.g., [LyS], pp. 237-238, Thm. 1.1.) A rigorous, inductive proof could be based on the notion of multidisc, as defined in [CoH]. It seems that such a proof, although straightforward, would inevitably have to involve many subcases. This is all the more so, as the obtained diagram may not be reduced (in the sense of Definition 15), and thus will have to be dismantled, simplified and reassembled. The examples of the next subsection illustrate some of the complications that may arise.

§2.2. Some examples

The diagram of our first example has a simple shape: it is a disc tesselated by faces whose closures are again discs.

12.- Example: The binary dihedral group Γ has the presentation $\langle a, b, c;\ a^2 = b^m = c^2 = abc\rangle$. If c is eliminated by means of the relation $abc = c^2$, and if the resulting relation $(ab)^2 = a^2$ is replaced by the equivalent relation $aba^{-1} = b^{-1}$, one obtains the presentation

$$\pi \ :\ \langle a, b\ ;\ r_1 = aba^{-1}b\ ,\ r_2 = b^m a^{-2}\rangle \xrightarrow{\ \sim\ } \Gamma\ .$$

It is well-known that the element $\pi([b])$ of Γ has order dividing $2m$. This fact is exhibited by the diagram of Figure 3 for $m = 6$.

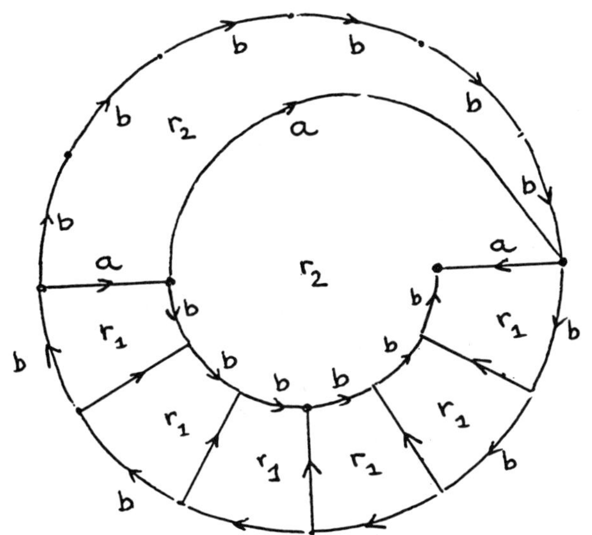

Figure 3. Diagram showing that $b^{12} = 1$

The next two examples illustrate complications that do not arise in Example 12: firstly, the closure of a face of the tesselation need not be a disc. Secondly, the diagram may contain two faces which share an oriented edge x, all in such a way that the labels starting

with $f(x)$ of the two faces are identical. (Such a diagram is called unreduced.) If the diagram is transformed, a 2-sphere results that is to be discarded.

13.- Example. Take $S = \{a, b, c\}$ and $R = \{r_1, r_2, r_3\}$ with $r_1 = a^2b$, $r_2 = b^{-1}c^{-1}a$ and $r_3 = a^{-1}c$. The product $r_1r_2r_3$ is freely equivalent to a^2. The sequence of diagrams in Figure 4 shows how a diagram of the form indicated by Figure 1 can be transformed into a diagram with boundary label a^2.

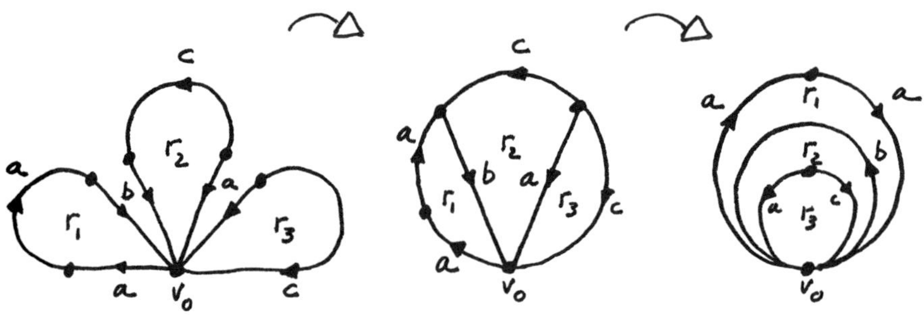

Figure 4.

14.- Example. Take $S = \{a, b\}$ and $R = \{r_1 = ba^{-1}, r_2 = b\}$. The relator $w' = r_1\, a r_2 a^{-1}\, r_1^{-1}$ is freely equivalent to $w_0 = b$. The sequence of Figure 5 depicts the construction of a reduced diagram with boundary label b.

We conclude our list with a more elaborate example. As in Example 14, the group defined by the presentation is trivial, but this is not obvious in the example to come .

15.- Example. Let Γ be the group given by the presentation

$$\langle a, b\ ;\ r_1 = aba^{-1}b^{-2}\ ,\ r_2 = bab^{-1}a^{-2}\rangle\ .$$

Then Γ is the trivial group. To see this, let α and β denote the images of $[a]$ and $[b]$ in Γ. From the relations ${}^{\alpha}\beta = \beta^2$ and ${}^{\beta}\alpha = \alpha^2$

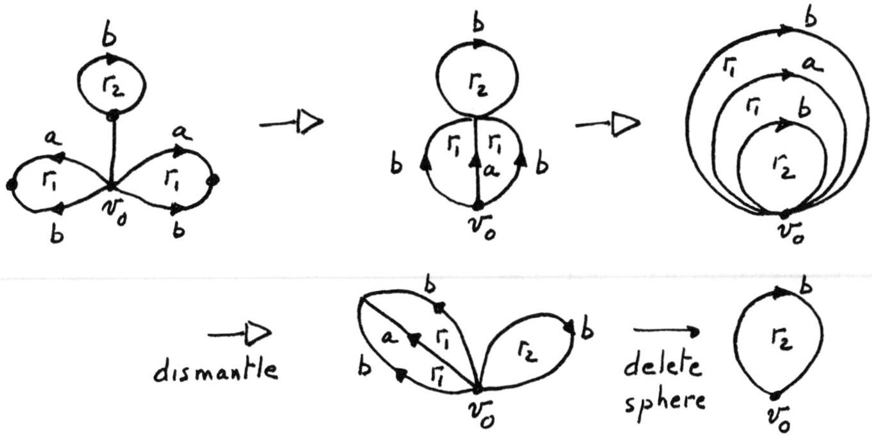

Figure 5.

we infer that

$${}^{\alpha^2}\beta = {}^{\alpha}({}^{\alpha}\beta) = {}^{\alpha}\beta^2 = \beta^4$$

and

$${}^{\alpha^2}\beta = {}^{\beta\alpha\beta^{-1}}\beta = {}^{\beta}({}^{\alpha}\beta) = \beta^2 .$$

Therefore $\beta = {}^{\alpha^{-1}}(\beta^2) = 1$, and similarly $\alpha = 1$.

The given proof allows one to concoct a product w' of conjugates of the relators in R_* that is freely equal to b. An example of such a product is

$$\begin{aligned} w' = b\overline{a}\overline{b}^2 a \cdot {}^{\overline{a}}(b^2 a\overline{b}\overline{a}) \cdot {}^{b}(\overline{a}b^2 a\overline{b}) \cdot {}^{\overline{a}}(a^2 b\overline{a}\overline{b}) \\ \cdot {}^{\overline{a}b}(ab\overline{a}\overline{b}^2) \cdot {}^{\overline{a}b^2}(ba\overline{b}\overline{a}^2) \cdot {}^{\overline{a}b^2 a}(a\overline{b}\overline{a}b^2) , \end{aligned}$$

where a^{-1} and b^{-1} have been denoted by $\overline{a}$ and $\overline{b}$. The word w' gives rise to the diagram of Figure 6.

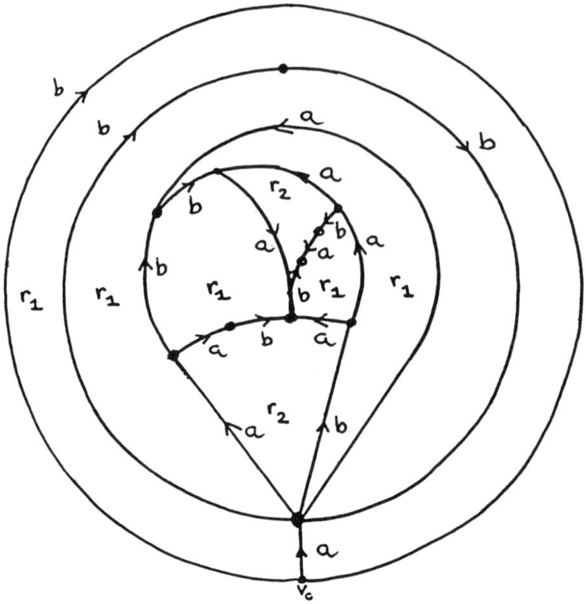

Figure 6. Diagram revealing that b represents the unit element

§2.3. Reduced diagrams

Let $\langle S; R\rangle$ be a presentation, and let w_0 be a non-empty freely reduced relator of $\langle S; R\rangle$. Consider a diagram (M, f, P) over $\langle S; R\rangle$ with labelling function f and boundary path P having label w_0. By (1) and (4) the space underlying the 2-complex M is simply connected. M can be built up inductively by identifying the free end of a tailed disc to the subspace already obtained; the tails may be degenerated to a point. The process starts with the base point v_0. In what follows, particular attention will be paid to *extremal subdiscs* D of M, i.e. to subdiscs connected to the rest of M by one segment or by identification of one 0-cell of D with another 0-cell. Since M is finite, either M itself is a disc, or it has at least one extremal subdisc D. If D has more than one 2-cell we shall remove vertices of degree 2 and obtain a new cellular structure of D, as described next.

16.- Tiling of a subdisc D. Let B be a 2-cell of D. Since each 2-cell of D is an open disc, there exists a 0-cell on ∂B of degree 3 or more, i.e. a 0-cell at least three 1-cells are incident with. So we

can remove all 0-cells v of degree 2 on ∂B by *consolidating* v and the two 1-cells incident with v into a new 1-cell, and by iterating this process as long as needed. If the boundaries of all 2-cells of D are consolidated in this manner, a new 2-complex T results which we call a *tiling of the disc* D. We shall refer to the 0-cells, open 1-cells and open 2-cells of T as the *vertices*, *open edges* and *faces* of T. The function f gives rise to a labelling function f_T of T. It associates to each oriented edge a freely reduced word in $S \cup S^{-1}$.

A vertex of T will be called *exterior* if it lies on ∂D, otherwise as *interior*. An open edge will be called *exterior* if it is contained in ∂D, otherwise as *interior*. A face B will be referred to as *exterior* if one of the edges of ∂B is exterior and otherwise as *interior*.

We turn now to the geometric interpretation of the cancellation hypotheses. Let (T, f_T) be a labelled tiling of a subdisc of (M, f, P) that has more than one face. Each oriented *interior* edge of T corresponds to an edgepath P_{12} of M that runs on a common part of the boundaries of two 2-cells B_1 and B_2. Let P_1 and P_2 be the boundary paths of B_1, B_2 which start with P_{12}. If the labels of P_1 and P_2 are distinct, the label of P_{12} is a piece relative to R. It follows that *the label of each oriented interior edge of* T *is a piece relative to* R, *provided* (M, f, P) *is reduced* in the following sense.

17.- Definition. A diagram (M, f, P) is *reduced* if it does not contain two 2-cells B_1, B_2 and an oriented 1-cell x running on part of $\partial B_1 \cap \partial B_2$, all in such a way that the boundary paths P_1 and P_2 of B_1 and B_2 having x as their first edge, carry the same label.

The reasoning given in the paragraph preceding Definition 17 makes it clear that the following theorem is an important step in the study of the consequences of cancellation hypotheses.

18.- Theorem. (Existence of reduced diagrams for freely reduced relators.) *Assume* $\langle S; R\rangle$ *is a presentation and* w_0 *a freely reduced relator of* $\langle S; R\rangle$. *Then there exists a reduced diagram* (M_0, f_0, P_0) *over* $\langle S; R\rangle$ *having* w_0 *as the label of its boundary path* P_0.

An intuitive proof is given in [LyS, p. 241, Lemma 2.1]. The definition and existence of reduced diagrams having been dealt with,

we come back to the geometric interpretation of the cancellation conditions $C(p)$ and $T(q)$:

19.- Proposition. *Assume* (M_0, f_0, P_0) *is a reduced diagram over the presentation* $\langle S; R\rangle$.

(i) If R *satisfies* $C(p)$ *for some* $p \geq 3$, *every interior face of a subdisc of* M_0 *has at least* p *consolidated edges.*

(ii) If R *satisfies condition* $T(q)$ *for some* $q \geq 4$ *every interior vertex of a subdisc of* M_0 *has degree at least* q, *or degree 2.*

Proof. (Cf. [LyS, p. 242, Lemma 2.2]). Let D be a subdisc of the reduced diagram (M_0, f_0, P_0); we may assume that D has more than one 2-cell. Let (T, f_T) denote the labelled tiling of D derived from (M_0, f_0) by consolidating edges. If x is an oriented interior edge of the face B, the label $f_T(x)$ is a piece by what has been said in the paragraph preceding Definition 17. Since the labels of ∂B are in R_*, claim (i) follows from the very definition of condition $C(p)$, as stated in Definition 3.

Consider now an interior vertex v of T and let $x_1, x_2, \ldots, x_d$ be, in order, the oriented edges starting at v. Notice that $d \geq 3$. For $i = 1, 2, \ldots, d-1$ the oriented edges x_i and x_{i+1}^{-1} are the first and last of the edges of a boundary path P_i of a face B_i. Similarly, x_d and x_1^{-1} are beginning and end of a boundary path P_d of some B_d. Let $r_1, r_2, \ldots, r_d$ be the labels of the paths $P_1, P_2, \ldots, P_d$. Then none of the products r_1r_2, r_2r_3, $\ldots, r_{d-1}r_d$, r_dr_1 is freely reduced. On the other hand, the fact that M_0 is a reduced diagram implies that $r_1^{-1} \neq r_2, \ldots, r_d^{-1} \neq r_1$. So claim (ii) holds by the defining property of condition $T(q)$, as stated in Definition 5. □

§2.4. Formulae and inequalities for tesselated discs

Let T be the tiling of a subdisc D, obtained from a reduced diagram over the presentation $\langle S; R\rangle$ by consolidation of edges. Proposition 19 describes the local properties enjoyed by T in case R satisfies cancellation conditions $C(p)$ and $T(q)$. Our next aim is to derive global properties of T from the local ones by counting arguments. For this we need some further notation.

20.- Definitions. Let T be a finite 2-complex whose underlying space is a disc. The *degree of a vertex* v, i.e. the number of oriented edges starting at v, is denoted by $d(v)$. The *degree of a face* B, i.e. the number of edges making up ∂B, is written $d(B)$. In addition, $e(B)$ and $i(B)$ will denote the numbers of exterior and interior edges. The numbers of vertices, edges and faces of T will be written V, E and F, respectively. Finally, $d(D)$ will denote the number of edges making up ∂D.

Consider now a finite 2-complex T whose underlying space is a disc D. The formula for the Euler characteristic of D, and the counts of E by the degrees of the vertices and of the faces yield the equations

$$(6)\qquad \begin{cases} 1 = V - E + F \\ 2E = \sum\limits_v d(v) \\ 2E = \sum\limits_B d(B) + d(D)\ . \end{cases}$$

By taking linear combinations of these equations we can eliminate E. Three ways of doing this will be needed in the sequel, depending on whether R satisfies $C(p)$ and $T(q)$ with (p, q) one of the pairs (6,3), (4,4) or (3,6). Since $p = 2((p/q) + 1)$ for these pairs we can use the coefficient vector $(p, -(p/q), -1)$ to eliminate E, and obtain

$$p = (pV - (p/q)\sum_v d(v)) + (pF - \sum_B d(B)) - d(D)$$

or

$$(7)\qquad p = \frac{p}{q}\sum_v [q - d(v)] - d(D) + \sum_B [p - d(B)]$$

If $(p,q) = (6,3)$ we add the second summand to the third. By decomposing the resulting sum according to the value of $e(B)$ we then get

(8)

$$\begin{cases} 6 = 2\sum_v [3-d(v)] \\ \quad + \sum_{e(B)=0} [6-i(B)] + \sum_{e(B)=1} [4-i(B)] + \sum_{\substack{e(B)=k \\ k\geq 2}} [(6-2k)-i(B)] \,. \end{cases}$$

If $(p,q) = (4,4)$ or $(3,6)$ we decompose the first sum into a summation $\sum^\bullet$ over the exterior vertices and a summation $\sum^\circ$ over the interior vertices. If $(p,q) = (4,4)$ we use the summand $-d(B)$ in (7) to replace $\sum^\bullet[4-d(v)]$ by $\sum^\bullet[3-d(v)]$. The result is

(9)

$$\begin{cases} 4 = \sum_v^\bullet [3-d(v)] + \sum_v^\circ [4-d(v)] \\ \quad + \sum_{e(B)=0} [4-i(B)] + \sum_{e(B)=1} [3-i(B)] + \sum_{\substack{e(B)=k \\ k\geq 2}} [4-k-i(B)] \,. \end{cases}$$

If $(p,q) = (3,6)$ we use $-(3/2)d(D)$ to replace $\sum^\bullet[6-d(v)]$ by $\sum^\bullet[3-d(v)]$ and add $1/2d(D)$ to the third summand, getting

(10)

$$\begin{cases} 3 = \frac{1}{2}\sum_v^\bullet [3-d(v)] + \frac{1}{2}\sum_v^\circ [6-d(v)] \\ \quad + \sum_{e(B)=0} [3-i(B)] + \sum_{e(B)=1} [\frac{5}{2}-i(B)] + \sum_{\substack{e(B)=k \\ k\geq 2}} [3-\frac{1}{2}k-i(B)] \,. \end{cases}$$

We assume now that $d(v) \geq 3$ for every vertex v of T. Then the first sum in (8), (9) and (10) is not positive. Moreover, $i(B) \geq e(B)$ for every face of T, and so the last sum in these equations is not positive. By imposing conditions on the degrees of the interior vertices and faces we obtain the following basic result:

21.- Theorem. *Let (p,q) be one of the pairs $(6,3), (4,4)$ or $(3,6)$. Assume every vertex v of the tiling T of the disc D has degree $d(v) \geq 3$, every interior vertex v has degree $d(v) \geq q$ and every interior face B of T has at least p edges. Then the following inequality*

is true:

$$p \leq \sum_{e(B)=1} [\frac{p}{q} + 2 - i(B)] \ . \tag{11}$$

Remark. Inequality (11) goes back to Lyndon's seminal paper [Lyn]. In [LyS, p. 246] this inequality is referred to as *curvature formula*, and the following reason for this designation is given: Assume the disc D is a subset of the Euclidean plane and that D is tesselated by regular hexagons. Then the total curvature of the boundary curve of D is 2π, and each face B with $e(B) = 1$ contributes $(\pi/3)[4 - i(B)]$ to the total curvature; see Figure 7.

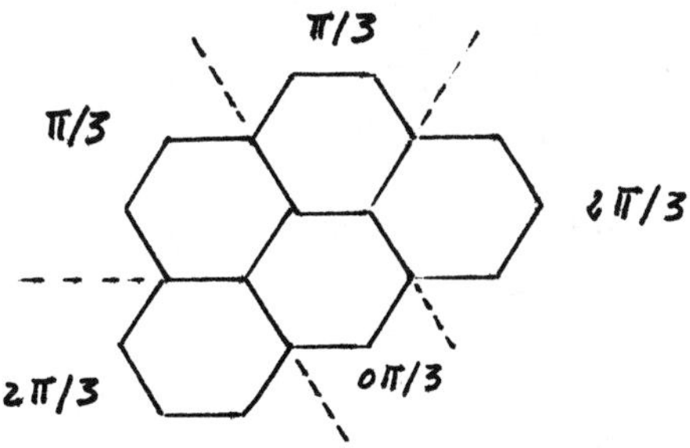

Figure 7.

The given proof of Theorem 21 allows one to deduce that every closed 2-cell of a reduced diagram over a presentation $\langle S; R\rangle$ that is of interest in the sequel, must be a disc:

22.- Proposition. *Let $\langle S; R\rangle$ be a presentation where R satisfies $C(6)$, or $C(4)$ and $T(4)$, or $C(3)$ and $T(6)$. Then every closed 2-cell of a reduced diagram over $\langle S; R\rangle$ is a disc.*

Proof. Assume there is a reduced diagram (M_0, f_0, P_0) over $\langle S; R\rangle$ which contains a 2-cell B whose boundary is not a simple closed curve. Then B is contained in a subdisc D of M_0 with more than one 2-cell; let T be the tiling of D obtained from M_0 by consolidating edges. T contains a simple closed edge path P which runs on part of ∂B and encloses a disc D_1. Let v_0 be the vertex on ∂D_1 which

exhibits that ∂B is not simple. Every face of D_1 is an interior face of D, and so it has at least p edges. In addition, every vertex $v \neq v_0$ of D_1 is an interior vertex of D and hence $d_{D_1}(v) = d_D(v) \geq q$. If equation (7) is applied to the subdisc D_1, it follows that

$$p \leq \frac{p}{q}[q - d(v_0)] - d(D_1) \ .$$

Such an inequality cannot hold. □

23.- Definition. Let T be a tiling of a disc D whose closed 2-cells are discs. Then the closed 2-cells will be referred to as *tiles.*

§2.5. Dehn's algorithm for solving the word problem

Let $\pi : \langle S; R\rangle \xrightarrow{\sim} \Gamma$ be a presentation of Γ. If w is a word in $S \cup S^{-1}$ we apply to it the following two reduction operations $(R1)$ and $(R2)$ as often as possible:

$(R1)$ $\begin{cases} \text{Replace a subword of the form } uu^{-1} \\ \text{by the empty word.} \end{cases}$

$(R2)$ $\begin{cases} \text{Replace a subword } u \text{ which is a prefix of some} \\ \text{relator } uv \in R_* \text{ with } |u| > |v|, \text{ by } v^{-1}. \end{cases}$

The result of this non-deterministic algorithm depends in general on the chosen sequence of reduction operations. We call each of the results a *Dehn-reduced word* w_{red} obtained from w by *Dehn-reductions.*

Clearly w and each w_{red} represent the same element of Γ. If one w_{red} is empty, w represents therefore the unit element of Γ. Dehn detected that a strong converse is true for the standard presentation

$$\langle a_1, b_1, \ldots, a_g, b_g \ ; \ [a_1, b_1] \ldots [a_g, b_g]\rangle \tag{12}$$

of an orientable surface group Γ_g of genus $g \geq 2$:

24.- Theorem [Deh]. *If w is a word representing $1 \in \Gamma_g$ then each Dehn-reduced word w_{red} obtained from w by Dehn-reductions is empty.*

The claim boils down to the assertion that operation (R2) can be applied to every non-empty freely reduced relator w_0. To show this Dehn uses the fact that the universal cover $\widetilde{X}$ of the standard 2-complex X mimicking presentation (12), is a tesselation of the hyperbolic plane by 4g-gons and that each vertex of this tesselation has degree $4g$. The word w_0 gives rise to a closed edge path P_0 in this tesselation, starting and ending at a given vertex v_0. If P_0 is simple, it is the boundary path of the part M_0 of $\widetilde{X}$ enclosed by P_0. The subcomplex M_0 is a diagram with boundary path P_0; the fact that $\widetilde{X} \to X$ is a covering map implies that M_0 is reduced. Dehn analyses M_0 and finds that M_0 has a boundary tile with at least $4g-3$ consecutive exterior edges.

The most fundamental result of small cancellation theory is that the conclusion of Theorem 24 holds for every presentation $\langle S; R\rangle$ that satisfies either $C'(1/6)$, or $C'(1/4)$ and $T(4)$. As before it suffices to establish

25.- Theorem. *Assume $\langle S; R\rangle$ is a presentation satisfying either*
$C'(1/6)$, or $C'(1/4)$ and $T(4)$. Then every non-empty freely reduced relator w_0 of $\langle S; R\rangle$ contains a subword u which is a prefix of some $uv \in R_*$ with $|u| > |v|$.

Proof. By Theorem 18 there is a reduced diagram (M_0, f_0, P_0) over $\langle S; R\rangle$ with w_0 as the label of P_0. As M_0 is simply connected, it is either a disc with base point v_1, say, or it has an extremal subdisc D, i.e. a subdisc having a unique exterior vertex v_1 whose removal disconnects the space underlying M_0. If D has a single 2-cell the subpath P_1 of P that starts and ends at v_1 has as its label a relator $u \in R_*$.

Otherwise we can remove the vertices of degree 2 in D, obtaining a tiling T of D. Since $C'(1/p)$ implies $C(p+1)$, and hence $C(p)$, the assumption of Theorem 21 hold with (p,q) either (6,3) or (4,4). We

conclude that T satisfies the inequality.

$$p \leq \sum_{e(B)=1} \left[\frac{p}{q} + 2 - i(B)\right] . \tag{13}$$

As no summand on the right hand side is larger than $p/2$ there exist at least two faces, say B and B', that make a positive contribution to the right hand side. The vertex v_1 can be an inner point of a sequence of edges that have been consolidated into a single edge e_1 of T; but even so, the exterior edge of one of B or B', say of B, is distinct from e_1. The path P_0 has therefore a (connected) subpath P_1 that traverses the exterior edge of B. The label u of this subpath is the prefix of the word $uv \in R_*$ that spells out the boundary path of B starting with P_1. The suffix v is the product of at most $\frac{p}{q} + 1$ pieces, namely the labels of the interior edges of B. Since R satisfies the metric condition $C'(1/p)$ this implies that

$$|v| < (\frac{p}{q} + 1)\frac{|uv|}{p} = \Big(\frac{1}{p} + \frac{1}{q}\Big)|uv| = \frac{1}{2}|uv| ,$$

i.e. that $|v| < |u|$, whence the conclusion holds also in this second case. □

26.- Remark. The proof of Theorem 25 reveals that the conclusion can be strengthened. Suppose, e.g. that we are in the second subcase of the proof and find that $i(B) \geq \frac{p}{q} + 1$ for every summand of the right hand side of (13). Then w_0 contains at least $p-1$ non-overlapping subwords u_i which are prefixes of relators $u_i v_i \in R_*$ with $|u_i| > |v_i|$.

If w_0 is required to be cyclically, and not merely freely, reduced, the reduced diagram (M_0, f_0, P_0) will either be a disc or contain at least two extremal subdiscs. This allows one to improve the conclusion of Theorem 25 still further. The best such strengthening is known in the literature as *"Greendlinger's Lemma"*. (See, e.g., [LyS], pages 250-251, Theorems 4.5 and 4.6.)

§2.6. Linear isoperimetric inequality

Theorem 25 allows one to deduce that every presentation $\langle S; R\rangle$ where R fulfills either $C'(1/6)$, or $C'(1/4)$ and $T(4)$, satisfies a *linear isoperimetric inequality.* This means that there exists a constant C such that every freely reduced relator w_0 is freely equivalent to the product of not more than $C|w_0|$ conjugates of relators in R_* or, to express it in terms of diagrams, that w_0 is the boundary label of a diagram (M, f, P_0) with at most $C|w_0|$ 2-cells.

Actually a linear isoperimetric inequality holds for a larger class of small cancellation groups:

27.- Proposition. *Let w_0 be a freely reduced relator of $\langle S; R\rangle$ and (M_0, f_0, P_0) a reduced diagram over $\langle S; R\rangle$ with boundary label w_0.*

(i) If R satisfies $C(7)$, or $C(5)$ and $T(4)$, or $C(4)$ and $T(5)$, or $C(3)$ and $T(7)$, then

$$\#(\textit{2-cells of } M_0) \leq 8|w_0| \ . \tag{14}$$

(ii) If R satisfies $C'(1/6)$, or $C'(1/4)$ and $T(4)$ then

$$\#(\textit{2-cells of } M_0) \leq |w_0| \ . \tag{15}$$

Proof. (i) The boundary path P_0 encloses every subdisc D of M_0 and covers every segment of M_0 twice. It suffices therefore to establish the claim for a diagram which is a disc. We may assume that M_0 has more than one 2-cell; let T be the tiling derived from M_0 by consolidation of edges. Formulae (8)-(10) now reveal the following facts: If $C(7)$ holds, or $C(5)$ and $T(4)$ hold, each interior tile makes a negative contribution to the right hand side of (8) or (9). If $C(4)$ and $T(5)$, or $C(3)$ and $T(7)$ are true, each interior vertex makes a negative contribution to the right hand side of (9) or (10). The only positive contributions come from the exterior tiles, and their number is bounded by $|w_0|$.

The details for the cases $C(5)$ and $T(4)$, or $C(4)$ and $T(5)$, are

as follows: Formula 9 yields the inequality

$$\sum_{e(B)=0} [i(B)-4] + \sum_{v}^{\bullet} [d(v)-3] + \sum_{v}^{\circ} [d(v)-4]$$
$$< \sum_{\substack{e(B)=k \\ k\geq 1}} [4-k-i(B)] \leq 2d(D) .$$

If R satisfies $C(5)$ and $T(4)$, this inequality shows directly that

$$F = \#(\text{tiles of } T) < 3d(D) \leq 3|w_0| .$$

If R satisfies $C(4)$ and $T(5)$, the inequality implies first that the number of interior vertices V^0 is less than $2d(D)$, and then that

$$2E = \sum_{v} d(v) = \sum^{\bullet} [d(v)-3] + \sum^{\circ} [d(v)-4] + (V^{\bullet} + 2V^{\circ}) + 2V$$
$$< 2d(D) + (d(D) + 2\cdot 2\cdot d(D)) + 2V ,$$

whence

$$F = E - V + 1 \leq 7/2 \cdot d(D) \leq 7/2 \cdot |w_0| .$$

If R satisfies $C(7)$, we use formula (8), and see immediately that $F < 4d(D) \leq 4|w_0|$. Finally, if R satisfies $C(3)$ and $T(7)$ we have recourse to (10), and argue as in the second part of the previous paragraph. We get the inequality $F < 8d(D) \leq 8|w_0|$.

(ii) The claim can be deduced from the proof of Theorem 25, but an algebraic proof based directly on Theorem 25 is even simpler. Our argument is by induction on the length of the freely reduced relator w_0. Theorem 25 implies first of all that the non-empty relators of minimal length are the elements of R_* of minimal length. If w_0 is larger there exists by Theorem 25 a subword u which is a prefix of some $uv \in R_*$ with $|u| > |v|$. If $w_0 = u_1 u u_2$ then w_0 is freely equivalent to $u_1 \cdot uv \cdot v^{-1} \cdot u_2$ and hence to $(u_1 \cdot uv \cdot u_1^{-1}) \cdot (u_1 v^{-1} u_2)$. The claim follows by applying the inductive assumption to the free reduction of $u_1 v^{-1} u_2$.

28.- Remark. According to a basic result of [Gr5], a group is hyperbolic if, and only if, it admits a finite presentation $\langle S; R\rangle$ which satisfies a linear isoperimetric inequality (cf. Chapter 1, Theorem 43). Proposition 27.i, due to S.M. Gersten and H. Short [GeS],

therefore implies that various types of finitely presented small cancellation groups are hyperbolic. In particular, a group is hyperbolic if it admits a finite presentation $\langle S; R\rangle$ where R satisfies one of the metric conditions $C'(1/6)$, or $C'(1/4)$ and $T(4)$.

In Section 3 we shall establish this particular result by a different method: First we shall deduce from Theorem 25 and the equalities of Subsection 2.4 that *a reduced diagram* (M_0, f_0, P_0) *whose boundary is a geodesic triangle has no interior faces* (see Theorem 35). This will provide us with a good estimate for the constant δ in Rips' condition (see Theorem 36). Next we shall classify the diagrams M_0 arising in this way. From this classification we shall infer that geodesic triangles in the Cayley-graph are δ'-thin for a constant δ' that is close to being optimal (see Theorem 48).

§3. GEODESIC TRIANGLES

We shall use the geometric methods explained in §2 to analyse geodesic triangles in the Cayley graph of a group Γ given by a presentation $\langle S; R\rangle$ where R satisfies either $C'(1/6)$, or $C'(1/4)$ and $T(4)$. Our analysis will show, in particular, that Γ is hyperbolic in case the presentation is finite.

§3.1. Diagrams and geodesic triangles in the Cayley-graph

Let $\pi : \langle S; R\rangle \xrightarrow{\sim} \Gamma$ be a presentation of the group Γ. Then $\overline{S} = \{\pi([s]) | s \in S\}$ generates Γ but, as explained in Comments 1, it need not have the properties stipulated in §2 of Chapter 1. Furthermore, a concise way of describing edge paths in the Cayley graph will be required in the sequel. Therefore we define $\mathcal{G}(\Gamma, S)$ to be the *oriented* graph having Γ as its vertex set, $\Gamma \times (S \cup S^{-1})$ as its set of oriented edges, and we demand that the edge (g, s^{ε}) leads from g to $g\pi([s])^{\varepsilon}$. The edges (g, s) and $(g\pi([s]), s^{-1})$ will be referred to as being inverse to each other.

The geometric realization of $\mathcal{G}(\Gamma, S)$ differs from the Cayley graph considered in §2 of Chapter 1 in two respects: there may be more than one edge between two given end points, and the end points of an edge may coincide. These facts play no rôle for the metric on Γ and a minor rôle when considering geodesics, but they are vital for the following construction.

29.- Construction. Let P' be a closed edge path in $\mathcal{G}(\Gamma, S)$ which starts and ends at $1 \in \Gamma$. Let w_0 be the word in $S \cup S^{-1}$ obtained by spelling out, in order, the second entries of the sequence of oriented edges (g, s^ε) making up P'. Assume, for simplicity, that w_0 is reduced, and let (M, f, P) be a diagram over the presentation $\langle S; R \rangle$ defining Γ with w_0 as the label of P. Then there exists a cellular map

$$\widehat{f} \; : \; M^{(1)} \longrightarrow \mathcal{G}(\Gamma, S)$$

of the 1-skeleton of M into the Cayley graph with the following two properties:

$$(16) \qquad \left\{ \begin{array}{l} \widehat{f} \text{ maps the boundary path } P \text{ onto } P'; \\ \text{in particular, it sends the base point} \\ v_0 \text{ of } M \text{ to } 1 \in \mathcal{G}(\Gamma, S) \end{array} \right.$$

$$(17) \qquad \left\{ \begin{array}{l} \widehat{f} \text{ preserves the labels, i.e. an oriented edge} \\ e \text{ of } M^{(1)} \text{ with label } f(e) \text{ is mapped to an oriented} \\ \text{edge of the form } (g, f(e)). \end{array} \right.$$

Indeed, (17) implies that each edge-path Q of M starting at v_0 maps onto a unique edge-path of $\mathcal{G}(\Gamma, S)$ starting at 1. The existence of $\widehat{f}$ follows from this since the label of each boundary path of a 2-cell in M is a word in R_*. Notice that $\widehat{f}$ is essentially unique, in the sense that the combinatorial map induced by $\widehat{f}$ *is* unique.

We now apply this construction to the boundary path of a geodesic triangle in $X = \mathcal{G}(\Gamma, S)$. We shall use the terminology and notation of Chapter 2, in particular, that of Definition 2.16 and Lemma 2.17. Let Δ be a geodesic triangle with vertices x, y, z and geodesic segments

$$g_{xy} : [0, |x-y|] \to X \ , \ g_{yz} : [0, |y-z|] \to X \ \text{ and } \ g_{zx} : [0, |z-x|] \to X \ .$$

Let g_{xz} be the segment opposite to g_{zx}; thus $g_{xz}(t) = g_{zx}(|z-x| - t)$.

30.- Definition. If x, y, z are pairwise distinct and if the images of the segments g_{xy}, g_{yz} and g_{zx} have only endpoints in common, Δ will be said to be a *simple geodesic triangle.* If $\{x, y, z\}$ consists of two points, say of $x \neq y = z$, and if the images of the segments g_{xy}

and g_{xz} have only their endpoints in common, Δ will be referred to as a *simple geodesic digon.*

It is clear that every geodesic triangle in X is built up from finitely many geodesic segments, simple geodesic digons and at most one simple geodesic triangle. Moreover, whether X is hyperbolic or not can be determined by investigating simple geodesic digons and triangles:

31.- Lemma. *Let δ, δ' be non-negative constants and X the geodesic metric space $\mathcal{G}(\Gamma, S)$.*

(i) X satisfies Rips' condition with constant δ if the defining property stated in Definition 27 of Chapter 1 holds for all simple geodesic digons and triangles.

(ii) If every simple geodesic digon or triangle in X is δ'-thin, then all geodesic triangles in X are δ'-thin.

Proof. (i) is obvious and (ii) follows from the following observation. Let Δ be the geodesic triangle $[x,y] \cup [y,z] \cup [z,x]$ and $\{r,p,q\}$ the inscribed triple. Suppose the half open segments $]x,r]$ and $]x,q]$ have the point w in common. Let Δ' be the triangle $[w,y] \cup [y,z] \cup [z,w]$. Then $\{r,p,q\}$ is also the inscribed triple of Δ'. Moreover, Δ is δ'-thin precisely if Δ' and the digon obtained by restricting the segments g_{xy} and g_{xz} to the interval $[0, |x-w|]$, are δ'-thin. □

Consider now a simple geodesic digon with vertices x and $y = z$, or a simple geodesic triangle with vertices x, y, z. Then x, y, z are vertices of the Cayley graph $\mathcal{G}(\Gamma, S)$, i.e. they are elements of Γ. By applying a left translation we can therefore achieve that the triangle is normalized in the sense of

32.- Definition. A simple geodesic digon or triangle with vertices x, y, z is *normalized* if $x = 1$ and $x \neq y$, $x \neq z$.

A normalized, simple, geodesic digon or triangle Δ is uniquely determined by the triple of words (u_1, u_2, u_3) obtained by juxtaposing, in order, the second entries of the oriented edges (g, s^ε) making up the geodesic segments g_{xy}, g_{yz} and g_{zx} of Δ. Notice that u_2 is

empty if Δ is a digon.

Some properties of (u_1, u_2, u_3) are recorded in

33.- Lemma. *If Δ is a normalized simple geodesic digon or triangle, the associated triple (u_1, u_2, u_3) of words has the following properties:*

(i) Each u_i is reduced and the product $u_1u_2u_3$ is cyclically reduced.

(ii) The product $u_1u_2u_3$ represents $1 \in \Gamma$ but no proper, non-empty subword does.

(iii) If $i = 1, 2$ or 3, no word of length less than $|u_i|$ represents the same element of Γ as u_i does.

Proof. The first part of (i), and (iii) follow from the fact that g_{xy}, g_{yz} and g_{zx} are geodesic segments. The second part of (i) and (ii) are true since the boundary of Δ is a simple, closed curve in $\mathcal{G}(\Gamma, S)$. □

§3.2. The thinness of geodesic digons and triangles

As before, let $\pi : \langle S; R \rangle \xrightarrow{\sim} \Gamma$ be a presentation of the group Γ. Consider a triple (u_1, u_2, u_3) of words in $S \cup S^{-1}$ which enjoys the properties stated in Lemma 33; in addition, assume $u_1u_2u_3$ is non-empty. Since $w_0 = u_1u_2u_3$ is a cyclically reduced relator there exists a reduced diagram (M_0, f_0, P_0) with w_0 as the label of P_0; see Theorem 18. By property (ii) the space underlying M_0 is a disc D. We assume M_0 has more than one 2-cell and denote by T the tiling of D obtained by consolidation of edges.

34.- Definition. Let P', P'' and P''' denote the subpaths of P_0 corresponding to the three subwords u_1, u_2, u_3 of w_0. Let $v' = v_0$, v'' and v''' be the vertices at which P', P'' and P''' start. In passing from M_0 to T, one or several of these vertices v^μ may have been removed. If so, the consolidated exterior edge of which v^μ is an interior point will be called *distinguished*. In addition, a tile having a distinguished exterior edge will be referred to as distinguished.

The following result is the basis of our proof that small cancellation groups are hyperbolic.

35.- Theorem. *Let* Γ *be a group admitting a presentation* $\pi : \langle S; R\rangle \xrightarrow{\sim} \Gamma$ *where* R *satisfies* $C'(1/6)$, *or* $C'(1/4)$ *and* $T(4)$. *Set* $(p,q) = (6,3)$ *in the first, and* $(p,q) = (4,4)$ *in the second case. Suppose* (u_1, u_2, u_3) *is a triple of words in* $S \cup S^{-1}$ *which has the properties (i), (ii) and (iii) stated in Lemma 33. Assume, in addition, that* $w_0 = u_1 u_2 u_3$ *is not in* R_*. *Let* (M_0, f_0, P_0) *be a reduced diagram with boundary label* w_0 *and let* T *be the tiling of the disc* D *underlying* M_0. *Then the following statements hold:*

(i) Every tile B *of* T *which has one exterior edge and which is not distinguished, has more than* $p/2$ *interior edges.*

(ii) T *has at least two distinguished tiles with one exterior edge.*

(iii) If T *has exactly two distinguished tiles with one exterior edge, say* B' *and* B'', *then it has the form*

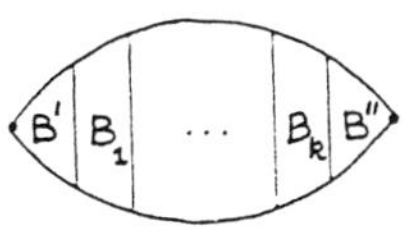

(iv) T *has no interior tiles.*

Proof. (i). Let Q denote the subpath of P_0 which runs along the exterior edge of B, and let $Q \cdot Q'$ be the boundary path of B that starts with Q. Since B is not distinguished, the label u of Q is a subword of one of u_1, u_2, u_3; in view of property (iii) stated in Lemma 33, Q is geodesic and so not longer than Q'. The label u' of Q' is a product of $i(B)$ pieces. As each of these pieces is shorter than $\frac{1}{p}|uu'|$, we see that $i(B) > (p/2)$.

(ii) and (iii). The tiling T fulfills the requirements imposed on the tiling in Theorem 21, and so the inequality

$$(18) \qquad p \leq \sum_{e(B)=1} [\frac{p}{q} + 2 - i(B)]$$

holds for T. Moreover, as $\frac{p}{q} + 2 = (p/2) + 1$, claim (i) of the present theorem reveals that only the distinguished tiles of T can make a

positive contribution to the right hand side of (18). It follows, first of all, that T has at least two distinguished tiles with one exterior edge. Moreover, if T has precisely two such tiles B' and B'' equations (8) and (9) force T to have the following properties:

— $i(B') = i(B'') = 1$;

— every exterior vertex has degree 3;

— every tile B of T that is distinct from B' and B'' is either a quadrilateral with 2 exterior edges, or a pentagon or quadrilateral with 1 exterior edge.

Let B_1 be a tile sharing an interior edge s with B'. Since every exterior vertex has degree 3 and s has two endpoints, both edges of ∂B_1 which have an endpoint in common with s but are distinct from s, are exterior edges. If these exterior edges are distinct, B_1 is a quadrilateral with interior edges s and s_1, and we can apply the same reasoning to s_1 instead of s. If the exterior edges are one and the same, B_1 coincides with B''.

(iv) If T has two distinguished tiles with one exterior edge the claim holds by what has just been proved. So let's assume T has three distinguished tiles B', B'' and B''' with one exterior edge, and look more carefully at equations (8) and (9) that have been established in subsection 2.4:

(8)
$$\begin{cases} 6 = 2\sum_v [3-d(v)] \\ \qquad + \sum_{e(B)=0} [6-i(B)] + \sum_{e(B)=1} [4-i(B)] + \sum_{\substack{e(B)=k \\ k\geq 2}} [(6-2k) - i(B)] \end{cases}$$

(9)
$$\begin{cases} 4 = \sum_v^{\bullet} [3-d(v)] + \sum_v^{\circ} [4-d(v)] \\ \qquad + \sum_{e(B)=0} [4-i(B)] + \sum_{e(B)=1} [3-i(B)] + \sum_{\substack{e(B)=k \\ k\geq 2}} [4-k-i(B)] \,. \end{cases}$$

Since R satisfies $C'(1/p)$, and thus $C(p+1)$, we see from Proposition 19 that every interior tile makes a negative contribution to the right hand side of (8) or (9). By part (i) and Proposition 19 the only positive contributions on the right hand side of (8) or (9) can come from the distinguished tiles. Since these positive contributions cannot add

up to more than $(3/2)p$ we see first of all that T has no tiles with more than 3 exterior edges, and no interior tile in case T has a tile with 3 exterior edges. Suppose now T has no tile with more than 2 exterior edges. Equations (8) and (9) imply that such a tiling has no interior tile provided the inequality

$$(19)\quad i(B') + i(B'') + i(B''') + 2\sum_{v}{}^{\bullet}[d(v)-3] + \sum_{e(B)=2}[i(B)-2] \geq 6$$

holds if $p = 6$, and

$$(20)\quad i(B') + i(B'') + i(B''') + \sum_{v}{}^{\bullet}[d(v)-3] + \sum_{e(B)=2}[i(B)-2] \geq 5$$

holds if $p = 4$.

To establish these inequalities we argue as follows. Each distinguished tile has two exterior vertices and these vertices are points of two distinct sides of the triangle determined by the triple (u_1, u_2, u_3). Using this fact one verifies easily that the inequalities are true in the special case where distinguished tile has either an exterior vertex of degree greater 3 or at least two interior edges. Finally, if a distinguished tile B has one interior edge e_0 and vertices of degree 3, we consider the chain $B_1, B_2, \ldots, B_k$ of maximal length, made up of quadrilaterals with two exterior and two interior edges and which is such that B_1 shares the interior edge e_0 with B, and each B_i shares the interior edge e_i with B_{i+1}. Then either one endpoint of e_k has degree at least 4 or the tile B_{k+1} sharing the interior edge e_k with B_k has two exterior and at least three interior edges. By means of these chains the general case can easily be reduced to the special case treated before. □

In the sequel the conclusions of Theorem 35 will be varied and improved in several ways. But first we record an important consequence:

36.- Theorem. *Suppose* Γ *is a group admitting a finite presentation* $\pi : \langle S; R\rangle \xrightarrow{\sim} \Gamma$ *where* R *satisfies* $C'(1/6)$, *or* $C'(1/4)$ *and* $T(4)$. *Then the Cayley graph* $\mathcal{G}(\Gamma, S)$ *is hyperbolic; indeed, it satisfies Rips' condition with*

$$\delta = \max\{|r| \mid r \in R\}\ .$$

Proof. By Lemma 31.i, it suffices to consider a simple geodesic digon or triangle Δ in $\mathcal{G}(\Gamma, S)$, and Δ can be assumed to be normalized in the sense of Definition 32. Let P_0' be the boundary path of Δ obtained by concatenating g_{xy}, g_{yz} and g_{zx}, and let (u_1, u_2, u_3) the triple of words recording the second entries of the oriented edges (g, s^{ε}) making up g_{xy}, g_{yz} and g_{zx}. By Lemma 33.i the word $w_0 = u_1u_2u_3$ is cyclically reduced, and so Theorem 18 allows us to find a reduced diagram (M_0, f_0, P_0) with w_0 as the label of P_0. Let $\widehat{f} : M_0^{(1)} \to \mathcal{G}(\Gamma, S)$ be the cellular map described in Construction 29. Since $P_0' = \widehat{f}(P_0)$ is a simple closed path, M_0 is a disc. If M_0 has a single 2-cell the length of P_0' is bounded by

$$C = \max\{|r| \mid r \in R\} ,$$

and so the distance from a point in the interior of one of the sides of Δ to the union of the other sides is at most $C/2$. If M_0 has more than one 2-cell the vertices of degree 2 can be removed from M_0 in the manner described in Construction 16; let T denote the resulting tiling. By Proposition 22 every tile of T, i.e. closed 2-cell, is a disc; this implies that every closed 1-cell is homeomorphic to an interval. So M_0 can be equipped with a path metric where each closed edge is isometric to the unit interval in $\mathbb{R}$. We may assume that $\widehat{f}$ is an isometry on every closed edge. Then $\widehat{f}$ will not increase distances, and part (iv) of Theorem 35 implies that an interior point of one of the geodesic segments of Δ has distance at most 2(diameter of a tile of M_0)$\leq C$ from the union of the other geodesic segments of Δ. □

37.- Comments. (i) Theorem 36 and Proposition 21 of Chapter 2 imply that, under the assumptions of Theorem 36, every geodesic triangle in $\mathcal{G}(\Gamma, S)$ is δ'-thin with

$$\delta' = 4\max\{|r| \mid r \in R\} .$$

This estimate will be improved in Theorem 48.

(ii) The conclusions of Theorems 35 and 36 hold under assumptions which are slightly weaker than stated: It suffices that R satisfies $C(7)$, or $C(5)$ and $T(4)$, and that, in addition, no prefix u of a word $r \in R_*$ with $|u| \geq 1/2 \cdot |r|$ is a product of 3, respectively 2 pieces.

(iii) The situation is radically different if R satisfies merely $C'(1/5)$, or $C'(1/3)$ and $T(4)$. The presentation

$$\pi : \langle a, b; aba^{-1}b^{-1}\rangle \xrightarrow{\sim} \Gamma$$

of a free abelian group of rank 2 satisfies $C'(1/3)$ and $T(4)$, as we know from Example 6. The Cayley graph $\mathcal{G}(\Gamma, S)$ is the oriented, labelled 1-skeleton of the regular tesselation of $\mathbb{R}^2$ by squares. It shows that the conclusions of Theorem 25, Proposition 27 (ii), Theorem 35 and Theorem 36 do not hold for this example. The situation need not be better for a presentation $\pi : \langle S; R\rangle \xrightarrow{\sim} \Gamma$ where R satisfies $C'(1/5)$. If, e.g., $S = \{a, b, c\}$ and $R = \{abca^{-1}b^{-1}c^{-1}\}$ every piece is either a letter or empty, and R satisfies $C'(1/5)$. The diagram of Figure 8

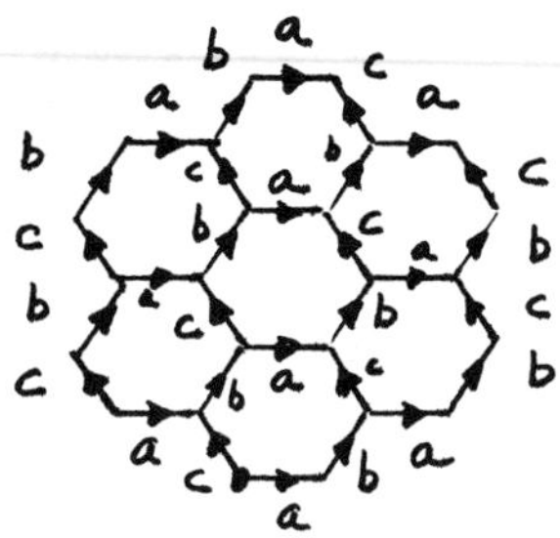

Figure 8.

demonstrates that a cyclically reduced, non-empty relator need not contain more than half of a word in R_*. The 1-skeleton of the regular hexagonal tesselation $\widetilde{T}$ of the Euclidean plane can be labelled as indicated by Figure 8. The fact that $\Gamma/[\Gamma,\Gamma]$ is free abelian of rank 3 implies that the obvious, label preserving maps $\widetilde{T} \to \mathcal{G}(\Gamma, S)$ are isometries. It follows that the conclusions of Theorems 35 and 36 fail to be true in this example, too.

§3.3. Geodesics in the Cayley graph

Let Γ be a group admitting a presentation $\langle S; R\rangle \xrightarrow{\sim} \Gamma$ where R satisfies $C'(1/6)$, or $C'(1/4)$ and $T(4)$. Given a word u in $S \cup S^{-1}$ let P_u denote the path in $\mathcal{G}(\Gamma, S)$ that starts at 1 and is such that u is spelled out by the second entries of the oriented edges (g, s^{ε}) making up P_u. We call u *geodesic* if P_u is a geodesic in $\mathcal{G}(\Gamma, S)$; similarly, u is termed *quasi-geodesic* if P_u is quasi-geodesic in the sense of Chapter 5, §1.

Every geodesic word u is Dehn-reduced, — see the beginning of 2.5 for the definition of this notion — but the converse does not hold, as one sees from the next example:

38.- Example. If $S = \{a, b, c\}$ and $R = \{a^2bca^{-1}b^{-1}c^{-1}\}$ then R satisfies $C'(1/6)$. The words

$$u = a^{-1}cb \cdot cba \cdot bac^{-1} \quad \text{and} \quad u' = abc \cdot ab \cdot a^2b$$

are Dehn-reduced. The diagram of Figure 9 reveals that u and u' represent the same element in the group defined by $\langle S; R \rangle$. So u, being longer than u', is not geodesic. However, under the additional assumption that R is finite, Dehn-reduced words are quasi-geodesic. This follows from part (i) of

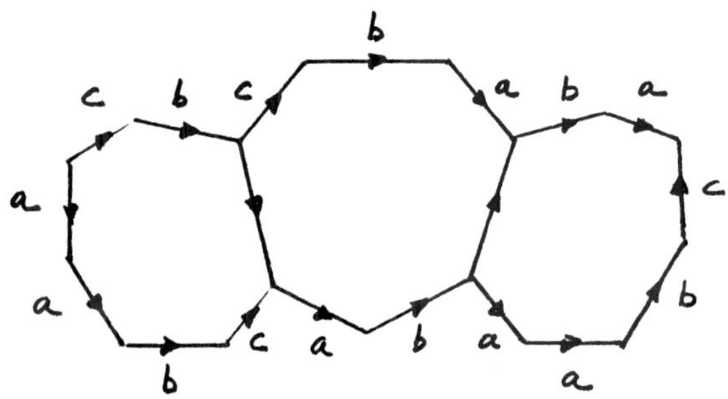

Figure 9.

39.- Proposition. *Assume R is finite, and satisfies $C'(1/6)$, or $C'(1/4)$ and $T(4)$. Set*

$$C = \max\{|r| \;\; |r \in R\} \;, \; \textit{and}$$
$$\lambda_0 = \max\{|u|/|r| \;\; |\textit{the piece } u \textit{ is a prefix of } r \in R_*\} \;.$$

(i) If u and u' are Dehn-reduced words representing the same element of Γ, then $(1-4\lambda_0)|u| \le |u'|$. If, in addition, u' is geodesic then $(1-4\lambda_0)|u| \le |u'| \le |u|$.

(ii) Assume u' and u''' are geodesic and u'' is either empty or in $S \cup S^{-1}$. If $w = u'u''(u''')^{-1}$ is a relator the geodesic triangle with boundary path P_w is $C/2$-thin.

Proof. (i) Since subwords of Dehn-reduced words are again Dehn-reduced, it suffices to prove the claim under the additional assumption that $P_u P_{u'}^{-1}$ is a simple closed path. Then $w_0 = u(u')^{-1}$ is cyclically reduced, and so there exists a reduced diagram (M_0, f_0, P_0) with boundary label w_0. Moreover, the space underlying M_0 is a disc D. If M_0 has a single 2-cell then $|u| = |u'| = 1/2 \cdot |w_0|$, and the claim holds. Otherwise let T be the tiling of D derived from M_0 by consolidation of edges. The proof of Theorem 35 applies to T and shows that T has two distinguished tiles and the form displayed in claim (iii) of Theorem 35. For $i = 1, 2, \ldots, k$, let v_i and v_i' be the labels of the subpaths of P_u and $P_{u'}$ that run on the exterior edges of the tile B_i. If r_i is a label of B_i then

$$\begin{aligned}|v_i'| \geq |r_i| - 2\lambda_0 |r_i| - |v_i| &\geq (1 - 2\lambda_0 - 1/2)|r_i| \\ &\geq (1 - 4\lambda_0)|v_i|\end{aligned}$$

As this estimate holds also for the prefixes and suffixes of u and u' that describe the subpaths running on the distinguished tiles B' and B'' the claim follows.

(ii) As in (i) we can concentrate on the case where P_w is a simple closed path. Let (M_0, f_0, P_0) be a reduced diagram with boundary label w. If M_0 has a single 2-cell, $|w|$ is bounded by C and the claim is true. Otherwise we pass to the tiling T and we distinguish two subcases: If u'' is empty, or if $|u'| \neq |u'''|$, say $|u'| < |u'''|$, then $u'u''$ and u''' are the labels of geodesic segments g_{xy} and g_{xz} forming a simple digon, and the situation is as described in part (iii) of Theorem 35. If u'' is in $S \cup S^{-1}$ and $|u'| = |u'''|$, we obtain a simple geodesic triangle with segments g_{xy}, g_{yz} and g_{zx}. Since $|u''| = 1$ the tiling T cannot have more than two distinguished tiles. We claim both y and z are interior points of the consolidated exterior edge of the distinguished tile B''. For otherwise, $\partial B''$ would consist of an interior edge and an exterior edge composed of a geodesic part and a part of length 1. This would imply that $(1 + 1/p \cdot |\partial B''|) \geq 1/2 \cdot |\partial B''|$, and hence that $|\partial B''| \leq p$.

So far we know that the tiling has one of the two forms of Figure 10.

The points p, q, r form the inscribed triple, as defined in Lemma 17 of Chapter 2. In the situation displayed on the right of Figure 10, one has

$$|q - z| = |z - p| = |p - y| = |y - r| = 1/2\ .$$

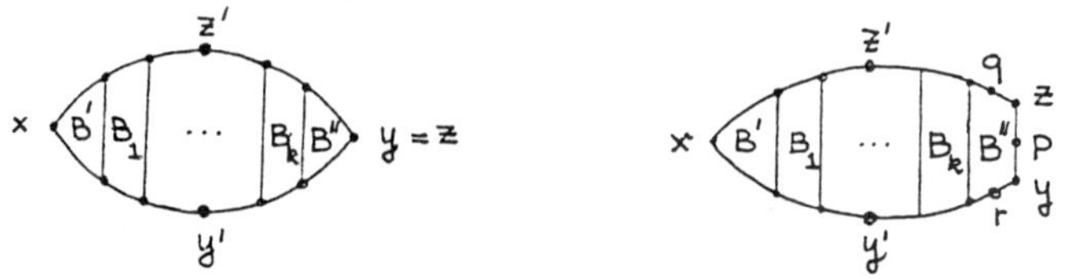

Figure 10.

It suffices thus to estimate the distance $|y' - z'|$ between points $y' \in [x, r]$ and $z' \in [x, q]$ such that $|x - y'| = |x - z'|$. If y' and z' are on the boundary of the same tile B then $|y' - z'| \leq C/2$. Otherwise, there exists an interior edge with end points y'', z'' and such that either

$$x < y' < y'' \text{ and } x < z'' < z' \text{ , or}$$
$$x < y'' < y' \text{ and } x < z' < z'' \text{ .}$$

In the first subcase,

$$\begin{aligned} |y' - y''| + |z' - z''| &= (|x - y''| - |x - y'|) + (|x - z'| - |x - z''|) \\ &= |x - y''| - |x - z''| \leq |y'' - z''| \text{ .} \end{aligned}$$

The same estimate is obtained in the second subcase, and so we can conclude that

$$|y' - z'| \leq 2 \cdot |y'' - z''| < C/2 \text{ .}$$

□

40.- Remarks. If w is a word one can find out whether it is Dehn-reduced by scanning w for a finite set of forbidden subwords. (R is assumed to be finite.) So the set of Dehn-reduced words can be described by a finite Markov-chain or, to express it differently, recognized by a finite state automaton (namely by a Markov grammar in the sense of Chapter 9 — see also [CET]).

As a Dehn-reduced word need not be geodesic, it is not clear a priori whether geodesic words can be recognized in a similar manner. It can be done; the proof relies on part (ii) of Proposition 39; see Chapter 9, or Theorem 9.2 in [CET]. (Actually the estimate given in Proposition 39.ii is the same as that of Theorem 12.3 in [CET].)

The next result will be needed in 3.5; it reveals that if the diagram (M_0, f_0, P_0) has a single 2-cell the obvious embeddings $P_0 \hookrightarrow \mathcal{G}(\Gamma, S)$ can be taken to be isometric.

41.- Lemma. *Assume $\pi : \langle S; R\rangle \xrightarrow{\sim} \Gamma$ is a presentation of Γ where R satisfies $C'(1/6)$, or $C'(1/4)$ and $T(4)$. Consider a prefix u of a relator $uv \in R_*$.*

(i) If $|u| \leq 1/2 \cdot |uv|$ then u is geodesic.

(ii) If $|u| = |v|$ then P_u and $P_{v^{-1}}$ are the only geodesics in $\mathcal{G}(\Gamma, S)$ from 1 to $\pi([u])$.

(iii) If $|u| < |v|$ then P_u is the only geodesic from 1 to $\pi([u])$.

Proof. It suffices to prove the following: If $|u| \leq 1/2 \cdot |uv|$ and if v' is a geodesic word that is distinct from u^{-1} and so that uv' is a relator then $v' = v$. Find subwords u_1, u_2, u_3 of u and a subword v_2' of v' so that

$$u = u_1 u_2 u_3 \ , \qquad\qquad v' = u_3^{-1} \cdot v_2' \cdot u_1^{-1}$$

and $w_0 = u_2 v_2'$ is cyclically reduced. Let (M_0, f_0, P_0) be a reduced diagram with boundary label w_0. If M_0 has a single 2-cell B then uv is a label of B; for otherwise u_2 would be a piece which is at least half as long as a boundary label of B.

If M_0 has more than one 2-cell, it is a disc D or it has an extremal subdisc D. Since u_2, v_2' and its subwords are Dehn-reduced we can infer that the tiling T of D derived from M_0 has the form displayed in Theorem 35.iii. Let $P' \cdot I' \cdot Q'$ be the boundary path of the distinguished tile B' that begins with an exterior path P', labelled by a subword of u_2, then traverses the interior edge of B' and finishes by an exterior path Q' whose label is a subword of the geodesic word v_2'. Since Q' is geodesic we know that $|Q'| \leq |P'| + |I'|$. If uv is not a label of B', the labels of P' and of I' are pieces and so $|P'| + |I'| < |Q'|$ as R satisfies $C'(1/4)$. Since this inequality contradicts the previous one, we infer that uv is a label of B'; similarly, we infer that uv is a label of the other distinguished tile B'' of T. It follows that

$$(|uv| - |I'|) + (|uv| - |I''|) \leq |u_2 v_2'| \leq |uv| \ ,$$

whence $|uv| \leq |I'| + |I''| < 2 \cdot (1/4) \cdot |uv|$. This final contradiction reveals that M_0 cannot have more than one 2-cell. $\square$

3.4. Classification of geodesic triangles

We continue to assume that $\pi : \langle S; R\rangle \xrightarrow{\sim} \Gamma$ is a presentation of Γ where R satisfies $C'(1/6)$, or $C'(1/4)$ and $T(4)$, and we aim at finding a precise description of the geodesic triangles in $\mathcal{G}(\Gamma, S)$. Since these triangles are built up from simple geodesic digons, simple geodesic triangles and segments it suffices to find a classification for the simple geodesic digons and triangles.

42.- Marked tilings. Suppose Δ is a simple geodesic digon, or triangle in $\mathcal{G}(\Gamma, S)$ which is normalized in the sense of Definition 32 and has vertices $v' = 1$, $v'' \neq v'$ and $v''' \neq v'$. Let (M_0, f_0, P_0) be a reduced diagram whose boundary path traverses $\Delta = [v', v''] \cup [v'', v'''] \cup [v''', v']$. If M_0 has more than one 2-cell, our strategy is to investigate M_0 via the tiling T of the disc underlying M_0. For a good description of Δ its vertices are indispensable. Therefore we add those vertices of Δ which are no longer present in T, to T, subdividing distinguished edges as needed. We call the resulting 2-complex the *marked tiling* T_* derived from M_0. As before, an exterior tile of T_* having one of the vertices v^μ as an exterior vertex of degree 2 will be called *distinguished.*

The following result describes our classification of all simple geodesic digons and triangles which are not the boundary of a 2-cell:

43.- Theorem. *Let T_* be the marked tiling derived from a reduced diagram (M_0, f_0, P_0) whose boundary path runs around a normalized simple geodesic digon or triangle Δ.*

(i) If Δ is a digon, T_* has two distinguished tiles, say B' and B'', and form I_1 (see Figure 11).

(ii) If Δ is a triangle and if two of its vertices are on the boundary of one distinguished tile, say B'', then T_* has form I_2.

(iii) If Δ is a triangle and if one of its vertices, say v''', is on the boundary of a tile with two exterior edges, T_* has form I_3.

(iv) If T has three distinguished tiles each with one exterior edge, then T_* has forms II, III_1, IV or V if R satisfies $C'(1/6)$, or forms II, III_1 or III_2 if R satisfies $C'(1/4)$ and $T(4)$.

Remarks. One of the vertices v'' and v''' in (ii), or the vertex v''' in (iii) may be a vertex of T.

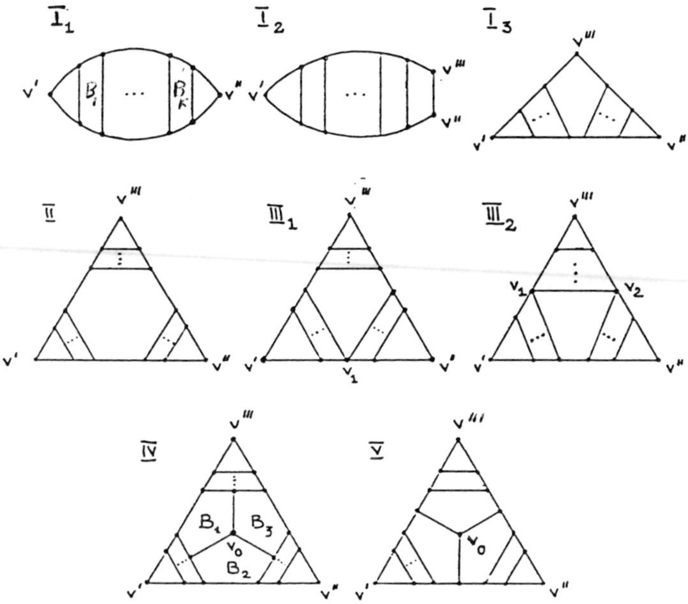

Figure 11.

Each of forms I, II, III, IV and V encapsules infinitely many specimens of tesselated discs: The number of intermediate quadrilaterals $B_1, \ldots, B_k$ can be any non-negative integer. Similarly, each of the quadrilaterals in forms II through V, into which dots have been placed, can be missing or be subdivided into quadrilaterals with two exterior edges.

A specimen of form IV, e.g., is the marked tiling of Figure 12.

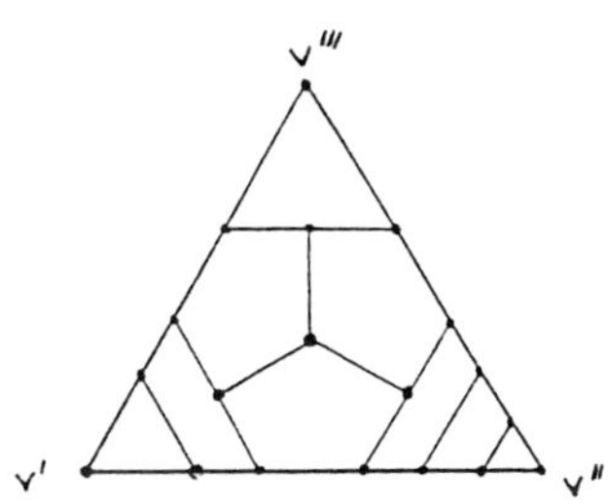

Figure 12.

Proof. In cases (i) - (iii), T has two distinguished tiles with one exterior edge, and so the claim is covered by Theorem 35.iii. If T has three distinguished tiles B', B'' and B''' with one exterior edge, we refine the given proof of Theorem 35.iv like this: Suppose T has a distinguished tile B with one interior edge whose endpoints have degree 3. Let $B_1, B_2, \ldots B_k$ be a chain of maximal length, consisting of quadrilaterals with two exterior edges, each sharing an interior edge with its predecessor. (B_1 is supposed to share an interior edge with B.) In case the tile B_{k+1} which shares an interior edge with B_k, has two exterior, and hence at least three interior edges, we extend the chain by adding B_{k+1} to it. Next we amalgamate $B, B_1, B_2, \ldots, B_k$ and B_{k+1} provided this has been added to the chain, by removing all interior, shared edges and consolidating the exterior edges of the resulting tile into a single exterior edge. The effect of the amalgamation is that the original distinguished tile B has been replaced by a distinguished tile $\overline{B}$ which has either at least two interior edges, or a vertex of degree greater than three, or a neighbouring tile with at least three exterior edges. At the cost of having later on to subdivide distinguished tiles, we can therefore assume that each distinguished tile $B^{(\mu)}$ satisfies one of the following *additional conditions*:

(a) $i(B^{(\mu)}) = 1$ *and the tile sharing one interior edge with* $B^{(\mu)}$ *has at least 3 exterior edges.*

(b) $i(B^{(\mu)}) = 1$ *and one of the two vertices of* $B^{(\mu)}$ *has degree* ≥ 4.

(c) $i(B^{(\mu)}) \geq 2$.

Our basic analytical tools will be equations (8) and (9). They show first of all that T cannot have a tile with more than 3 exterior edges. This permits us to rewrite (8) and (9) as

$$
\begin{aligned}
&i(B') + i(B'') + i(B''') + 2\sum_v [d(v)-3] + \sum_{e(B)=3} i(B) \\
(21)\qquad &= 6 + \sum_{e(B)=0} [6-i(B)] + \sum{}' [4-i(B)] + \sum_{e(B)=2} [2-i(B)]
\end{aligned}
$$

and

$$\begin{aligned} & i(B') + i(B'') + i(B''') + \sum_v{}^{\bullet}[d(v)-3] + \sum_{e(B)=3} [i(B)-1] \\ (22) \qquad & = 5 + \sum_v{}^{\circ}[4-d(v)] + \sum_{e(B)=0} [4-i(B)] + \sum{}'[3-i(B)] \\ & \qquad + \sum_{e(B)=2} [2-i(B)]. \end{aligned}$$

In these formulae $\sum'$ denotes summation over all tiles B with $e(B) = 1$ that are distinct from B', B'' and B'''. Since each of the sums on the right hand side of (21) and (22) is non-positive, we get the estimates

$$(23) \quad i(B') + i(B'') + i(B''') + 2\sum_v [d(v) - 3] + \sum_{e(B)=3} i(B) \leq 6$$

and

$$(24) \quad i(B') + i(B'') + i(B''') + \sum_v{}^{\bullet}[d(v) - 3] + \sum_{e(B)=3} [i(B) - 1] \leq 5 .$$

We now distinguish three cases:

Case 1: T has a tile B_0 with 3 exterior edges. Then (21) - (24) force T to have the following properties:

— $i(B') = i(B'') = i(B''') = 1$ and $i(B_0) = 3$;

— every vertex has degree 3 .

Since each $B^{(\mu)}$ satisfies one of the additional conditions (a) or (b), it is (a) that must hold in all three cases, whence T has form (II).

Case 2: One out of B', B'' and B''' has only one interior edge and a vertex whose degree is at least 4. We assume B' has only one interior edge s_1 and that the endpoint v_1 of s_1 has degree ≥ 4. Inequalities (23) and (24) imply then that one of B'' and B''', say B'', has one interior edge s_2. Since B'' satisfies one of the additional conditions (a), (b) or (c), it is (b) that holds, and so s_2 has an endpoint v_2 of degree ≥ 4. At this point two subcases arise.

If T has exactly one exterior vertex with degree ≥ 4 then v_1 and v_2 coincide, and tile B''' cannot satisfy the additional condition (b), whence it must satisfy (c). Inequalities (23) and (24) now show that B''' has exactly two interior edges and that $v_1 = v_2$ has degree 4. This implies that there is a tile B which shares the interior edge s_1 with B' and the interior edge s_2 with B''. This tile B has two consecutive interior edges; as there is only one vertex of degree $\geq$ 4, this chain of interior edges cannot be preceded or followed by a further interior edge. But if so, equations (21) and (22) can only hold if B coincides with B'''. It follows that T has form III_1.

The subcase just discussed is the only subcase that can arise if inequality (23) holds. If inequality (24) is in force, there can be two exterior vertices v_1 and v_2 having degree greater 3. From inequality (24) and the additional condition satisfied by B', B'' and B''' it follows that there is no third vertex of degree greater than 3, that v_1 and v_2 have both degree 4 and that each distinguished tile has one interior edge with at least one endpoint of degree 4. So the vertices v_1, v_2 must be shared amongst the distinguished tiles; we may assume that B' and B''' have v_1 in common, and that B'' and B''' share v_2. Equality (22) now forces T to have form III_2.

Case 3: each of B', B'' and B''' has at least two interior edges. This case does not arise if inequality (24) holds. If (23) is in force, we deduce that each distinguished tile has 2 interior edges, and that each vertex of T has degree 3. Equality (21) next implies that each tile distinct from B', B'' and B''', is a pentagon with one exterior edge or a quadrilateral with two exterior edges. (Recall that tiles with more than 3 exterior edges have been ruled out at the very beginning.)

Suppose one $B^{(\mu)}$, e.g., B', shares an interior edge with a pentagon B_1. The vertex v_0 in the middle of the four interior edges of B_1 cannot be a vertex of either B'' or B''', and so the other interior edge of B' is shared with a second pentagon B_2. The vertex v_0 lies on B_1, B_2 and a third pentagon B_3. A moment's reflection will convince the reader that the subtiling of T identified so far forces T to have form IV. If, on the other hand, B', B'' and B''' share their interior edges amongst themselves, T has the shape of the central disc of V.

The above analysis shows that T, upon amalgamation of certain chains of tiles into new distinguished tiles, has one of the forms II,

III_1, IV and V if R satisfies $C'(1/6)$, or one of the forms II, III_1 and III_2 if R satifies $C'(1/4)$ and $T(4)$. But then T itself must also have one of the forms described in claim (iv). □

44.- Remark. The classification afforded by Theorem 43 is based on formulae (8), (9), inequality (11) and Theorem 35. The hypotheses on the tiling T are of a combinatorial nature, except for the metric assumption that leads to part (i) of Theorem 35. The classification holds therefore also in the following set-up.

Let T_0 be an infinite tesselation of an open disc by tiles which are closed discs. We say T_0 has *type* (p, q) if every tile of T_0 has at least p sides and every vertex of T_0 has degree at least q. We call an edge-path P in T_0 *locally geodesic* if P is injective and if no subpath Q of P that runs on the boundary of a single tile B traverses more than half of the edges that make up the boundary of B.

Let Δ denote a simple digon, with vertices v' and v'' or a simple triangle, with vertices v', v'' and v''', whose sides can be traversed by locally geodesic edge-paths. Then Δ encloses a disc D which inherits from T_0 a tesselation T'. Assume D has more than one tile, and let T and T_* be the tiling and marked tiling, respectively, that are derived from T' in the usual manner. The proof of Theorem 43 yields the

45.- Corollary. *(i) If T_0 has type $(7,3)$ then T_* has one of the forms I_1, I_2, I_3, II, III_1, IV and V.*

(ii) If T_0 has type $(5,4)$ then T_* has one of the forms I_1, I_2, I_3, II, III_1 and III_2.

46.- Illustration. We take T_0 to be the regular tesselation of the hyperbolic plane by heptagons with angles $2\pi/3$; then T_0 has type (7,3). Figure 13 displays four simple, locally geodesic triangles Δ and the induced marked tilings T_* of the discs enclosed by Δ.

In Figure 13.a the tiling has form II with the characteristic central tile, a hexagon with three interior and three exterior, consolidated edges. Each of the interior edges is shared with a quadrilateral with two exterior, consolidated edges. (Such quadrilaterals can be missing, or form chains.) Figure 13.b shows a tiling of form IV. The central part consists of three pentagons each of which has four interior edges. Figures 13.c and 13.d display tilings of form V. In Figure 13.c the central part is made up of two pentagons and the marked triangle B'', whereas the central part of Figure 13.d consists of three

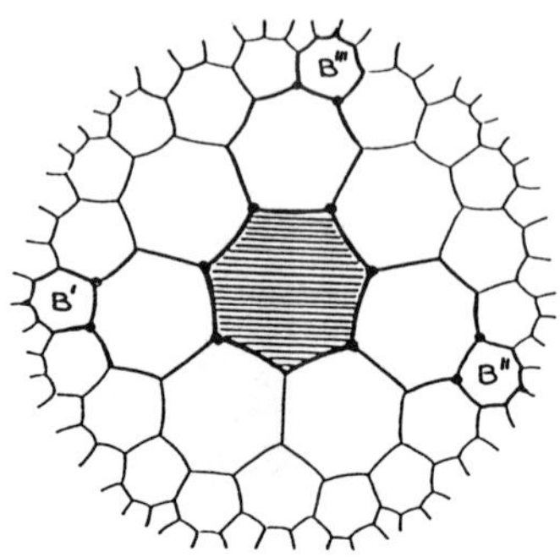

Fig. 13.a

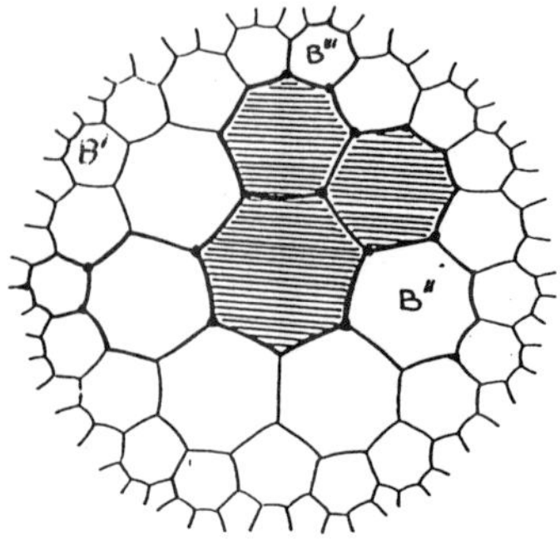

Fig. 13.b

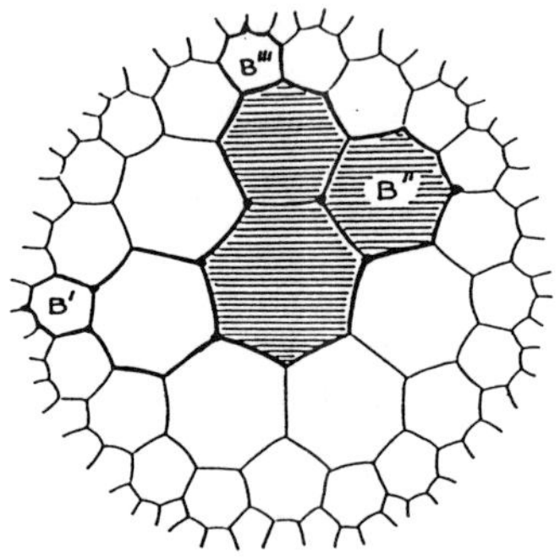

Fig. 13.c

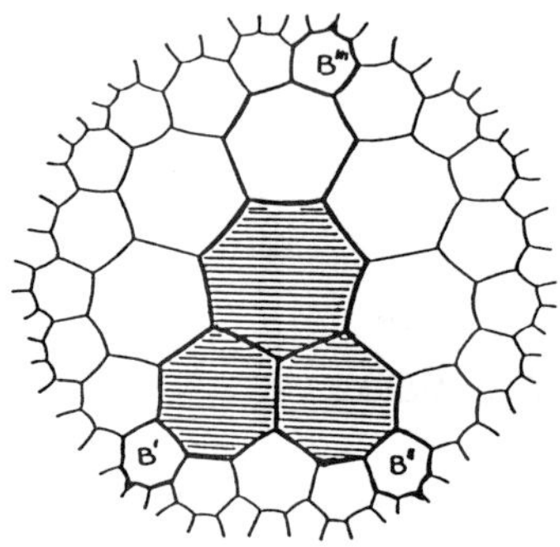

Fig. 13.d

pentagons. Notice that a tiling of form III_1, where one of the vertices has degree 4, cannot arise in the present set-up.

47.- Illustration. Here T_0 is the regular tesselation of the hyperbolic plane by pentagons with right angles; so T_0 is of type (5,4). Figure 14 gives two instances of simple, locally geodesic triangles and the induced marked tilings T_*.

Figure 14.a displays a tiling of form III_1 with three central tiles with 4 or 5 edges, and three attached marked digons. The tiling in Figure 14.b has form III_2 with a quadrilateral with three interior edges in the centre. The neighbours of the central tile are two quadrilaterals, and the distinguished tile B''', a marked digon. Notice that tilings of form II cannot arise in the present situation, as the central tile in a tiling of form II has six consolidated edges.

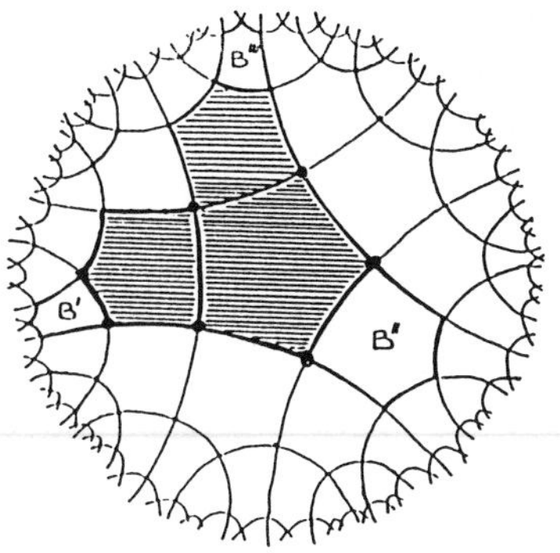

Fig. 14.a

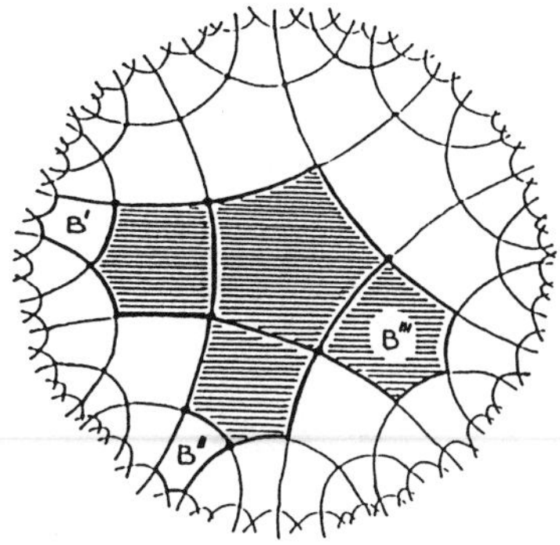

Fig. 14.b

3.5. A better estimate of the thinness of geodesic triangles

Suppose Γ admits a *finite* presentation $\pi : \langle S; R\rangle \xrightarrow{\sim} \Gamma$ where R satisfies $C'(1/6)$, or $C'(1/4)$ and $T(4)$. Put

$$C = \max\{|r| \mid r \in R\} \tag{25}$$

and

$$L = \max\{|u| \mid u \text{ is a piece relative to } R\ \} . \tag{26}$$

Of course, $L < 1/6 \cdot C$ if R satisfies $C'(1/6)$, and $L < 1/4 \cdot C$ if R satisfies $C'(1/4)$ and $T(4)$; often, however, L will be a far smaller fraction of C.

In Comments 37.i it is pointed out that Theorem 36, in conjunction with Proposition 21 of Chapter 2, implies that every geodesic triangle in $\mathcal{G}(\Gamma, S)$ in δ'-thin with $\delta' = 4C$. Theorem 43 allows us to improve this estimate:

48.- Theorem. *If* $\pi : \langle S; R\rangle \xrightarrow{\sim} \Gamma$ *and* C, L *are as before, every geodesic triangle in* $\mathcal{G}(\Gamma, S)$ *is* δ'*-thin with*
(27)

$$\delta' = \begin{cases} \max(C/2 + L, 8L) < \frac{4C}{3} & \text{if } R \text{ satisfies } C'(1/6) \\ \max(C/2 + L, 4L) < C & \text{if } R \text{ satisfies } C'(1/4) \text{ and } T(4). \end{cases}$$

Proof. Let Δ be a geodesic triangle in $\mathcal{G}(\Gamma, S)$. By Lemma 31.ii we may assume Δ is a *simple* geodesic digon or triangle. Moreover, Δ can be taken to be normalized in the sense of Definition 32. Let (u_1, u_2, u_3) be the triple of words determining Δ. If $w_0 = u_1 u_2 u_3$ is in R_*, the thinness of Δ is bounded by $C/2$. Suppose henceforth w_0 is the boundary label of a reduced diagram (M_0, f_0, P_0) with more than one 2-cell, and let T and T_* denote the tiling and marked tiling, respectively, derived from (M_0, f_0, P_0) and (u_1, u_2, u_3) in the usual way. Then T_* has one of the forms displayed in Theorem 43. In order to establish that Δ is δ'-thin for the given constant δ', we equip the 1-skeleton $M_0^{(1)}$ of M_0 with a metric. By Proposition 22 every closed 2-cell of M_0 is a disc. As M_0 has more than one 2-cell this implies that each closed 1-cell of M_0 is homeomorphic to an interval. We define the metric on a closed 1-cell so that the 1-cell becomes isometric to the unit interval, and give $M_0^{(1)}$ the path metric induced by the metrics on the edges. The cellular map $\widehat{f} : M_0^{(1)} \to \mathcal{G}(\Gamma, S)$ described in Construction 29, can be chosen so that $\widehat{f}$ is isometric on each edge. Then $\widehat{f}$ does not increase distances. The label on each exterior (consolidated) edge of T_* is a geodesic word by assumption, while that of each interior (consolidated) edge is a piece, and so geodesic by Lemma 41.i. It follows that the metric d induced on $T_*^{(1)}$ from $M_0^{(1)}$ has the property that each edge e of $T_*^{(1)}$ is isometric to an interval whose length is equal to the number of 1-cells of M_0 which have been amalgamated in producing e.

The above discussion makes it clear that it suffices to estimate distances of points in Δ *viewed as a subspace of the metric space* $X = (T_x^{(1)}, d)$. We shall establish the asserted estimates by going through the list of eight forms displayed in Theorem 43. Actually we shall be able to treat the eight forms rather uniformly at the expense of introducing an auxiliary case distinction and splitting some of the forms into two variants.

We use the uniform notation indicated by Figure 15.a below: The points on Δ which have the same distance from a given vertex of Δ will be called x, y, and the vertex will be denoted by v. The inscribed triple is also indicated in Figure 15.a. The eight forms have a central part, possibly degenerate, and two or three chains added to it. These chains are made up of a marked digon followed by a sequence of quadrilaterals, an exception being form IV where the tiles abutting at the central part are either marked triangles or

pentagons. The vertices on Δ that play a rôle in the case distinction will be denoted as explained in Figure 15.b. The forms and subforms needed in the sequel are displayed in Figure 16. Two forms are missing: I_1 can be treated as the top triangle in III_1, III_2 or V, while II is literally as in Figure 15.b.

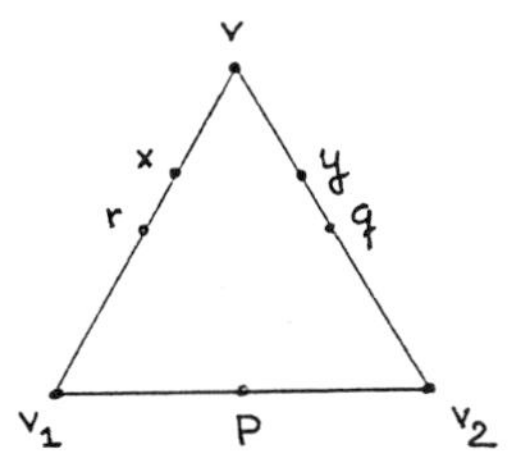

Fig. 15.a

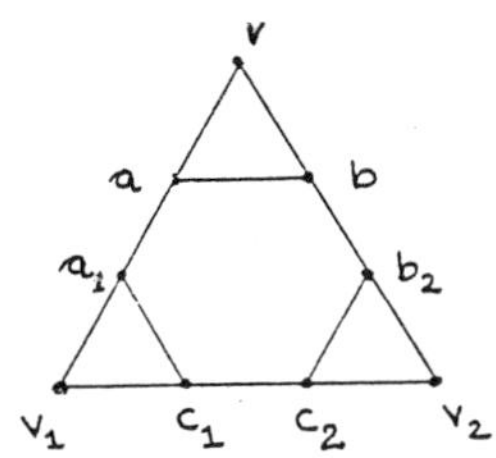

Fig. 15.b

The scene is now set for the auxiliary case distinction:

Case A: $x \in [v,a)$ *or* $y \in [v,b)$.
If x and y are on the boundary of a common tile, the distance $|x-y|$ is bounded by the diameter of the tile and hence by $C/2$. Otherwise, there exists an interior edge with endpoints $x_1 \in [v,v_1]$ and $y_2 \in [v,v_2]$ so that either

$$v < x < x_1 \text{ and } v < y_2 < y \;, \quad \text{or} \quad v < x_1 < x \text{ and } v < y < y_2 \;.$$

If follows as in the proof of Proposition 39.ii that $|x-y| \leq 2L$. Both subcases taken together yield the estimate

$$|x-y| \leq \max(C/2, 2L) = C/2 \;. \tag{28}$$

Case B: $x \in [a,a_1]$ *and* $y \in [b,b_2]$.
The estimate is $C/2$ for forms I_2'', I_3''', II, III_1, III_2', it is L for III_2'''

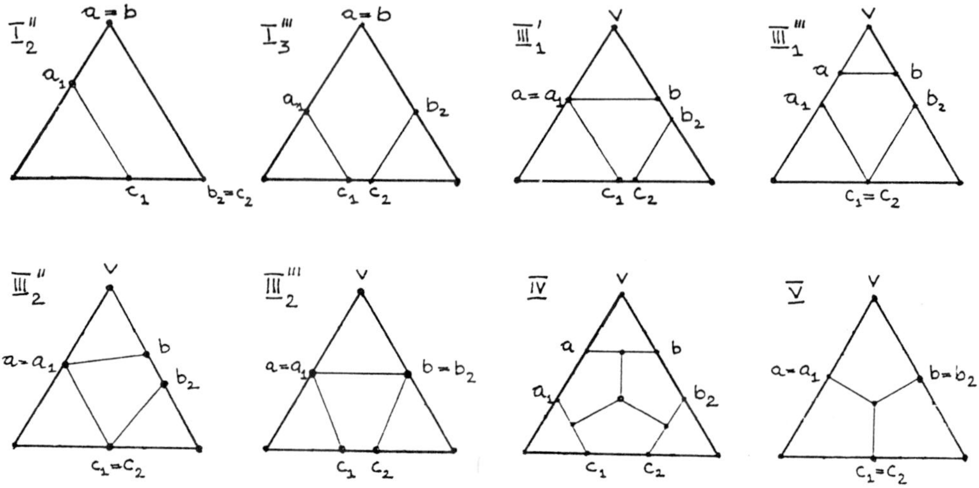

Figure 16.

and $2L$ for V, while $\min(C, 8L)$ is the estimate for form IV. All in all this gives the estimate

$$(29) \qquad |x - y| \leq \max(C/2, \min(C, 8L)) \ .$$

Since form IV does not arise if R satisfies $T(4)$, we see that (27) is true for Case B.

Case C: $x \in (a_1, r]$ *and* $y \in (b_2, q]$.
The assumptions on the positions of x and y imply first that

$$\begin{aligned} |x - y| &\leq |x - a_1| + |a_1 - b_2| + |b_2 - y| \\ &\leq |r - a_1| + |b_2 - q| + |a_1 - b_2| \\ &= (|v_1 - a_1| - |v_1 - r|) + (|v_2 - b_2| - |v_2 - q|) + |a_1 - b_2| \ . \end{aligned}$$

By the definition of the inscribed triple and Figure 15.b we have

$$|v_1 - r| + |v_2 - q| = |v_1 - v_2| = |v_1 - c_1| + |c_1 - c_2| + |c_2 - v_2| \ .$$

From the above estimate we can therefore deduce that

$$|x - y| \leq (|v_1 - a_1| - |v_1 - c_1|) + (|v_2 - b_2| - |v_2 - c_2|) + |a_1 - b_2| - |c_1 - c_2|$$

and so

$$(30) \qquad |x-y| \leq |a_1 - c_1| + |b_2 - c_2| + |a_1 - b_2| - |c_1 - c_2|$$

Case C does not arise for I_2''. Estimate 30 yields $3L, 8L$ and $6L$ for forms III_2''', IV and V, and $4L$ for the remaining forms. As IV and V do not occur if R satisfies $T(4)$, the conclusion of Theorem 48 holds in Case 3.

Case D: $x \in [a, a_1]$ and $y \in (b_2, q]$, or $x \in (a_1, r]$ and $y \in [b, b_2]$. The two alternatives are similar; we concentrate on the first of them and begin by estimating $|b_2 - y|$. Clearly

$$|b_2 - y| \;\leq\; |b_2 - q| \;\leq\; |b_2 - q| + |p - c_2| \;.$$

To estimate the sum, we distinguish two subcases, depending on the positions of p, c_2 and v_2. If $c_2 \in [p, v_2]$ we can argue as in the proof of Proposition 39.ii and find the bound $|b_2 - c_2|$. If $p \in [c_2, v_2]$ we use, in order, the assumptions that $[v, v_1]$, $[v, v_2]$ and its subsegments are geodesics, the definition of $|v_2 - p| = |v_2 - q|$ and the fact that

$$|v - v_1| \leq |v - b_2| + |b_2 - c_2| + |c_2 - v_1| \;,$$

and deduce that

$$\begin{aligned}
&|b_2 - q| + |p - c_2| \\
&\qquad = (|v_2 - b_2| - |v_2 - q|) + (|v_2 - c_2| - |v_2 - p|) \\
&\qquad = (|v_2 - b_2| + |v_2 - c_2|) - |v_2 - v| - |v_2 - v_1| + |v - v_1| \\
&\qquad \leq -|b_2 - v| - |c_2 - v_1| + (|v - b_2| + |b_2 - c_2| + |c_2 - v_1|) \\
&\qquad = |b_2 - c_2| \;.
\end{aligned}$$

So the estimate $|b_2 - y| \leq |b_2 - c_2|$ holds for both subcases of the first alternative. Similarly, $|a_1 - x| \leq |a_1 - c_1|$ holds for the second alternative. It follows that

$$|x - y| \leq \begin{cases} |x - b_2| + |b_2 - c_2| & \text{if } x \in [a, a_1] \text{ and } y \in (b_2, q] \\ |a_1 - c_1| + |a_1 - y| & \text{if } x \in (a_1, r] \text{ and } y \in [b, b_2] \end{cases} .$$

By surveying the forms displayed in Figure 16 and form II, we find that $|x - y|$ is bounded by $C/2 + L$ for all forms except IV and V, while
$|x - y| \leq \min(C/2 + 4L, 8L)$ for IV and $|x - y| \leq 4L$ for form V.

Bearing in mind that form IV does not arise if R satisfies $T(4)$, we see that the conclusion of Theorem 48 holds also in this last Case D, and so the theorem is established.

Acknowledgement. I thank the Swiss National Foundation for financial support, Prof. J. Moser for inviting me to be a guest of the Forschungsinstitut für Mathematik, and N. A'Campo as well as P. de la Harpe for valuable suggestions and friendly encouragement.

Erratum. At the end of the proof of Theorem 36 it is asserted that the fact that M_0 has no interior tile, allows one to infer that the constant δ in Rips' condition can be taken to be

$$2(\text{maximal diameter of a tile of } M_0).$$

This conclusion cannot be drawn from the properties of M_0 known at that moment, but it can be drawn from Theorem 43. Accordingly, Theorem 36, its proof and Comment 37.i should be put off until Theorem 43 is available.

BIBLIOGRAPHIE

[Adi] S.I. Adian, *The Burnside problem and identities in groups*, Springer, 1979.

[Ahl] L.V. Ahlfors, *Lectures on quasi-conformal mappings*, Van Nostrand, 1966.

[Ale] A.D. Aleksandrov, *Un théorème sur les triangles dans les espaces métriques et quelques applications*, Trudy Math. Inst. Steklov **38** (1951), 5-23 (en russe).

[AlZ] A.D. Aleksandrov et V.A. Zalgaller, *Intrinsic geometry of surfaces*, Translations of Math. Monographs **15**, Amer. Math. Soc., 1967.

[ABN] A.D. Aleksandrov, V.N. Berestovskii, et I.G. Nikolaev, *Generalized Riemannian spaces*, Russian Math. Surveys **41**:3 (1986), 1-54.

[AlB] R.C. Alperin et H. Bass, *Length functions of group actions on Λ-trees*, in "Combinatorial group theory and topology", Ann. Math. Studies **111** (Princeton Univ. Press 1987), 265-378.

[BGS] W. Ballmann, M. Gromov et V. Schroeder, *Manifolds of nonpositive curvature*, Birkhäuser, 1985.

[BlM] C.M. Blumenthal et K. Menger, *Studies in geometry*, Freeman, 1970.

[Bor] A. Borel, *Compact Clifford-Klein forms of symmetric spaces*, Topology **2** (1963), 111-122.

[BTG] N. Bourbaki, *Topologie générale, chapitres 5 à 10*, Hermann, 1974.

[Bow] B. Bowditch, *Notes on Gromov's hyperbolicity criterion for path-metric spaces*, University of Warwick, début 1989.

[Bre] G.E. Bredon, *Introduction to compact transformation groups*, Academic Press, 1972.

[Bro] K.S. Brown, *Cohomology of groups*, Springer, 1982.

[Bus] H. Busemann, *Spaces with non-positive curvature*, Acta Math. **80** (1948), 259-310.

[Ca1] J. Cannon, *The combinatorial structure of cocompact discrete hyperbolic groups*, Geom. Dedicata **16** (1984), 123-148.

[Ca2] J. Cannon, *Negatively curved spaces and groups, negatively curved groups, the problem of constant negative curvature.* Trois textes distribués au "Topical meeting on hyperbolic geometry and ergodic theory", Trieste, 17-28 avril 1989.

[CET] J.W. Cannon, D.B.A. Epstein, D.F. Holt, M.S. Paterson et W.P. Thurston, *Word processing and group theory*, Prépublication, University of Warwick, 18 janvier 1988.

[ChM] B. Chandler et W. Magnus, *The history of combinatorial group theory: a case study in the history of ideas*, Springer, 1982.

[CoH] D.J. Collins et J. Huebschmann, *Spherical diagrams and identities among relations*, Math. Annalen **261** (1982), 155-183.

[Co] A. Connes, *On the classification of von Neumann algebras and their automorphisms*, Symposia Math. XX (Academic Press 1976), 435-478.

[CoM] A. Connes et H. Moscovici, *Conjecture de Novikov et groupes hyperboliques*, C.R. Acad. Sc. Paris, **307**, Série I (1988), 475-480. Voir aussi, des mêmes auteurs, *Cyclic cohomology, the Novikov conjecture and hyperbolic groups*, Prépublication, I.H.E.S., octobre 1988.

[CDP] M. Coornaert, T. Delzant et A. Papadopoulos, *Notes sur les groupes hyperboliques de Gromov*, I.R.M.A., Strasbourg, 1989.

[CuR] C.W. Curtis et I. Reiner, *Representation theory of finite groups and associative algebras*, Interscience, 1962.

[DaJ] M.W. Davis et T. Januszkiewicz, *Hyperbolization of polyhedra*, Prépublication, Ohio State University, 1988.

[Day] M. Day, *Amenable semi-groups*, Ill. J. Math. **1** (1957), 509-544.

[Deh] M. Dehn, *Transformation der Kurven auf zweiseitigen Flächen*, Math. Annalen **72** (1912), 413-421. Voir aussi M. Dehn, *Papers on group theory and topology* (translated and intro-

duced by J. Stillwell), Springer, 1987.

[Dun] M.J. Dunwoody, *The accessibility of finitely presented groups*, Invent. Math. **81** (1985), 449-457.

[Eym] P. Eymard, *Initiation à la théorie des groupes moyennables*, in "Analyse harmonique sur les groupes de Lie — Séminaire Nancy-Strasbourg", Lecture Notes in Math. **497** (Springer 1975), 89-107.

[Fal] K.J. Falconer, *The geometry of fractal sets*, Cambridge Univ. Press, 1985.

[Flo] W.J. Floyd, *Group completions and limit sets of Kleinian groups*, Invent. Math. **57** (1980), 205-218.

[GeS] S.M. Gersten et H. Short, *Small cancellation theory and automatic groups*. Prépublication, M.S.R.I., 1989.

[Gil] R.H. Gilman, *Groups with a rational cross-section*, in "Combinatorial group theory and topology", Ann. Math. Studies **111** (Princeton Univ. Press 1987), 175-183.

[Gol] E.S. Golod, *On nil-algebras and finitely approximable p-groups*, Amer. Math. Soc. Transl. (2)**48** (1965), 103-106.

[Gri] R.I. Grigorchuk, *Burnside's problem on periodic groups*, Functional Anal. Appl. **14** (1980), 41-43.

[Gr1] M. Gromov, *Three remarks on geodesic dynamics and fundamental group*, Texte non publié, S.U.N.Y., vers 1977.

[Gr2] M. Gromov, *Hyperbolic manifolds, groups and actions*, in "Riemannian surfaces and related topics", Ann. Math. Studies **97** (Princeton Univ. Press 1980), 183-213.

[Gr3] M. Gromov, *Groups of polynomial growth and expanding maps*, Publ. Math. I.H.E.S. **53** (1981), 53-73. Voir aussi J. Tits, *"Groupes à croissance polynômiale"*, Séminaire Bourbaki, Février 1981.

[Gr4] M. Gromov, *Infinite groups as geometric objects*, Proc. I.C.M. Warszawa **1** (1984), 385-392.

[Gr5] M. Gromov, *Hyperbolic groups*, in "Essays in group theory" édité par S.M. Gersten, M.S.R.I. Publ. **8** (Springer 1987), 75-263.

[GLP] M Gromov, *Structures métriques pour les variétés riemanni-*

ennes, rédigé par J. Lafontaine et P. Pansu, Cedic/F. Nathan, 1981.

[Gup] N. Gupta, *On groups in which every element has finite order*, Amer. Monthly **96** (1989), 297-308.

[Gve] K. Grove, *Metric differential geometry* in "Differential Geometry, Proceedings of the 1985 Nordic Summer School in Lyngby (Denmark)", Lecture Notes in Math. **1263** (Springer 1986), 171-227.

[Ha1] P. de la Harpe, *Free groups in linear groups*, L'Enseignement math. **29** (1983), 129-144.

[HaJ] P. de la Harpe, *Groupes hyperboliques, algèbres d'opérateurs et un théorème de Jolissaint*, C.R. Acad. Sc. Paris, **307**, Série I (1988), 771-774.

[Har] P. Hartman, *Ordinary differential equations* (2e éd.), Birkhäuser, 1982.

[vKa] E.R. van Kampen, *On some lemmas in the theory of groups*, Amer. J. Math. **55** (1933), 268-273.

[Lev] O. Lehto et K.I. Virtanen, *Quasiconforme Abbildungen*, Springer, 1965.

[Ler] J. Leray, *L'anneau spectral et l'anneau filtré d'homologie d'un espace localement compact et d'une application continue*, J. Math. Pures Appl. **29** (1950), 1-139.

[Lyn] R.C. Lyndon, *On Dehn's algorithm*, Math. Annalen **166** (1966), 208-228.

[LyS] R.C. Lyndon et P.E. Schupp, *Combinatorial group theory*, Springer, 1977.

[Mil] J. Milnor, *A note on the fundamental group*, J. Diff. Geom. **2** (1968), 1-7.

[vNe] J. von Neumann, *Zur allgemeinen Theorie des Masses*, Fund. Math. **13** (1929), 73-116.

[Nov] P.S. Novikov, *On periodic groups*, Amer. Math. Soc. Transl. (2) **45** (1965), 19-22.

[Ol1] A.Ju. Ol'shanskii, *On the problem of the existence of an invariant mean on a group*, Russian Math. Surveys **35** (1980), 180-181.

[Ol2] A.Ju. Ol'shanskii, *On a geometric method in the combinatorial group theory*, Proc. I.C.M. Warszawa **1** (1984), 415-424.

[Pa1] P. Pansu, *Croissance des boules et des géodésiques fermées dans les nilvariétés*, Ergod. Th. Dynam. Syst. **3** (1983), 415-445.

[Pa2] P. Pansu, *Métriques de Carnot-Carathéodory et quasi-isométries des espaces symétriques de rang un* , Ann. of Math. **129** (1989), 1-60.

[Pau] F. Paulin, *Points fixes d'automorphismes de groupes hyperboliques*, Prépublication, E.N.S. de Lyon, décembre 1988.

[Pav] M. Pavone, *Boundaries of discrete groups, Toeplitz operators and extensions of the reduced C^*-algebra*, Thèse, Université de Californie, Berkeley, 1989.

[PoS] G. Polya et G. Szegö, *Problems and theorems in analysis, volume I*, Springer, 1972.

[Pre] A. Preissmann, *Quelques propriétés globales des espaces de Riemann*, Comm. Math. Helv. **15** (1943), 175-216.

[Pr1] S.J. Pride, *Subgroups of small cancellation group: a survey*, in
"Groups, St. Andrews 1981", Lecture Note **71** (London Math. Soc. 1982), 298-302.

[Pr2] S.J. Pride, *Small cancellation conditions satisfied by one relator groups*, Math. Z. **184** (1983), 283-286.

[Ric] S. Rickman, *Quasiconformal mappings*, Ann. Ac. Sc. Fennicae, Ser. A.I, **13** (1988), 371-385.

[Rip] E. Rips, *Subgroups of small cancellation groups*, Bull. London Math. Soc. **14** (1982), 45-47.

[Rot] J.J. Rotmann, *An introduction to algebraic topology*, Springer, 1988.

[Rud] W. Rudin, *Fourier analysis on groups*, Interscience, 1962.

[Sat] I. Satake, *The Gauss-Bonet theorem for V-manifolds*, J. of the Math. Soc. of Japan **9** (1957), 464-492.

[Sho] H. Short, éditeur, *Notes on negatively curved groups*, prépublication, Berkeley, mai 1989.

[Sch] P.E. Schupp, *A survey of small cancellation theory*, in "Word Problems", édité par W.W. Boone, F.B. Cannonito et R.C. Lyndon (North Holland 1973), 569-589.

[ScW] P. Scott et T. Wall, *Topological methods in group theory*, in "Homological group theory, Proceedings of a symposium held at Durham in September 1977", Lecture Note **36** (London Math. Soc. 1979), 137-203.

[Ser] J.P.Serre, *Arbres, amalgames, SL_2*, Astérisque **46** (Soc. Math. France 1977).

[Sha] P.B. Shalen, *Dendrology of groups: an introduction*, in "Essays in group theory", édité par S.M. Gersten, M.S.R.I. Publ. **8** (Springer 1987), 265-319.

[Spa] E.H. Spanier, *Algebraic topology*, McGraw Hill, 1966.

[Sp2] M. Spivak, *Differential geometry, vol. II*, Publish or Perish, 1979.

[Sp3] M. Spivak, *Differential geometry, vol III*, Publish or Perish, 1979.

[Thu] W.P. Thurston, *The geometry and topology of 3-manifolds*, Notes de cours, Princeton, 1978-1979.

[Tsu] Y. Tsukamoto, *On a theorem of A.D. Aleksandrov*, Memoir of the Fac. of Sci., Kyushu Univ., Ser. A, **15**:2 (1961), 83-89.

[Wei] C.M. Weinbaum, *Visualizing the word problem with an application to sixth groups*, Pacific J. Math. **16** (1966), 557-578.

INDEX

(Les numéros renvoient aux pages.)

alphabet d'une grammaire de Markov 166
angle de comparaison 48
application de comparaison 47
arbre métrique 27
arbre réel 31
arbre simplicial enraciné et étiqueté 175
arête d'une grammaire de Markov 166
automatique (groupe) 165

Birkhoff curve shortening process 194, 212, 220
bord d'un groupe hyperbolique, d'un arbre, d'un espace hyperbolique 21, 103, 120
bouts d'un arbre, d'un espace hyperbolique 104, 132
Busemann (fonction de) 108, 135
but d'une isométrie hyperbolique 112, 147

Cartan-Hadamard (théorème de) 55, 195
carte uniformisante 204
CAT_κ, $\mathrm{CAT}(\chi)$-inequality 49, 190
chaîne de Markov 165
chaîne de points 124
codage 126
cohomologie rationnelle d'un groupe 74
commensurables (groupes) 9
comparaison, comparison triangle 47, 190
concave (fonction) 115
conditions $C'(\lambda)$, $C(p)$, $T(q)$ 228, 229
conforme (classe c. d'une distance) 116
conforme (homéomorphisme) 113
consolidation of edges 238
constante isopérimétrique 15
convexité 45, 64
courbure bornée (espace à) 49
courte (application) 39
croissance (fonction de) 12
croissance polynomiale de degré d 12
curvature $K_X \leq \chi$ 192
curvature formula 242

cyclically reduced word 227

décomposition réduite, bien réduite 175, 183
degree of a face, of a vertex 240
Dehn's algorithm, reduction 243
déplacement minimum 151
développement d'un orbi-espace 205
c-déviation 93
diagram over $\langle S; R\rangle$ 231
dilatation conforme d'un homéomorphisme 113, 127
directions at a point 196
disque de Poincaré 44
distance $d_S(\gamma_1, \gamma_2)$ 3
distance ultramétrique 104
distinguished tile 251, 261

Eilenberg-McLane (espace de) 25
elliptique (isométrie) 112, 145
ensemble limite d'un groupe d'isométries 144
équivalents (rayons, quasi-rayons, suites tendant vers l'infini) 103, 117, 120
état d'une grammaire de Markov 166
étiquetage, étiquettes 166
extremal subdisc of a diagram 237

flot géodésique 24
fonction de comptage 174
force d'une isométrie γ relativement à un point a 111, 146

$\mathcal{G}$-chemin 208
Gauss (lemme de) 54
geodesic arc 189
géodésique (espace) 16
géodésique minimisante 80
géodésique par morceaux 211
géodésiquement complet (espace géodésique) 219
géodésiquement convexe (espace) 64
géométrique (segment géodésique) 16, 81
grammaire de Markov 166
graphe de Cayley $\mathcal{G}(\Gamma, S)$ 4, 248
groupe abélien libre 12

groupe accessible 134
groupe de Heisenberg 5, 12
groupe de Markov 167
groupe de type fini 1
groupe élémentaire 129
groupe fondamental d'un orbi-espace 205, 209
groupe fortement Markov 167
groupe hyperbolique 18
groupe libre 4, 14
groupe moyennable 15
groupe nilpotent de type fini 13

H-voisinage 81
Hausdorff (dimension de) 104, 114
Hausdorff (distance de) 81
Hölder (classe de H. d'une distance) 116
hölderien (homéomorphisme) 114
homotopie entre $\mathcal{G}$-chemins 209
horosphère 108, 149
hyperbolique (espace, groupe) 17, 18, 28
hyperbolique (isométrie) 112, 147

inégalités isopérimétriques 24, 246
isométrie 80

langage de Markov 166
larme 207
Leray (proposition de) 75
link 216
Lipschitz (classe de L. d'une distance) 116
lipschitzien (homéomorphisme) 113
longueur $l_S(\gamma)$ 3

maille d'un triangle 39
marked tiling 261
métrique des mots 3
métriquement convexe (espace) 64
minimale (action) 153
monothétique (groupe) 148

von Neumann (question de) 23, 216, 225
normalized (simple geodesic digon, triangle) 250

orbi-cône 205
orbi-èdre 204
orbi-espace rigide 203
orbi-variété (ou orbifold) 204
ordre de ramification 205

parabolique (isométrie) 148
paramètre naturel d'un segment géodésique 45
paramétré (segment géodésique) 16, 81
Peano (courbe de) 81
petite simplification 19, 227
piece relative to a set of relations 228
position locale d'ordre C dans un groupe 177
présentation finie (groupe de) 15
problème de Burnside général 215
problème de Burnside restreint 215
produit de Gromov $(y|z)_x$ 27
produit de Gromov $(a|b)$ 103, 122
produit de Gromov $(x|y)_{a,w}$ et $(b|c)_{a,w}$ 138
produit libre 19
propre (espace métrique) 60
proprement (groupe qui agit) 60
propriété (T) de Kazhdan 23, 225
pseudogroupe des changements de cartes 204

quasi-conforme (classe q-c. d'une distance) 116
quasi-conforme (homéomorphisme) 113
quasi-géodésique, quasi-géodésique-locale 80
quasi-isométrie, quasi-isométrie-locale 80
quasi-isométriques (espace métriques) 7
quasi-morphisme 155
quasi-rayon, quasi-rayon-local 80
quasi-segment, quasi-segment-local 80
quasi-similitude 145

rayon minimisant 80
reduced diagram 238
réseau uniforme 14
revêtement universel d'un orbi-espace 205
rigide (action de groupe) 203
Rips (complexe de) 68

Rips (condition de R. de constante δ) 17, 41
Rips' construction of small cancellation groups 230

segment géodésique 16, 80
semi-hyperbolique 2
simple geodesic digon, triangle 249, 250
source d'une isométrie hyperbolique 112, 147
sous-cône tangent à l'infini 32
sous-rayon 33
straight simplex 196
suite bien réduite 183
suite d'accompagnement (à distance C) 184
suite réduite 175
suite tendant vers l'infini 120
symmetrization of a set of relations 228

taille d'un triangle, taille minimum 39
tiles 243
tiling of a disc 238
triangle δ-fin 38
triangle de comparaison 47
triangle géodésique 16
triple inscrit dans un triangle 39
tripode 28
type d'un sommet dans un arbre enraciné 176
type of a tesselation of a disc 266

visibilité (propriété de) 104, 121
V-variété de Sataké 204

Progress in Mathematics

Edited by:

Progress in Mathematics is a series of books intended for professional mathematicians and scientists, encompassing all areas of pure mathematics. This distinguished series, which began in 1979, includes authored monographs and edited collections of papers on important research developments as well as expositions of particular subject areas.

All books in the series are "camera-ready", that is they are photographically reproduced and printed directly from a final-edited manuscript that has been prepared by the author. Manuscripts should be no less than 100 and preferably no more than 500 pages.

Proposals should be sent directly to the editors or to: Birkhäuser Boston, 675 Massachusetts Avenue, Suite 601, Cambridge, MA 02139, U.S.A.

A complete list of titles in this series is available from the publisher.

21 KATOK. Ergodic Theory and Dynamical Systems II
22 BERTIN. Séminaire de Théorie des Nombres, Paris 1980–81
23 WEIL. Adeles and Algebraic Groups
24 LE BARZ/HERVIER. Enumerative Geometry and Classical Algebraic Geometry
25 GRIFFITHS. Exterior Differential Systems and the Calculus of Variations
26 KOBLITZ. Number Theory Related to Fermat's Last Theorem
27 BROCKETT/MILLMAN/SUSSMAN. Differential Geometric Control Theory
28 MUMFORD. Tata Lectures on Theta I
29 FRIEDMAN/MORRISON. Birational Geometry of Degenerations
30 YANO/KON. CR Submanifolds of Kaehlerian and Sasakian Manifolds
31 BERTRAND/WALDSCHMIDT. Approximations Diophantiennes et Nombres Transcendants
32 BOOKS/GRAY/REINHART. Differential Geometry
33 ZUILY. Uniqueness and Non-Uniqueness in the Cauchy Problem
34 KASHIWARA. Systems of Microdifferential Equations
35 ARTIN/TATE. Arithmetic and Geometry: Papers Dedicated to I.R. Shafarevich on the Occasion of His Sixtieth Birthday, Vol. 1
36 ARTIN/TATE. Arithmetic and Geometry: Papers Dedicated to I.R. Shafarevich on the Occasion of His Sixtieth Birthday. Vol. II
37 BOUTET DE MONVEL. Mathématique et Physique
38 BERTIN. Séminaire de Théorie des Nombres, Paris 1981–82
39 UENO. Classification of Algebraic and Analytic Manifolds
40 TROMBI. Representation Theory of Reductive Groups
41 STANELY. Combinatorics and Commutative Algebra
42 JOUANOLOU. Théorèmes de Bertini et Applications
43 MUMFORD. Tata Lectures on Theta II
44 KAC. Infinite Dimensional Lie Algebras

45 BISMUT. Large Deviations and the Malliavin Calculus
46 SATAKE/MORITA. Automorphic Forms of Several Variables, Taniguchi Symposium, Katata, 1983
47 TATE. Les Conjectures de Stark sur les Fonctions L d'Artin en s = 0
48 FRÖHLICH. Classgroups and Hermitian Modules
49 SCHLICHTKRULL. Hyperfunctions and Harmonic Analysis on Symmetric Spaces
50 BOREL, ET AL. Intersection Cohomology
51 BERTIN/GOLDSTEIN. Séminaire de Théorie des Nombres, Paris 1982–83
52 GASQUI/GOLDSCHMIDT. Déformations Infinitésimales des Structures Conformes Plates
53 LAURENT. Théorie de la Deuxième Microlocalisation dans le Domaine Complexe
54 VERDIER/LE POTIER. Module des Fibres Stables sur les Courbes Algébriques, Notes de l'Ecole Normale Supérieure, Printemps, 1983
55 EICHLER/ZAGIER. The Theory of Jacobi Forms
56 SHIFFMAN/SOMMESE. Vanishing Theorems on Complex Manifolds
57 RIESEL. Prime Numbers and Computer Methods for Factorization
58 HELFFER/NOURRIGAT. Hypoellipticité Maximale pour des Opérateurs Polynomes de Champs de Vecteurs
59 GOLDSTEIN. Séminaire de Théorie des Nombres, Paris 1983–84
60 PROCESI. Geometry Today: Giornate Di Geometria, Roma. 1984
61 BALLMANN/GROMOV/SCHROEDER. Manifolds of Nonpositive Curvature
62 GUILLOU/MARIN. A la Recherche de la Topologie Perdue
63 GOLDSTEIN. Séminaire de Théorie des Nombres, Paris 1984–85
64 MYUNG. Malcev-Admissible Algebras
65 GRUBB. Functional Calculus of Pseudo-Differential Boundary Problems
66 CASSOU-NOGUÈS/TAYLOR. Elliptic Functions and Rings and Integers
67 HOWE. Discrete Groups in Geometry and Analysis: Papers in Honor of G.D. Mostow on His Sixtieth Birthday
68 ROBERT. Autour de L'Approximation Semi-Classique
69 FARAUT/HARZALLAH. Deux Cours d'Analyse Harmonique
70 ADOLPHSON/CONREY/GHOSH/YAGER. Number Theory and Diophantine Problems: Proceedings of a Conference at Oklahoma State University
71 GOLDSTEIN. Séminaire de Théorie des Nombres, Paris 1985–1986
72 VAISMAN. Symplectic Geometry and Secondary Characteristic Classes
73 MOLINO. Riemannian Foliations
74 HENKIN/LEITERER. Andreotti–Grauert Theory by Integral Formulas
75 GOLDSTEIN. Séminaire de Théorie des Nombres, Paris 1986–87
76 COSSEC/DOLGACHEV. Enriques Surfaces I
77 REYSSAT. Quelques Aspects des Surfaces de Riemann
78 BORHO/BRYLINSKI/MACPHERSON. Nilpotent Orbits, Primitive Ideals, and Characteristic Classes
79 MCKENZIE/VALERIOTE. The Structure of Decidable Locally Finite Varieties
80 KRAFT/PETRIE/SCHWARZ. Topological Methods in Algebraic Transformation Groups
81 GOLDSTEIN. Séminaire de Théorie des Nombres, Paris 1987–1988
82 DUFLO/PEDERSEN/VERGNE. The Orbit Method in Representation Theory
83 GHYS/DE LA HARPE. Sur les Groupes Hyperboliques d'après Mikhael Gromov